超高温碳化物和硼化物陶瓷粉体制备

张国华　周国治　著

科学出版社

北京

内 容 简 介

本书为作者所带领的课题组近年来在超高温碳化物和硼化物陶瓷粉体制备方向的研究成果，详细介绍超高温陶瓷粉体的特性、用途、制备工艺和反应原理。书中主要内容包括：超高温陶瓷的性质、用途和当前制备工艺；碳化物、硼化物粉体制备新工艺的热力学原理；碳热还原-钙处理法制备难熔金属碳化物粉体工艺；六硼化钙还原法制备难熔金属硼化物粉体工艺；碳热还原-钙熔体硼化法制备难熔金属硼化物粉体工艺；钨、钼硼化物粉体的制备工艺；稀土硼化物粉体的制备工艺，以及复合粉体、高熵碳化物/硼化物粉体的制备工艺。

本书可作为高等院校冶金、材料类专业从事超高温粉体及相关材料制备的教学参考书，也可供从事超高温、超耐磨、高硬度等领域的相关研究人员和技术人员参考。

图书在版编目(CIP)数据

超高温碳化物和硼化物陶瓷粉体制备 / 张国华, 周国治著. — 北京 : 科学出版社, 2024. 12. — ISBN 978-7-03-080583-6

Ⅰ. TQ174.75

中国国家版本馆CIP数据核字第2024UQ8142号

责任编辑：李　雪　罗　娟 / 责任校对：王萌萌
责任印制：师艳茹 / 封面设计：无极书装

科学出版社 出版
北京东黄城根北街 16 号
邮政编码: 100717
http://www.sciencep.com
北京中科印刷有限公司印刷
科学出版社发行　各地新华书店经销
*
2024年12月第　一　版　开本：720 × 1000　1/16
2024年12月第一次印刷　印张：14 1/2
字数：290 000

定价：128.00 元

（如有印装质量问题，我社负责调换）

前　言

难熔金属(主要包括钒、铌、钽、钛、锆、铪、钼、钨等)及稀土的超高温碳化物、硼化物具有高熔点、高硬度、耐磨和耐腐蚀等特点，同时还具有良好的导热性、导电性和化学稳定性，广泛地应用于航空航天、切削刀具、机械零件及耐磨材料等领域。鉴于其超高熔点，相关材料往往以粉体为原料，通过粉末烧结、热喷涂等方式制备，因而高质量粉体的制备成为关键。目前，国内生产的该类型超高温陶瓷粉体的纯度、粒度、成本、工艺稳定性等多项技术指标距离国外发达国家仍然有一定的差距，这严重限制了此类材料的开发与应用。

为了克服传统的碳热还原方法存在的缺碳还原时无法有效脱氧以及过碳还原时游离碳含量过高的问题，提出了“碳热还原+钙处理”方法。过量的碳可以保证氧的高效脱除和粒度的保持，再经过钙处理即可制备高纯、超细的碳化物粉体。为实现高品质硼化物粉末的低成本制备，本书绘制不同金属元素的硼势图，并结合碳势图和氧势图，提出使用 B_4C 和金属 Ca/Al 这一组合制备硼化物，发挥 Ca 和 Al 作为脱碳剂的作用。对于难熔金属硼化物粉体的制备，提出硼化钙还原难熔金属氧化物和“碳热还原+钙熔体硼化”两种工艺。对于稀土硼化物粉体的制备，提出 B_4C 辅助铝热还原稀土氧化物的方法。本书系统地研究金属碳化物、硼化物制备过程中的相关物理化学问题，并重点关注反应过程中粉体的物相、粒度和微观形貌的演变规律，为制备出高质量粉体提供理论基础。同时，书中涉及的金属碳化物和硼化物的工艺均已经过单舟千克级的中试生产实验，验证了该工艺推广的可行性。除了单一的碳化物、硼化物粉体，该工艺还成功用于制备碳化物/硼化物复合粉体、高熵碳化物粉体、高熵硼化物粉体。上述内容都将在本书进行详细介绍。

本书主要由作者多年难熔金属碳/硼化物的研究成果构成。吴柯汉、汪宇、李耀、崔健、杨晓辉、邓孝纯、王亚龙、康笑东在本书的成稿过程投入了大量精力。参与本书撰写的还有曾庆功、郎晓宇等。可以说，本书是团队成员工作的结晶，在此表示衷心感谢。

希望本书的出版，能使相关领域的研究者或技术人员对难熔金属碳/硼化物、稀土硼化物粉体的制备过程有系统的、全新的认识，为我国相关新材料的发展尽绵薄之力。

由于作者水平有限，书中难免有不妥之处，恳请读者批评指正。

作　者

2024 年 3 月

目　录

第1章 概 述

超高温陶瓷是指在高温环境(>2000℃)和反应气氛(如氧化环境)下能够保持化学稳定的一类特殊材料，其主要包括难熔金属碳化物、硼化物、氮化物和稀土硼化物等，具有优异的耐高温性能、抗氧化烧蚀性能、较高的热导率和较低的热膨胀系数[1-3]。

NaCl 型立方晶系结构的碳化钛、碳化锆、碳化铪、碳化钒、碳化铌、碳化钽，以及碳化钨，都具有高熔点、高硬度、耐磨和耐腐蚀等特点，同时还具有良好的导热性、导电性和化学稳定性。其中，碳化铪、碳化钽等因其超高的熔点而用于火箭喷嘴及超声速飞行器。硼化物超高温陶瓷材料除了熔点高、化学稳定性好，还具有高导电性和高热导率，同时具有良好的耐腐蚀性能[4]。这类材料在航空航天、兵器装备、核工业、冶金工业、光电信息、金属材料、机械加工等领域已有大量的研究开发和一定的应用。与大多数陶瓷材料一样，由于其高熔点的特性，硼化物/碳化物的加工成型往往采取粉末烧结的工艺流程，这使得高质量的粉体成为至关重要的原料。早期研究多采取碳热或碳/硼热还原法、元素直接合成法进行金属碳化物和硼化物的制备。之后，研究者又提出了新的制备方法，包括硼热还原法、金属热还原法、溶胶-凝胶法、气相合成法、熔盐电解法、高温自蔓延法和机械诱导自蔓延法等。受限于成本、粉末质量、设备和可操作性，很多方法都难以实现规模化生产。以硼化物为例，目前，市售的金属硼化物多采用以碳、碳化硼、金属氧化物为原料的碳/硼热还原法制得，无需高值的原料，但产品纯度低(碳含量：3%～5%(质量分数))，物相组成较复杂，这样的产品无法满足高端应用的需求。提供一种低成本、过程可控的高纯碳化物粉体和硼化物粉体的制备方法正是本书的目的。下面首先介绍碳化物及硼化物的概况。

1.1 难熔金属碳化物

1.1.1 难熔金属碳化物的性质及用途

难熔金属，就是熔点较高的金属，目前没有严格的定义，一般认为是指熔点在 1800℃以上(也有说 1600℃以上)的金属。其中，最典型的难熔金属元素是ⅣB～ⅦB 族的元素，它们具有未充满电子的 d 轨道[5-7]。难熔金属元素往往具有较大的原子半径，可以在间隙中容纳原子半径较小的碳原子，形成难熔金属碳化物。难熔金属碳化物是碳原子进入难熔金属的晶格而产生的一类具有金属性质的间充化合物，具有典型的面心立方(face center cubic，FCC)晶体结构，如图 1-1 所示。其中，碳原子嵌入金属原子形成的八面体间隙中[8,9]。同时，碳原子或氮原子的插入会使难熔金属原子之间的距离增加，进而导致其原子的 d 带收缩，并获得与铂(Pt)等贵金属相似的 d 带电子态密度[10]。其中，碳化钼对于异构化反应、氢解或烃类脱氢的催化活性可与 Ir、Pt 等相媲美，被誉为“准 Pt 催化剂”[10]。这些难熔金属碳化物结合了三种不同物质(贵金属、离子晶体和原子晶体)的特性，从而表现出特殊的物理和化学性质，同时具有离子晶体的高硬度和原子晶体的高熔点[11,12]。图 1-2 展示了常见耐高温材料的熔点。可以看出，难熔金属碳化物的熔点在这些材料中均具有较高水平，尤其是碳化物中的 TaC 和 HfC，其熔点更是超过了 4000K[13]。

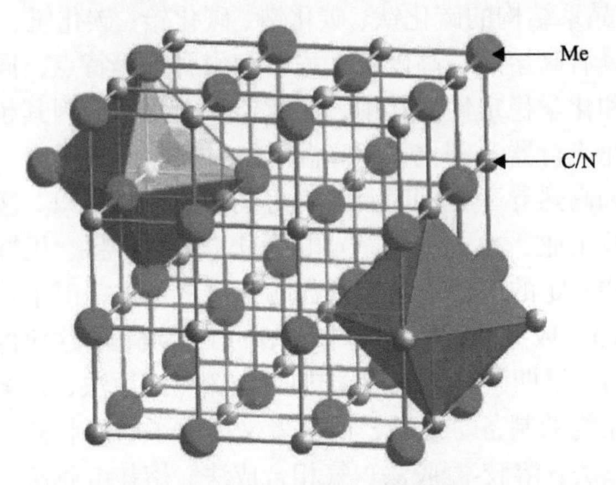

图 1-1　NaCl 型晶体示意图

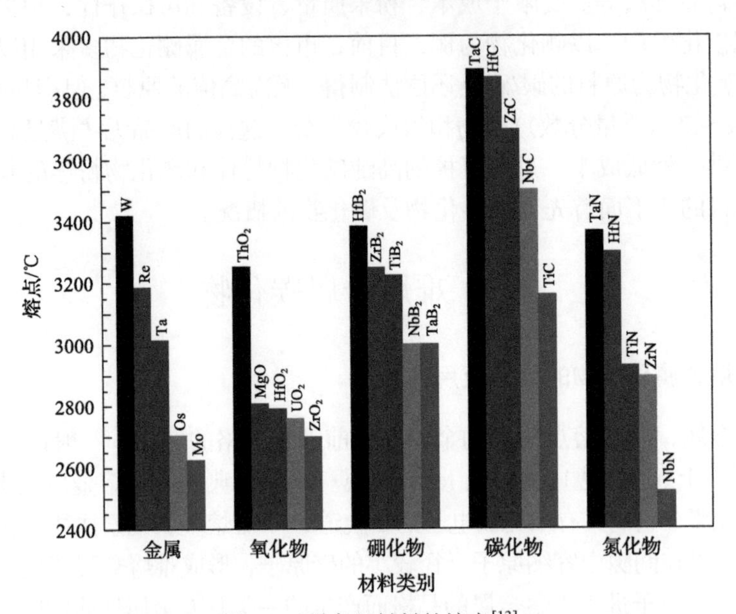

图 1-2　耐高温材料的熔点[13]

1. 碳化钛的性质与用途

碳化钛(TiC)是具有金属光泽的铁灰色晶体，晶体点阵常数为0.4327nm，熔点高达3340K，理论密度为4.92g/cm^3，显微硬度达到29～34GPa，常温下(298K)的热导率为16.7W/(m·K)，常温电阻率为52μΩ·cm，常温线膨胀系数为8.0～$8.6\times10^{-6}K^{-1}$[14]。值得一提的是，TiC是C的化学计量比在0.5～0.98连续变化的亚化学计量化合物，如图1-3所示。TiC原子间以很强的共价键结合，使得其具有超高硬度，同时具有良好的导热性和导电性，在温度极低时甚至表现出超导性[15-17]。因此，TiC广泛用于制造金属陶瓷刀具、耐热合金、硬质合金、抗磨材料、高温辐射材料以及其他高温真空器件，用其制备的复相材料在机械加工、冶金矿产、航天和聚变堆等领域有广泛的应用[18]。在机械加工方面，TiC作为增强相可以使Al-TiC复合材料的硬度和抗拉强度得到大幅提高[19]。采用Fe-TiC复合涂层能在提高Cr13型不锈钢刀具表观硬度的同时使其耐磨性增强约11倍[20]。此外，还有Al_2O_3-TiC系的复相陶瓷刀具，自20世纪60年代首次开发出来以来，到现在已逐渐遍及民用[21]。TiC颗粒在Al_2O_3基体中高度弥散，细化了Al_2O_3的晶粒，使得这种复相陶瓷刀具不仅在硬度上得到提高，还在断裂韧性上得到了改善，因此Al_2O_3-TiC系的复相陶瓷刀具的切削性能远超纯Al_2O_3系的陶瓷刀具[21]。在能源储存方面，使用TiC制备的Li-O_2电池负极在循环充放电100次后仍然保持98%的电容量，其效果优于传统的纳米金颗粒负极[22]。此外，由于具有很强的抗热震性能，TiC的泡沫陶瓷常用于制作金属熔体的过滤器[23]。

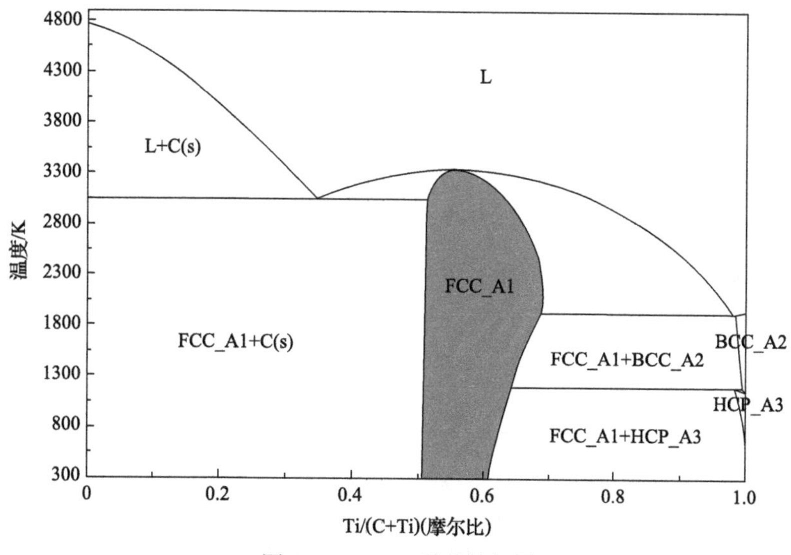

图1-3 Ti-C二元系统相图

数据来源于SpMCBN难熔合金数据库

2. 碳化锆的性质与用途

碳化锆(ZrC)是具有金属光泽的暗灰色晶体，晶体点阵常数为 0.4693nm，熔点为 3813K，沸点为 5473K，理论密度为 6.63g/cm^3，莫氏硬度为 8～9[24]。如图 1-4 所示，ZrC 是一种亚化学计量化合物。由于 ZrC 具有高熔点、高强度、高硬度、优良的导热导电性、高化学稳定性及强耐辐射性等优良特性，在高温结构陶瓷材料、复合材料、耐火材料以及核反应堆芯结构材料等领域具有广阔的应用前景[25,26]。此外，ZrC 粉体也可用于生产合金钢，也是生产金属 Zr 或 $ZrCl_4$ 的原料，是一种很有前途的精细陶瓷材料[24]，尤其是在超声速飞行器头锥或火箭头部区域。ZrC 在 2973K 以上的超高温环境下能氧化形成可填补孔洞的高黏度 ZrO_2 熔体，能够防止进一步的氧化，如图 1-5 所示，ZrC 是一种理想的抗高速气流冲刷的热防护涂层材料[27-30]。

3. 碳化铪的性质与用途

碳化铪(HfC)是具有金属光泽的铁灰色晶体，晶体点阵常数为 0.4638nm，理论密度为 12.58g/cm^3，莫氏硬度为 9。如图 1-6 所示，HfC 是一种亚化学计量化合物。同时由于 Hf-C 的原子键键能很大，HfC 的熔点高达 4163K，是目前已知熔点最高的单一化合物[31]。它还具有高硬度、高强度、低表面逸出功、良好的导电导热性等优点，因此在高温耐火材料、复合材料、硬质合金、航空航天以及阴极材料

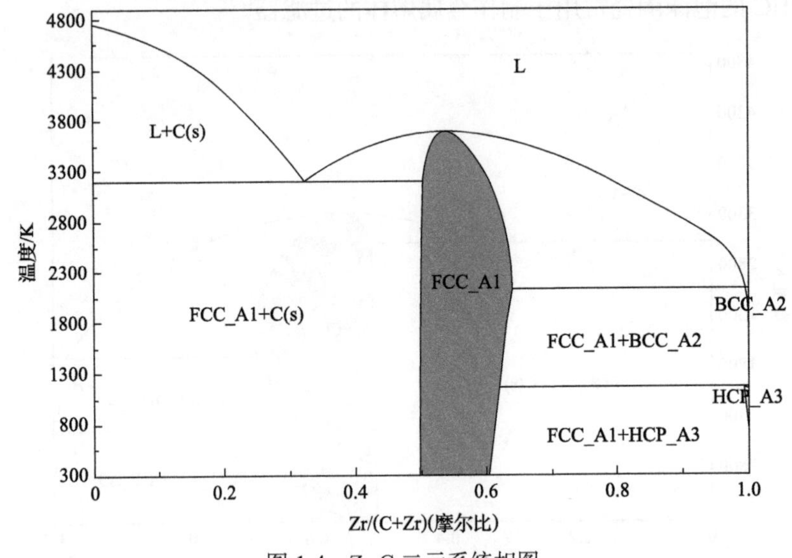

图 1-4　Zr-C 二元系统相图

数据来源于 SpMCBN 难熔合金数据库

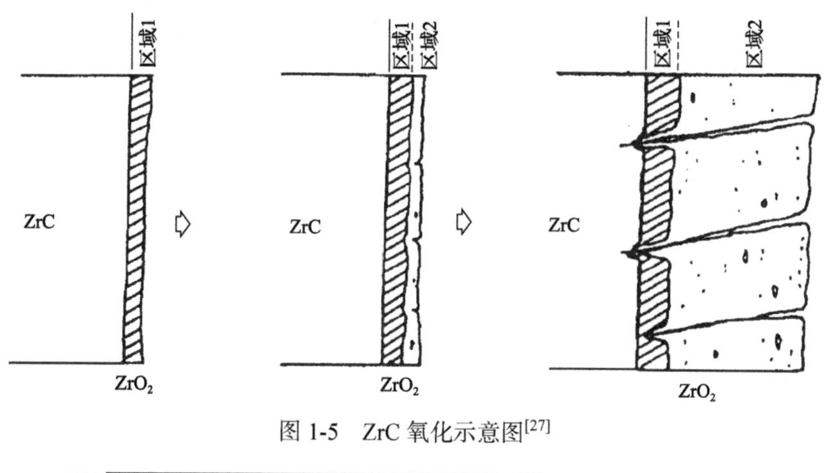

图 1-5 ZrC 氧化示意图[27]

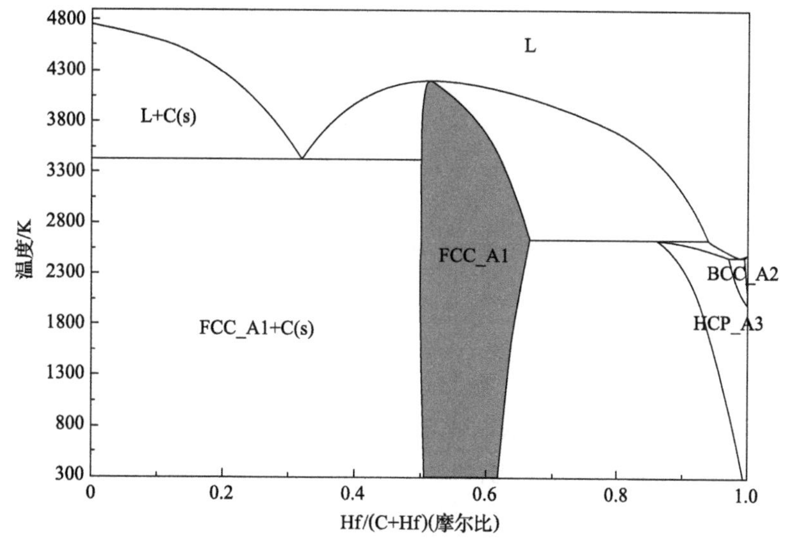

图 1-6 Hf-C 二元系统相图

数据来源于 SpMCBN 难熔合金数据库

等领域的应用前景非常广阔[32,33]。HfC 非常适合用于为火箭喷嘴的抗烧蚀防护涂层，也可用于宇宙火箭头部区域的高温防护涂层，在穿越大气层时起到抗烧蚀的作用[34]。

4. 碳化钒的性质及用途

碳化钒是黑色晶体，晶体点阵常数为 0.8334nm，理论密度为 5.627g/cm^3，熔点为 3083K，沸点为 4173K，比石英略硬[35,36]。如图 1-7 所示，碳化钒是一种亚化学计量化合物。碳化钒可用作硬质合金、切削工具、炼钢工业的晶粒细化剂，能明显提高合金性能，还能用于制备切削刀具、耐磨薄膜及半导体薄膜等[25,37,38]。现阶段碳化钒最重要的一个利用方式是作为晶粒生长抑制剂制备超细晶 WC-Co 材料，当 Co 含量相同时，WC-VC-Co 材料硬度、耐磨性、耐蚀性都优于 WC-Co 材料[39]。

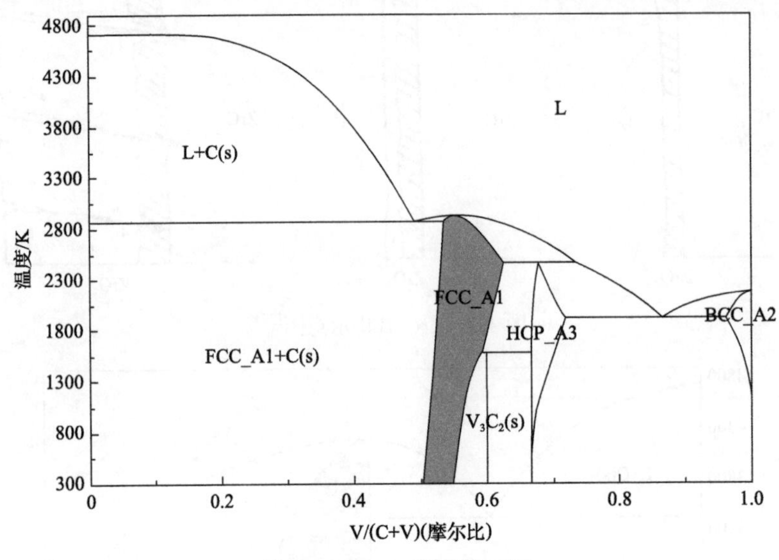

图 1-7　V-C 二元系统相图

数据来源于 SpMCBN 难熔合金数据库

5. 碳化铌的性质及用途

碳化铌(NbC)是具有金属光泽的绿色晶体，晶体点阵常数为 0.4470nm，理论密度为 7.785g/cm^3，熔点为 3773K，显微硬度为 23.5GPa，比刚玉还硬[25]。如图 1-8 所示，NbC 是一种亚化学计量化合物。NbC 可作为碳化物硬质合金添加剂，如与 WC 固溶形成 WC-NbC 陶瓷，可以在保持机械强度的情况下节省 WC 的用量，还可用于制造紫色人造宝石[40-42]。将 NbC 用在航空发动机中可以大幅提高器件的使用寿命，如涡轮叶片的使用寿命[40-42]。此外，NbC 制备的阴极材料可以大幅降低电子发射管栅极的热发射，从而起到延长电子发射管使用寿命的作用，因此 NbC 在电子发射管的发展中占据着重要的地位[40-42]。

6. 碳化钽的性质及用途

碳化钽(TaC)是具有金属光泽的浅棕色晶体，晶体点阵常数为 0.4455nm，理论密度为 14.44g/cm^3，熔点为 4153K，显微硬度为 20.6GPa[25]。如图 1-9 所示，TaC 是一种亚化学计量化合物。

TaC 抗氧化能力强，且本身具有极高的熔点，目前主要用于高超声速飞行器的热防护系统，在头部或翼身前缘等部位起到抗烧蚀作用[43]。此外，TaC 也可用

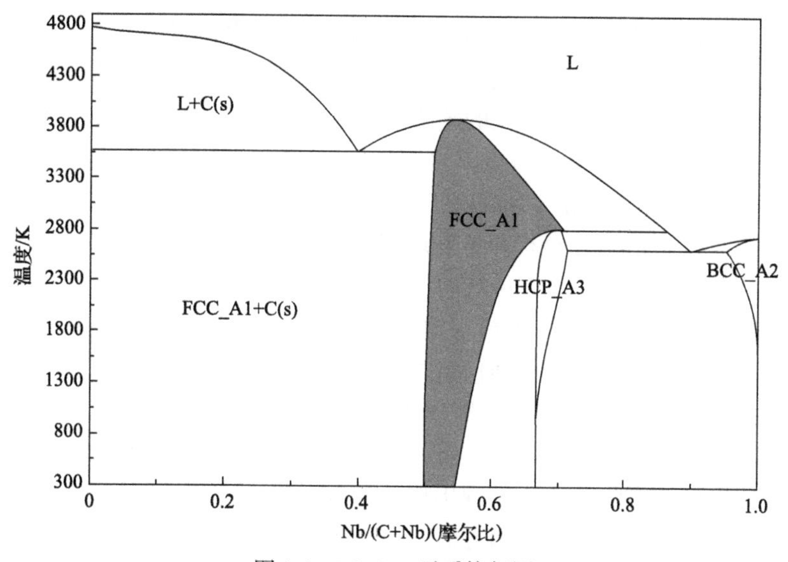

图 1-8 Nb-C 二元系统相图

数据来源于 SpMCBN 难熔合金数据库

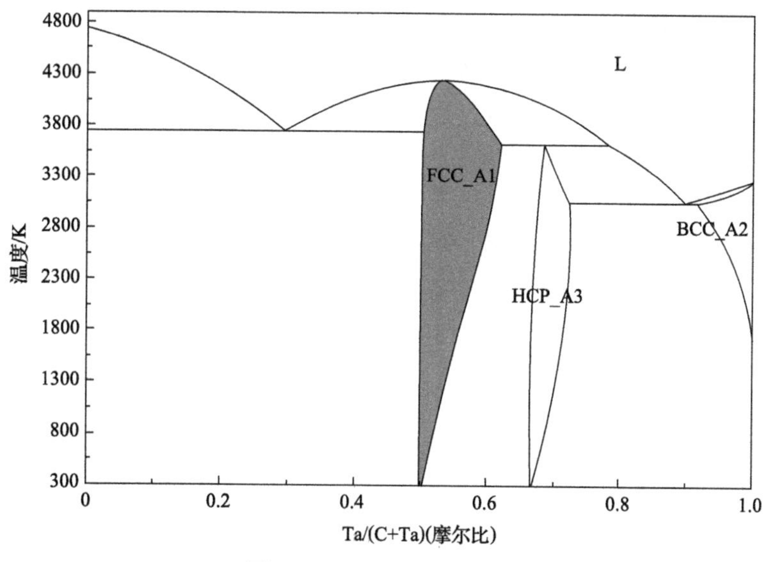

图 1-9 Ta-C 二元系统相图

数据来源于 SpMCBN 难熔合金数据库

作粉末冶金、化学气相沉积，以及制备切削工具、精细陶瓷、硬质耐磨合金刀具、工具、模具和耐磨耐蚀结构部件时使用的添加剂，提高合金的韧性[33,42,44]。

7. 大粒径碳化物的用途

通常来说，细粒径的碳化物由于更优的烧结活性，能够降低陶瓷致密化的难度，更有利于后续的粉末冶金应用。同时，将碳化物作为添加剂加入硬质合金材料时，细粒径的碳化物也更有利于细晶作用，更能提高材料的机械强度。尽管如此，在一些特定的领域，大粒径的碳化物粉体依旧有着不可替代的优势。

目前，对于大粒径碳化物最重要的两点应用在于正温度系数(positive temperature coefficient, PTC)热敏电阻过电流保护元件和铜基复合陶瓷电磁炮导轨。Kataoka等[45]制备了 TiC/聚乙烯复合材料，发现其电阻率能在温度变化时发生十个数量级的突变，其电流截止特性优于传统的 Ni 基 PTC 材料，具有更优异的电流响应特性。高道华等[46]采用其制作 PTC 过电流保护元件，将元件所需的 PTC 芯片缩小至 $20mm^2$，适用于便携的移动通信器材及数码产品的电源适配器。王军等[47]研究发现，TiC 的粒径越大，过电流保护元件的电流截止特性越强，如图 1-10 所示。此外，黄贺军等[48]研究发现，粒径超过 10μm 的 TiC 粒子可以有效地降低 PTC 元件在温度冲击后的电阻升幅，表现出更优的电阻再现性和长期的电阻耐候性，延长了过电流保护元件的实际使用寿命。麦永津等[49]利用 TiC 良好的导电性及抗热震性，采用铜基 TiC 复合陶瓷涂层作为电磁炮导轨的耐磨防护涂层。如图 1-11 所示，在电磁炮的发射过程中，电枢在导轨上快速向前滑动最终使炮弹弹射出去。在这一过程中导轨会磨损，所以加入 TiC 以延长其使用寿命[50]。但 TiC 与铜之间存在较高的界面电阻，TiC 的加入势必会带来导电性的降低，因此对于同样体积的 TiC，粒径越大则其表面积越小，其增加的界面电阻也就越少[51]。同时，Doğan等[52]研究发现，在高应力磨损条件下，粗 TiC 颗粒对磨料颗粒施加的切向摩擦力具有更大的抗断裂能力，并且相比之下细 TiC 颗粒更容易和铜基体一起被挖出。因此，对电磁炮导轨来说，无论是导电性还是耐磨性，大粒径的 TiC 都优于小粒径的 TiC。

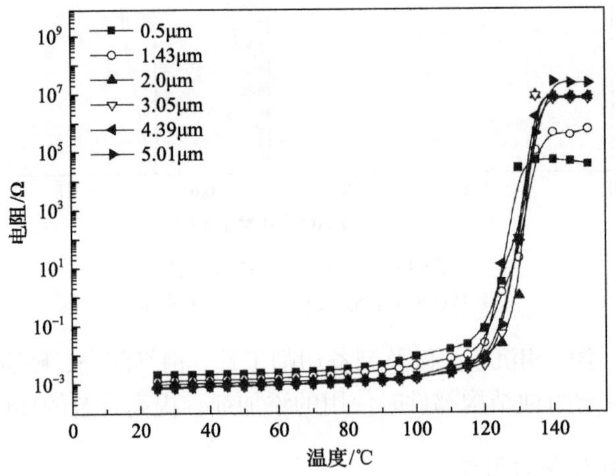

图 1-10　不同粒径的 TiC 基 PTC 材料(TiC 体积分数 54%)的性能[47]

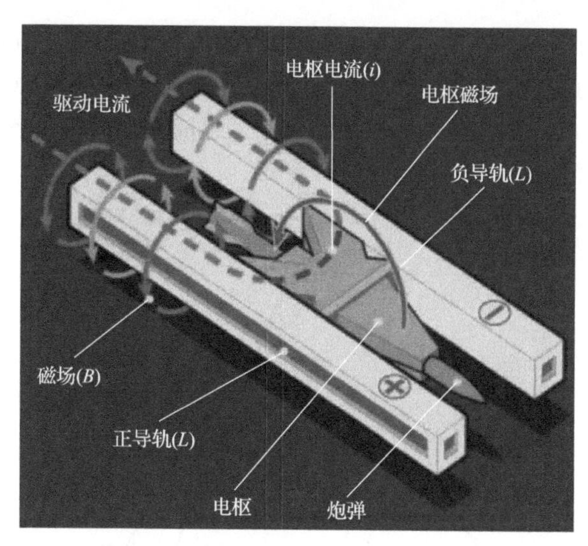

图 1-11 轨道式电磁炮系统示意图[50]

8. 复合碳化物的性质与用途

由于 TiC、ZrC、HfC、VC、NbC、TaC 等难熔金属碳化物具有相同的 NaCl 型面心立方晶系，在高温下可相互固溶形成单相的难熔金属碳化物固溶体，如二元碳化物 $Hf_xTa_{1-x}C$、三元碳化物(Ti,Zr,Nb)C、高熵碳化物(high entropy carbide, HEC)(Ti,Zr,Hf,Nb,Ta)C、(Zr,Hf,Nb,Ta,Mo)C 等[53-55]。

复合碳化物是近年来新发现的一种碳化物，具有高硬度、高熔点、良好的耐磨性和良好的生物相容性，在超高温、生物医学和能源领域有着广阔的应用前景，极大地丰富了难熔金属碳化物陶瓷体系[56-60]。如图 1-12 所示，$Hf_xTa_{1-x}C$ 的熔点高于单一的 HfC 或 TaC，这引起了研究者的广泛关注[61-63]。据报道，Ta_4HfC_5 熔点在已知碳化物中最高，达到 4263K，已用于航空和军事工业[64,65]。张晓燕等[66]在制备银钨系接触材料的过程中采用 $W_{0.7}Ti_{0.3}C$ 代替 WC，提高了材料的抗氧化性能，避免了在分断过程中因氧化绝缘而导致的温度升高现象。此外，高熵材料是一种具有高度均匀性和无序晶体结构的单相材料，其中熵被认为是最重要的贡献之一[67,68]。迄今为止，高熵材料主要由四种类型组成：高熵合金(high-entropy alloy, HEA)、熵稳定氧化物、高熵硼化物(high entropy boride, HEB)和高熵碳化物[69-73]。与一元碳化物陶瓷相比，高熵碳化物陶瓷由于其更高的硬度和更强的抗氧化能力，引起了人们的广泛关注[72,73]。这些高熵碳化物往往含有四种或四种以上具有适当比例的一元难熔金属碳化物[72-74]。Vladescu 等[75]利用 $TiZrHfNbTaC_5$ 优良的生物相容性，在医学上将其作为金属植入物使用。Gorban 等[76]研究发现，$TiZrHfVNbTaC_6$ 陶瓷具有高于 40GPa 的良好硬度。Zhou 等[73]在 2223K 下用商用碳化物粉末制备了

$TiZrHfNbTaC_5$ 陶瓷，其在高温下的抗氧化能力比任何单独的一元碳化物都要好。Castle 等[77]合成了 $TiZrHfTaC_4$ 和 $ZrHfNbTaC_4$，并报道 $ZrHfNbTaC_4$ 比 $TiZrHfTaC_4$ 更容易形成均匀的固溶体。认为可能的原因是组成碳化物的晶格参数差异较小，这是描述均匀固溶体合成能力的主要因素之一。

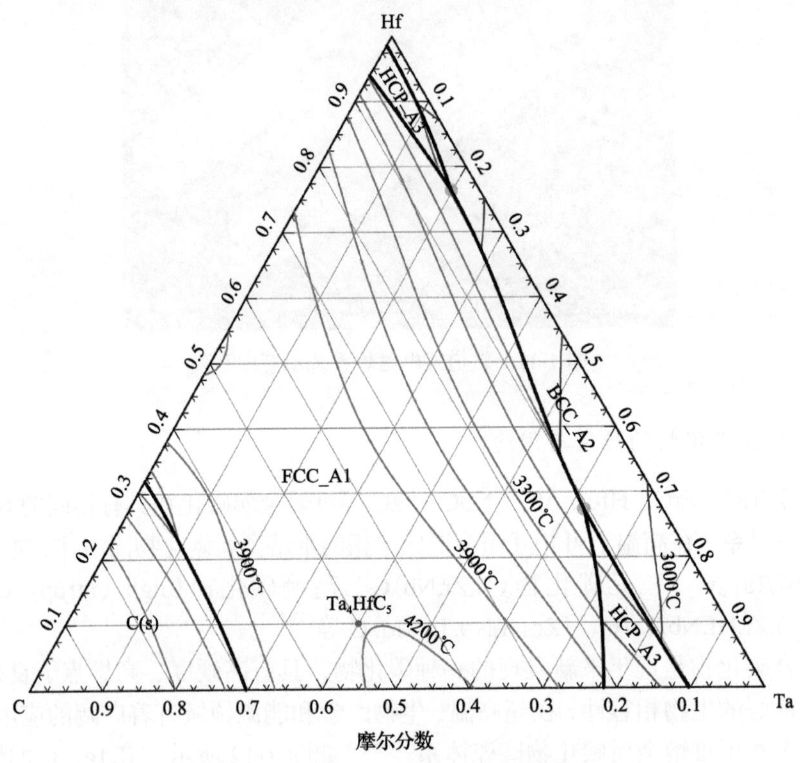

图 1-12　Hf-Ta-C 三元系统的液相线投影图

数据来源于 SpMCBN 难熔合金数据库

为了寻找具有更优性能、更高硬度和韧性或更强的抗氧化能力的先进材料，有必要考虑更多的高熵组合和种类[73]。遗憾的是，由于缺乏有效、简便的方法来合成固溶体相或预测成分的可行组合，研究只能通过大量繁复且代价高昂的实验和试错来进行发展[78]。其中，与 HEA 相关的材料目前研究得最多[79]。为了预测 HEA 材料形成的物种/成分的可行组合，Zhang 等[80]提出了判断参数 δ_r 和 Ω 来预测其形成单相固溶体的可能性。δ_r 表示原子尺寸差异，Ω 表示熵贡献克服焓贡献的能力，分别如式(1-1)和式(1-2)所示。得出的结论是：当 $\Omega \geqslant 1.1$ 且 $\delta_r \leqslant 6.6\%$时，可以很容易地获得单相的高熵固溶体。同时，Zhang 等[80]还发现 Ω 和 δ_r 存在双曲线的关系，其中 $\delta_r \ln\Omega$ 的值是一个常数。Zhang 等[80]提出的这两个参数有助于量化 HEA 的可合成能力，能有效且方便地预测形成高熵固溶体的可行成分组合。

$$\delta_{\mathrm{r}} = \sqrt{\sum_{i=1}^{n} c_i \left(1 - \frac{r_i}{\bar{r}}\right)^2} \tag{1-1}$$

$$\Omega = \frac{T_{\mathrm{m}} \Delta S_{\mathrm{mix}}}{\left|\Delta H_{\mathrm{mix}}\right|} \tag{1-2}$$

式中，r_i和c_i分别为第i个组分的原子半径和原子分数；n为组分总数；$\bar{r}$为所有组分元素的平均原子半径；ΔH_{mix}和ΔS_{mix}分别为各组分混合形成单相固溶体的混合焓变和混合熵变；T_{m}为各组分的平均熔化温度。

对于预测形成单相 HEC 的可能性，目前只有少数研究进行了报道[78,81]。由于难熔金属碳化物都具有相同的 NaCl 型 FCC 晶体结构，目前研究者公认的判断标准之一是，一旦它们具有较为接近的晶格参数，就有可能形成稳定的高熵相[79,80]。Oses 等[82]研究了组元数量对高熵相稳定性的影响。通过统计分析发现，随着组成高熵相的组分总数n的增加，引入新的混合组分所带来的混合焓变$\left[\Delta H_{\mathrm{mix}}(n+1) - \Delta H_{\mathrm{mix}}(n)\right]$的增加会逐渐减小。而混合熵变却随着组分总数$n$的增加单调增加。因此，当混合组分为四种或四种以上等浓度的组分时，系统的混合焓变是能够被混合熵变所克服的[78]。值得一提的是，对于(Ta,Hf)C 和(Nb,Ta)C 这类易固溶体系，其形成高熵相所需的组分可能会减少[64,65]。

Sarker 等[78]根据第一性原理提出了一个新的参数——熵形成能力(entropy forming ability, EFA)，用于预测 HEC 合成的可能性。其研究表明，当 EFA＞50$(\mathrm{eV/atom})^{-1}$时，可以很容易地合成分布均匀且稳定的 HEC。如式(1-3)～式(1-5)所示，EFA 越高，将构型无序引入系统的能耗越小，因此 HEC 的形成能力越强。然而，EFA 模型主要仅考虑了形成 HEC 系统中的焓变贡献，忽略了系统中的熵变贡献以及原子尺寸差异。

$$\mathrm{EFA}(n) = \sigma\left[H_i(n)\right]^{-1} \tag{1-3}$$

$$\sigma(H_i(n)) = \sqrt{\frac{\sum_{i=1}^{n} g_i (H_i - H_{\mathrm{mix}})^2}{\left(\sum_{i=1}^{n} g_i\right) - 1}} \tag{1-4}$$

$$H_{\mathrm{mix}} = \frac{\sum_{i=1}^{n} g_i H_i}{\sum_{i=1}^{n} g_i} \tag{1-5}$$

式中，n 为形成 HEC 的组分总数；g_i 为第 i 个组分的简并；H_i 为第 i 个组分的构型焓变；H_{mix} 为所有组分的平均构型焓变。

1.1.2 难熔金属碳化物制备方法

1. 元素直接合成法

元素直接合成法是目前工业制备难熔金属碳化物的主要方法。将难熔金属单质粉与 C 粉混合，直接在高温下进行碳化反应，最后生成难熔金属碳化物[83]。或是将金属单质粉在甲烷环境中进行高温渗碳反应，最后生成难熔金属碳化物。其原理如下：

$$\mathrm{Me + C == MeC} \tag{1-6}$$

$$\mathrm{Me + CH_4 == MeC + 2H_2} \tag{1-7}$$

式中，Me 为难熔金属元素。

元素直接合成法的优点是产物纯度高、粒度均匀，缺点是以金属单质粉为原料，原料成本较高。Choi 等[9]采用单质 Al 粉、单质 Ti 粉和单质 C 粉作为原料，通过自蔓延反应直接合成了 TiC。研究发现，将 Al 引入 Ti-C 体系能够细化产物 TiC 颗粒的尺寸。随着 Al 加入量的增加，产物粒径从 15μm 减小至 0.4μm。其原理是，Al 的引入改变了体系的反应顺序，从一步的 Ti→TiC 过程变为了多步的 Ti→Al_xTi→TiC 过程，中间产物的生成避免了 TiC 的烧结。

此外，也可采用氢化金属粉在甲烷气氛下进行气相反应，最后可生成具有低 O 含量的难熔金属碳化物[84]。相较于金属单质粉直接碳化，该方法得到的产物 O 含量更低，具有更小的粒径。其原理如下：

$$\mathrm{MeH_2 + CH_4 == MeC + 3H_2} \tag{1-8}$$

然而，目前市面常见的难熔金属氢化物粉只有氢化钛和氢化锆，此方法目前主要用于生产钛、锆的碳化物或氮化物[83,85,86]。

2. 化学气相沉积法

化学气相沉积法(chemical vapor deposition，CVD)是使用气态物质作为反应原料，在气相中或气固界面上进行化学反应生成固态沉积物的方法[87]。其原理如图 1-13 所示，将含有气态反应原料及反应所需的还原剂引入反应室内，在衬底的表面发生化学反应并沉积下来[88]。

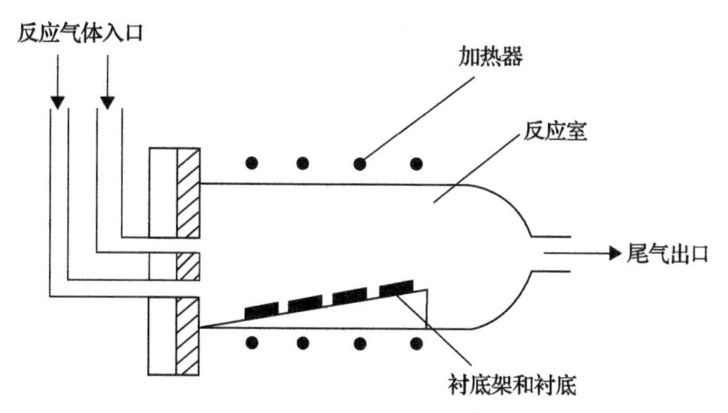

图 1-13　CVD 示意图[88]

CVD 方法主要用于制备涂层材料或薄膜材料，其形成的涂层致密且均匀，与基体结合牢固，具有成分可控、质量稳定、沉积速度快等特点。但 CVD 技术对设备要求高，通常的使用温度为 1173～2273K[89]。此外，CVD 只能生产薄膜材料，对衬底的损耗量大，对比磁控溅射并没有太大的优势[90]。胡东平等[91]在 1873K 的高温下进行 CVD 处理制备了纳米级的 TiC 涂层。Wang 等[92]利用 CVD 技术在 C/C 复合材料表面制备了 ZrC 薄膜，发现其中的控速步骤是 C 的扩散。Sun 等[93]也采用 CVD 技术在 C/C 复合材料表面制备了 ZrC 薄膜，经过氧乙炔焰烧蚀实验后发现，烧蚀后的致密层阻碍了氧的扩散，大幅提升了材料的抗氧化性。

3. 机械球磨法

机械球磨法直接以金属单质或合金粉体为原料，粉体与炭黑、活性炭、石墨粉的等碳源直接在球磨混合过程中发生化学反应，最后生成难熔金属碳化物，是目前纳米材料的主要制备技术之一[94]。机械球磨机理可按焓变分为两种类型：一种是机械诱发的强放热反应，其反应速率较快；另一种是无强放热的反应，其反应速率极为缓慢。机械球磨法是一种新型的粉体制备方法，主要用于超细粉生产，尽管在常温下就能反应，但反应速率极慢，往往反应时间长达 100h 以上，这样低的生产效率限制了其大规模工业化的应用。肖旋等[95]采用金属 Ni 粉、Al 粉、Ti 粉及 C 粉作为原料，按 NiAl-10%(质量分数)TiC 的成分配比混合，通过反应球磨合成了 NiAl-TiC 复合材料。研究发现，无论是 NiAl 颗粒还是 TiC 颗粒，其粒径都随着球磨时间的延长而逐渐减小，最终获得 1μm 粒径的细颗粒。Lohse 等[96,97]采用高纯度的单质 Ti 粉及 C 粉为原料，按 $Ti_{1-x}C_x$(x = 0.3, 0.4, 0.5)的成分配比混合，通过在氦气环境中反应球磨 36～96h，引发了自蔓延反应，最终制备了纳米级 TiC 粉体。此外，有研究者报道，$Ti_{1-x}C_x$ 中 C 的化学计量数 x 越低，生成的产物粉体越细小，因此在反应球磨中低的配碳量具有促进产物晶粒细化的作用[98]。Ghosh 等[99]采用高纯度的单质 Ti 粉和石墨粉为原料在氩气气氛下高能环境中反应球磨 35min 时引发了自蔓延反应，最终生成具有 13nm 粒径的纯 TiC 粉。Welham 等[100]采用钛铁矿或金红石等氧化物粉末作为原料，在 Mg、C 等还原剂的作用下，通过长达 100h 的反应球磨制备了纯度较高的 TiC 粉体。Kerr 等[101]发现通过机械球磨能制备出粒径小于 10nm 的超细粉末，在后续的粉末冶金过程中能制备出晶粒尺寸仅 16～20nm 的超细晶材料。Córdoba 等[102]采用高纯度的单质 Ti 粉和 C 粉为原料，通过在氮气环境中进行反应球磨，最终获得了具有纳米粒径的超细颗粒。

4. 镁热还原法

镁热还原法使用金属镁作为还原剂，将难熔金属氧化物还原后与 C 粉相互反应，合成难熔金属碳化物。其原理如下：

$$MeO_x + xMg + C \xlongequal{\quad} MeC + xMgO \tag{1-9}$$

该方法反应极为迅速，反应放热剧烈，过程难以控制，导致制备出的产物粒度极不均匀，纯度不高，且生产过程涉及湿法酸浸，对环境也会造成污染。

5. 等离子体法

等离子体法主要通过使用载体气流将难熔金属原料带入等离子射流进行反应。该工艺生产的产物纯度高、颗粒小、氧含量低，且反应时间短，但是工艺设备要求高，仅适合实验室生产。最初的等离子体法主要利用难熔金属氯化盐沸点低的特性，使其直接进行碳化反应，其原理如下：

$$2MeCl_x + 2CH_4 \xlongequal{\quad} 2MeC + xCl_2 + 4H_2 \tag{1-10}$$

Jia 等[103]采用超声速等离子体喷涂技术(supersonic air plasma spraying, SAPS)在 C/C 复合材料表面制备 ZrC/SiC 复合涂层，氧乙炔焰烧蚀实验后发现 SiO_2 的引入更有利于氧化层的致密化，降低氧的扩散速率从而进一步提高其抗烧蚀性能。朱警雷等[104]采用前驱体法，首先制备了由 Ti、Fe、Ni、C 所组成的复合粉体，然后通过载体气流带入等离子射流中，制备了致密的 TiC 增强 Ni-Fe 基金属陶瓷复合材料。

6. 碳热还原法

该方法以难熔金属氧化物和碳质还原剂为原料，在氩气或真空环境下进行碳热还原反应，得到难熔金属碳化物。其原理如下：

$$MeO_x + (x+1)C \xlongequal{\quad} MeC + xCO\uparrow \tag{1-11}$$

对于碳热还原法，工业上是通过在 1973～2373K 的氮气气氛或氩气气氛中对

TiO_2进行碳热还原，反应10～24h获得产物[105]。尽管由于碳热还原法具有工艺简单、反应物料价廉等优点，大大降低了生产成本，适合向工业化方向发展，但反应过程中，高温下的长时间反应往往会导致制备的TiC粒径粗大。同时，生成的气体产物CO/CO_2比例难以控制，这使得反应难以进行精确配碳，产物纯度难以得到保证，尤其是产物中的C含量往往偏高。

因此，充分混合原料、降低反应温度和反应时间是研究中迫切需要解决的问题[32]。Koc等[106,107]采用析碳反应对传统的碳热还原法进行了改进。首先，使C_3H_6在873K析出且能均匀地覆盖TiO_2表面的热解碳，制成复合的前驱体粉末，之后通过在1823K的氩气环境中进行碳热还原反应，4h的反应时间即可制备出O含量低的纳米级TiC粉体。研究发现，该粉体具有良好的分散性以及窄的粒径分布，但其中的C含量偏高，产物伴随有大量的游离碳。Razavi等[108,109]采用TiO_2和炭黑为原料，经过球磨混合后再在氩气环境中进行碳热还原反应，最终在1532～1773K下制备出微晶尺寸约80nm的超细TiC粉。研究发现，球磨有利于原料的细化，而碳热还原法的产物粒径则与原料息息相关，使用越细的原料能制备出越细的碳化物粉体。Woo等[110]用TiO_2和有机树脂为原料，使有机树脂溶解在甲醇中，通过溶胶的方式制备出含有TiO_2沉淀的悬浊液，采用343K的温度在旋转蒸发仪中得到了有机树脂均匀覆盖TiO_2表面的前驱体。之后通过在1773K的氩气环境中进行碳热还原反应，15min的反应时间即可制备出O含量低的纳米级TiC粉体。研究发现，该粉体具有80nm的均匀粒径，分散性良好。Sen等[111]采用TiO_2和C为原料，经过充分的球磨混合后再在真空环境(1～60Pa)中进行碳热还原反应，最终在1723K下制备出颗粒尺寸约2.05μm的TiC粉。

7. 自蔓延高温合成法

自蔓延高温合成(high-propagating high temperature synthesis，SHS)法主要原理为将难熔金属单质粉和C粉混合，压块后在一定压力的氩气环境中点燃，通过剧烈的放热反应实现难熔金属碳化物的快速合成，方法极为简单。王金淑等[112]将单质Ti粉分别与石墨粉或活性炭混合后，直接在常温的氩气环境中开始反应，分别制备出近球形的TiC颗粒和不规则的TiC颗粒，研究者发现碳还原剂能影响产物的生长机理。

8. 溶胶-凝胶法

溶胶-凝胶(sol-gel)法使用金属有机物、氯化物以及有机碳源等可溶性原料，通过水解的方式制备出具有高黏度的溶胶，使原料在纳米尺度上达成均匀的分布状态，然后进行干燥，制备出干凝胶作为前驱体，进行后续的还原碳化反应，从而制备出难熔金属碳化物[8,113]。该方法是一种新型的无机材料制备技术，在混合均匀性上超过其余的方法，且合成的产物粉体分散性高、粒度均匀且超细，在后续的粉末冶金过程具有较大的优势。复杂的工艺路线及小的生产规模限制了其在工业化道路上的发展。此外，由于难以确定有机碳源的衍生碳量，产物中往往会伴有较多的游离碳。Xie 等[114]结合溶胶-凝胶工艺和氢气除碳工艺，制备了纯度较高的纳米 TiC，其流程如图 1-14 所示。Gotoh 等[115]采用纳米级 TiO_2 和可溶的甲基纤维素作为原料，通过溶胶的方式制备出含有 TiO_2 沉淀的悬浊液，在 298K 的温度下干燥，得到有机碳源均匀地覆盖在 TiO_2 表面的前驱体，之后通过在 1573K 的氩气环境中进行碳热还原反应，2h 的反应时间内即可制备出 O 含量为 0.60%～2.32%(质量分数)的 TiC 粉体。

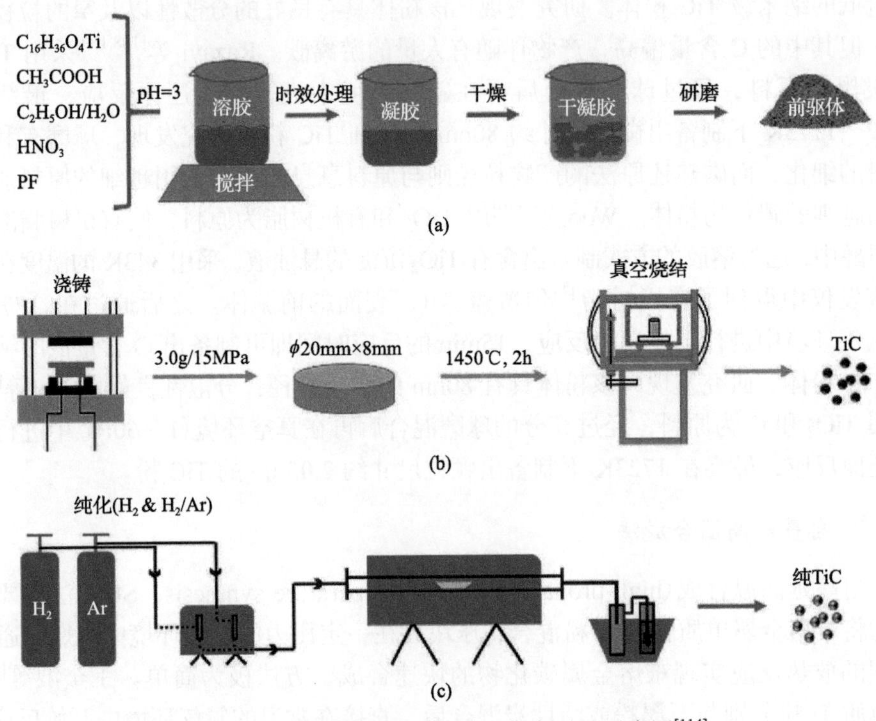

图 1-14　TiC 纳米颗粒的制备和氢气处理示意图[114]

(a)碳包覆前驱体制备；(b)烧结；(c)TiC 产物的纯化

9. 微波合成法

微波本质上是一种在特定频率范围内的电磁波，通常来说其频率波段分布在 300MHz～300GHz，相应的波长范围为 1mm～1m[116,117]。众所周知，微波可通过其独特的能量特征，利用高频率的电磁波实现物体的快速加热，目前已经广泛用于加热领域。从 20 世纪 70 年代研究者首次采用这一技术进行陶瓷烧结之后，微波合成法便因其极快的加热速度引起了研究者的关注，此后随着技术的发展与更新，成为现阶段的新一代陶瓷烧结技术，具有高效、极速的特点，主要用于制备细晶材料。

Zhang 等[116]结合溶胶-凝胶工艺和微波技术，采用可溶的钛酸四丁酯($C_{16}H_{36}O_4Ti$)和蔗糖作为原料，利用 $C_{16}H_{36}O_4Ti$ 的水解制备出高黏度的溶胶，在干燥后获得有机碳源均匀覆盖在 TiO_2 表面的前驱体，之后在氩气环境中采用频率为 2.45GHz 的微波进行加热，在 1473～1573K 的温度下反应 1.5～2h 即可制备出具有低 O 含量、粒径为 0.1～0.5μm 的 TiC 粉体。

10. 高熵碳化物的制备方法

目前复合碳化物的主流合成技术为高温固溶法。大多数研究通过直接加热对应碳化物的混合粉或者对应元素的单质混合粉形成固溶体来制备 HEC 陶瓷[13,118]。该工艺依靠高温下碳化物互相之间缓慢的固体扩散形成固溶体，所需温度高达 2473K，对设备要求高，时间长，能耗大，且原料不容易混合均匀[13]。同时，由于极高的反应温度，合成的 HEC 粉末粒径粗大，也为后续的材料制备带来了困难[13]。部分研究者对此工艺进行了改进，提出了碳热还原法，如 Feng 等[118]通过碳热还原后形成固溶体的两步方法合成了 HEC 粉末，其所需合成温度略微降低，但也高于 1973K。Li 等[119]提出了一种液相前驱体法，采用难熔金属卤化物和糠醇得到液相前驱体,首先在 1673K 真空下经碳热还原，然后在 2073K 下获得 $(Ti_{0.2}Zr_{0.2}Hf_{0.2}Nb_{0.2}Ta_{0.2})C$ 固溶体，解决了均匀性差的问题。但该方法的生产规模太小，无法实现工业化生产，生产过程中氯化物的排放会造成环境污染。因此，迫切需要探索一种有效且简单的合成复合碳化物的方法[78]。

11. 现阶段的工业技术难点

尽管难熔金属碳化物在催化、电容器、阴极材料、电接触材料、电子器件的扩散障垒等领域都具有一定的应用，但得益于其极强的硬度和超高的熔点，最普遍的应用方式是将其制成纯陶瓷部件或制成复合材料，作为耐磨材料或耐高温材料使用。例如，当高超声速飞行器在穿过大气层时，由于强烈的气流冲刷，在头锥及翼身前缘等位置会产生强烈的气动加热效应，达到超过 2273K 的超高温，如图 1-15 所示，将 $Ta_xHf_{1-x}C$ 用作这些位置的热防护涂层能起到很好的抗烧蚀作用[43]。再如，将 W-ZrC 复合材料用于核反应堆的结构材料，避免材料在热辐射过程中开裂、熔化而引起事故，如图 1-16 所示[120]。在这些应用中，无论是制备纯陶瓷部件还是复合材料，都追求更高的致密度和更细的微晶尺寸。相关的研究表明，碳化物粉体的粒度和纯度是致密化过程中最为关键的两个因素[121]。然而，目前国内工业在高纯、超细粉体的制备上仍存在一定的技术难点，生产的碳化物粉体难以在粒径或纯度两方面同时兼顾，与国外企业存在一定的差距。此外，高昂的生产成本和复杂的生产工艺也使市售的碳化物粉体价格昂贵，使碳化物的应用难以进一步扩大，制约了其工业化发展的步伐。

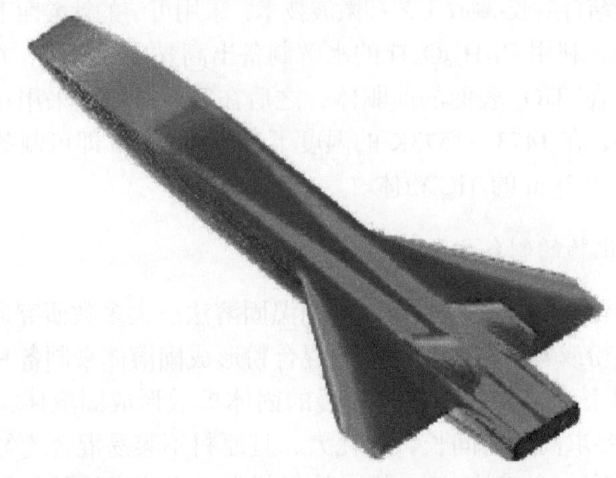

图 1-15　日本宇宙航空研究开发机构(Japan Aerospace Exploration Agency，JAXA)高超声速飞行器气动加热模拟热流示意图[122]

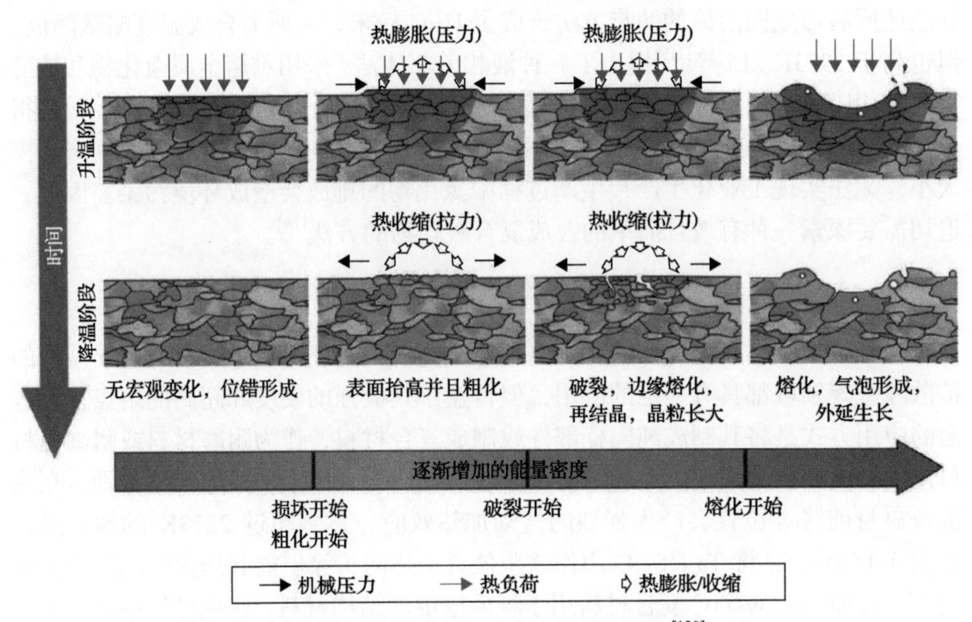

图 1-16　材料开裂、熔化的原理示意图[120]

目前，难熔金属碳化物的工业合成方法有直接碳化法和碳热还原法，而其他的合成方法由于工艺复杂、生产规模小、工艺不稳定、不环保等问题而尚未用于工业化[111,123]。其中，直接碳化法制备出的产物纯度和粒度都直接由其所使用的原料来决定，而无论是高纯的单质金属粉还是超细的金属粉，价格都十分昂贵，这导致其生产成本很高[124-126]。此外，超细的金属单质粉具有较大的比表面积，十分容易被氧化，给原料保存和运输带来一定困难，因此该方法难以制备出高纯、超细的碳化物粉体[127]。而碳热还原法得益于其低廉的原料成本以及较为简单的工艺流程，具有极大的工业潜力。然而，相关的研究表明，这一方法最大的弊端在于产物往往伴随有不少的游离碳，为直接用于后续的粉末冶金过程带来了一定的难度[18,102]。因此，游离碳的脱除是碳热还原法工业化发展道路上的亟须解决的问题。

目前，研究者提出了三种除碳工艺：浮选除碳法、氧化除碳法和氢气除碳法。其中，浮选除碳法是利用碳的疏水性，使游离碳在液-气或水-油的界面发生聚集而碳化物则沉于水底以达到分离的目的；然而，该方案脱碳不够彻底，只能进行初步脱碳[128]。氧化除碳法则是通过在空气或含氧气氛中直接进行加热的方式，使碳直接被氧化，以达到除碳的目的，但该方案会致使碳化物发生二次氧化，如式(1-12)所示，从而降低产物纯度[129,130]。氢气除碳法则通过在氢气气氛中加热的方式，使碳转化为甲烷排出，如式(1-13)所示[130]。但是在该过程中，氢气和纳米碳化物会发生副反应，如式(1-14)所示，生成的 MeH_x 络合物会被流动气体带出，降低产品的收得率[111]。

$$2MeC + (x+2)O_2 = 2MeO_x + 2CO_2 \tag{1-12}$$

$$C + 2H_2 = CH_4 \tag{1-13}$$

$$2MeC + (x+4)H_2 = 2MeH_x + 2CH_4 \tag{1-14}$$

1.2　硼及其化合物

1.2.1　硼资源及硼工业

1. 硼资源简述

硼(B)是第 5 号元素，位于元素周期表的第二周期、ⅢA 族，相对原子质量为 10.81。早在古埃及时，天然硼砂就已经用于制造玻璃的熔剂[131]；在我国古代，丹药家们也使用过天然硼砂[132]。但硼元素的发现则是在 19 世纪初，1807 年英国化学家戴维(H. Davy)报道了用电解法在两铂片之间电解湿硼酸以及在金属管中用钾还原硼酸制得了硼。1809 年法国化学家盖吕萨克(J. Gay-Lussac)和泰纳尔(L.J. Thenard)用金属钾还原无水 B_2O_3 得到了单质硼[133]。

全球硼资源储量达 10 亿 t 以上[134]，主要的可供开采的硼矿资源赋存形式有硬硼钙石、钠硼解石、硼镁石、硼镁铁石、天然硼砂和盐湖卤水。全球硼矿资源主要集中分布在环太平洋和地中海构造带内。土耳其和美国是两个最大的硼矿加工生产国和出口国，两国的硼矿及化工产品分别占世界需求总量的 40%和 30%。另外，哈萨克斯坦、智利、阿根廷、秘鲁、中国、玻利维亚和俄罗斯也存在较大规模的硼矿资源和硼化工工业。日本和西欧等一些发达国家和地区的硼资源较为缺乏，大都依靠进口矿石或硼砂、硼酸等上游化工产品再深加工成其他含硼产品。如图 1-17 所示，当前世界上硼化工产品主要应用于玻璃和陶瓷制造、化肥工业、核工业、生物医药、环保工程、日化用品以及国防工业等领域。

我国具备一定的硼资源储量(3915.55 万 t)，但硼矿物十分稀散，品位较低，集中分布在辽吉地区(硼镁铁石)、青藏地区(天然硼砂、盐湖卤水)，四川、湖南等地也有少量的含硼卤水资源[135]。我国的硼资源具有含量低，处理难度大等特点，加之多年来的开采，导致具有工业价值的高品位矿藏越来越少[136]。如图 1-18 所示，展示了 21 世纪以来我国的硼资源表观消费量、进口量和对外依存度变化情况[137]。

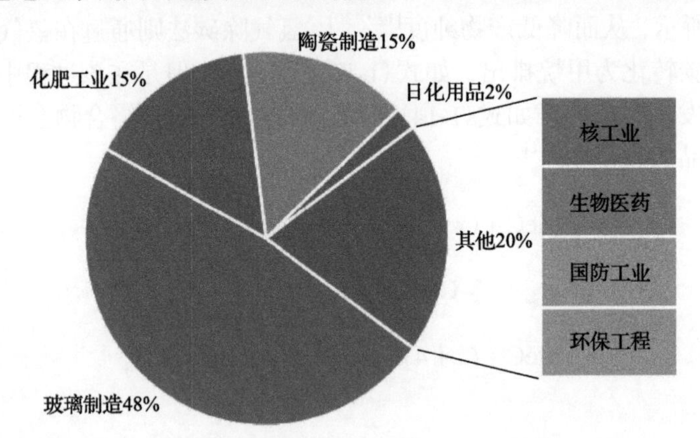

图 1-17　2017 年全球硼消费结构[134]

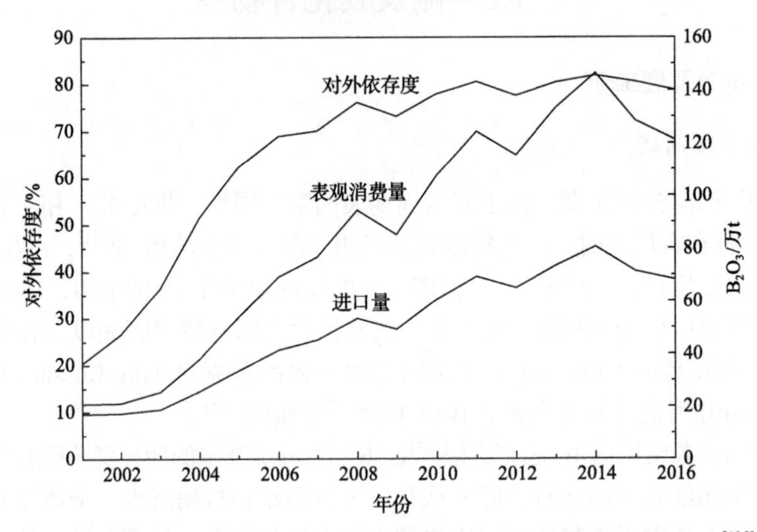

图 1-18　2001～2018 年中国硼资源表观消费量、进口量及对外依存度[135]

随着我国经济建设的高速发展，硼产品表观消费量也急剧增长，最高达到了每年 140 万 t。我国硼产品的对外依存度也较高，进口量最高可达每年 80 万 t。目前，国际硼产品消费主要在亚洲和北美，我国更是亚洲地区的主要消费国，随着我国经济进一步发展，材料制造、农业、核工业、环境保护等领域对硼资源的需求量还将进一步提升。

2. 硼的性质

单质硼熔点为 2076℃，晶体硼的密度为 2.34g/cm^3。B 是半导体并且按化学性质来分属于非金属元素。一般来说，B 的化学性质与其斜对角线上的 Si 更相似，而与同一族的金属元素 Al 差异较大。单质硼有无定形和晶体两种类型，就化学性质而言，晶态硼相对惰性，无定形硼则比较活泼[138]。单质硼难溶解于水、盐酸、乙酸和乙醚，但能够溶解于冷的浓碱液并放出氢气。在高温下，B 能与氧、氮、硫、卤素以及碳相互作用，形成含硼的化合物。B 在元素周期表的位置介于金属和非金属元素之间，B 能与大多数的金属和非金属元素化合生成多种硼化合物[139]，能与 B 形成二元化合物的元素如图 1-19 所示。单质硼与不同物质的具体化学反应如下。

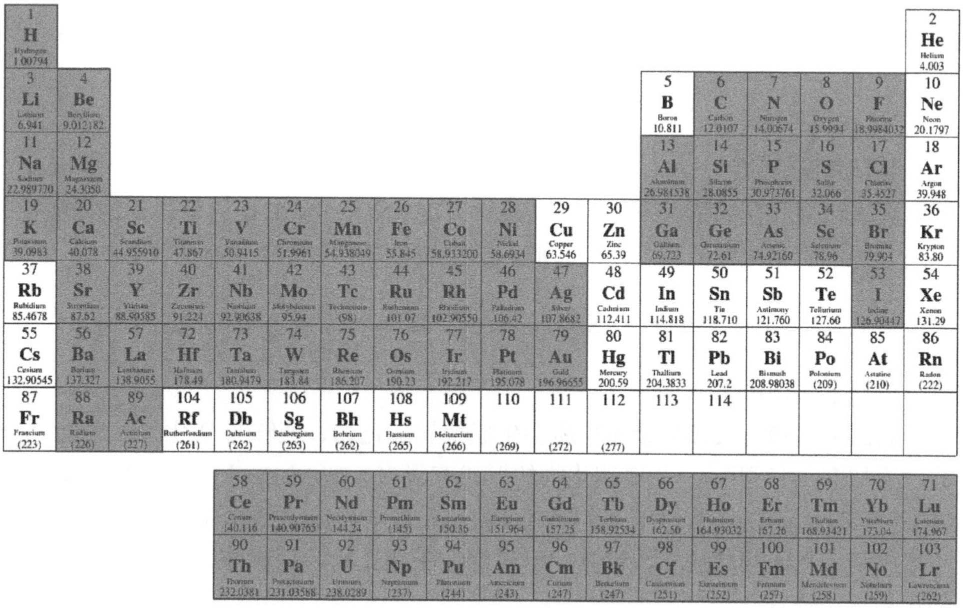

图 1-19 能与 B 形成二元化合物的元素

1) 与非金属的作用

在高温下单质硼能与 N_2、P、As、O_2、S、卤素单质(X_2)等非金属单质反应[140]。

例如，它能在空气中燃烧生成B_2O_3和少量BN：

$$2B + 1.5O_2(g) \xlongequal{} B_2O_3 \tag{1-15}$$

$$B + 0.5N_2(g) \xlongequal{} BN \tag{1-16}$$

虽然存在硼烷(B_nH_{n+4}，B_nH_{n+6}，B_nH_{n+8}和B_nH_{n+10})这类有机硼氢化合物，但单质B不能与H_2作用生成硼烷[141]。

2) 与非金属氧化物的作用

硼在氧势图处于较低的位置(介于Si与V之间)，因此硼可以作为还原剂与许多稳定的氧化物(如H_2O、CO_2、P_2O_5等)发生氧化还原反应[140]。例如，在加热状态下，硼与水蒸气作用可以生成硼酸和氢气：

$$2B + 6H_2O(g) \xlongequal{} 2H_3BO_3 + 3H_2(g) \tag{1-17}$$

3) 与无机酸的作用

硼不与非氧化性酸(如盐酸)作用，但硼能被强氧化性酸氧化，如被热浓H_2SO_4和HNO_3氧化生成硼酸[142]：

$$2B + 3H_2SO_4(\text{浓}) \xlongequal{} 2H_3BO_3 + 3SO_2(g) \tag{1-18}$$

$$B + 3HNO_3(\text{浓}) \xlongequal{} H_3BO_3 + 3NO_2(g) \tag{1-19}$$

4) 与强碱作用

在氧化剂存在的情况下，硼和强碱(NaOH、KOH等)共熔能够得到偏硼酸盐，这是分析单质硼纯度的重要反应，此反应会剧烈放热并产生气体[143,144]。

$$2B + 2NaOH + 3KNO_3 \xlongequal{} 2NaBO_2 + 3KNO_2 + H_2O(g) \tag{1-20}$$

5) 与金属作用

高温下，硼与大部分金属单质会生成金属硼化物，能够与B化合形成化合物的元素如图1-19所示。金属硼化物的形式有很多，如M_2B、MB、MB_2、M_2B_5、MB_4、MB_6、MB_{12}等[145,146]，其中B的化合价较为复杂。金属硼化物中B原子通常以链状、平面网状或立体笼状的形式存在于硼化物的晶格中，B计量数越大，硼化物结构越复杂。

3. 硼工业简述

自然界中并不存在单质硼，硼元素以硼酸盐的形式存在于矿物或卤水中。常见的硼化工产品有：硼砂($Na_2B_4O_7$)、硼酸(H_3BO_3)、氧化硼(B_2O_3)、碳化硼(B_4C)、单质硼(晶体硼和无定形硼)、氮化硼(BN)、硼氢化物、氟硼酸盐等，这些产品均是由含硼矿物经过一系列火法、湿法分离提纯或反应流程获得的。硼工业主要产品及制备流程介绍如下。首先，硼矿或天然硼砂经过选矿和一系列火法或湿法工序可以获得硼酸和硼砂，这两个产品是硼工业基础产品。硼酸可以进一步通过湿法流程生产其他硼酸盐。硼酸经过焙烧脱水后可以获得氧化硼。氧化硼同样是重要的含硼原料，经过电炉冶炼氧化硼可被碳质还原剂(石油焦、石墨等)还原获得碳化硼，这也是一种重要的硼工业产品，主要作为高端磨料用于机械工业。氧化硼也可以经过氨气或有机氮源(如尿素、三聚氰胺)的氮化制备六方氮化硼(h-BN)，六方氮化硼往往被当成固体润滑剂和特种耐材使用。进一步，六方氮化硼在高温高压下可转变为立方氮化硼(c-BN)，立方氮化硼性质类似于金刚石，也是一种高档耐磨硬质材料。使用金属镁还原氧化硼，再经浸出等湿法流程可获得纯度为 90%左右的无定形硼，这是目前大规模制备硼单质的方法。

4. 单质硼的制备

常见的单质硼产品可分为如下三类[138]。

无定形硼为无味、无臭的棕色粉末，化学性质活泼，常温下在空气中性质稳定，加热到 300℃被缓慢氧化，加热至 700℃着火。它在一定温度下不受水、溴、氯的影响。新制备而未经强烈灼烧的无定形硼粉微溶于水，能溶于硫酸、硝酸。

晶体元素硼又称为晶体硼，晶体硼是一种硬而脆的固体，并有金属光泽，莫氏硬度为 9.5，有较高的电阻，具有半导体的性质。其颜色呈乌黑色、银亮色或亮红色，晶体硼的颜色随晶体结构以及所含杂质的不同而异。晶体硼的主要晶型有低温菱形晶(α 型)、高温菱形晶(β 型)以及四方晶。

目前单质硼的制备方法主要有以下几种。

1)电解法

在氯化物($NaCl-KCl-B_2O_3$)或氟化物($NaF-KF-B_2O_3$ 或 $NaF-KF-KBF_4-B_2O_3$)电解体系中电解 B_2O_3 能够制备出单质硼[147,148]，图 1-20 为电解法制备硼粉。该方法与电解 Al_2O_3 制备金属 Al 的方法非常相似。氧化硼的分解电压低于氯化物和氟化物的分解电压，B_2O_3 的分解电压为 1.77V，而氯盐和氟盐体系的分解电压在 3.29V 左右。因此，只要体系中有 B_2O_3 存在，优先分解的就是 B_2O_3，这使得单质硼能够顺利通过电解获得。电解法得到的无定形硼粉品位并不高，纯度很难达到 92%以上。其中，含有的杂质主要为 C、Fe 和 Al。这使得电解法制备单质硼具有一定的局限性，目前工业制备单质硼并不使用电解法。

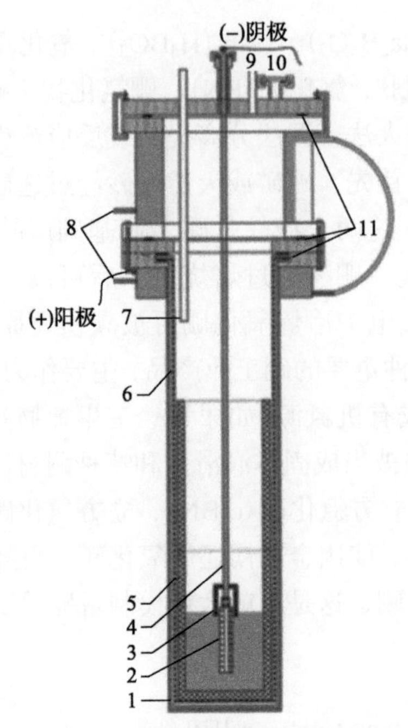

图 1-20　电解法制备硼粉的装置示意图[147]

1. 铬镍铁合金容器；2. 低碳钢十字形阴极；3. 石墨保护杯；4. 镍金属轴；5. 石墨坩埚；6. 镍内衬；7. 氩入口；8. 冷却水进出口；9. 氩出口；10. 观察孔；11. 垫圈

2）硼烷裂解法

硼烷裂解[149]是一个较长的工艺过程。首先在石蜡油环境下，将金属钠用氢气氢化为 NaH，此过程在 200～300℃的氢化反应釜中进行。制得的 NaH 再与三氟化硼的乙醚络合物反应生成乙硼烷气体，产生的乙硼烷气体经过分子筛干燥，再在冷阱中进行精制。通过这一过程能够获得较为纯净的乙硼烷气体。纯净的乙硼烷气体在高温石英管中裂解，析出高纯无定形硼。硼烷裂解工艺核心反应如下：

$$2Na + H_2(g) = 2NaH \tag{1-21}$$

$$6NaH + 8BF_3(C_2H_5)_2O = B_2H_6 + 6NaBF_4 + 8(C_2H_5)_2O \tag{1-22}$$

$$B_2H_6 = 2B + 3H_2 \tag{1-23}$$

该方法能得到纯度很高的无定形硼粉（99.9%以上），但是这种方法最大的缺点是工艺流程较为复杂，生产环境苛刻，B_2H_6 为剧毒性化合物，会给生产操作带来很大的困难与不便。另外，该方法核心反应是气相分解，因为硼粉的产量有限，所以这种方法很难形成规模生产。

3）镁热还原法

镁热还原法是目前最具规模的生产无定形硼粉的方法[143,150-152]。利用金属 Mg 粉与 B_2O_3 发生的自蔓延反应：

$$3Mg+B_2O_3 = 2B+3MgO \tag{1-24}$$

得到的还原产物中含有单质硼、MgO、B_2O_3 和硼化镁（MgB_2 和 MgB_4）等。对还原产物进行酸浸、漂洗、过滤，去除还原产物中的 MgO、B_2O 等杂质，最后烘干得到无定形硼粉，图 1-21 为镁热还原 B_2O_3 所用的装置。当还原剂不足时，产物中一部分 B 会以欠还原的次氧化硼（B_6O）形式存在，而在还原剂过量时，少量 B 会与过量的 Mg 结合形成 MgB_2 和 MgB_4。其中，MgB_4 性质较为稳定，难以通过酸浸去除。因此，直接采用镁热还原再浸出得到的产品是纯度不高的单质硼[143]。实际的镁热还原法制备单质硼的工艺过程中有进一步除杂纯化的工序。

图 1-21　镁热还原 B_2O_3 自蔓延反应制备硼粉的装置

具体的镁热还原制备无定形硼粉工序如下所述。在减压条件下升温加热使硼酸脱水成 B_2O_3。粉碎后的 B_2O_3 再与 Mg 粉按一定比例（一般为过量）进行配料，经充分混合后填入反应管中，点火进行还原反应。获得的还原产物先在水中浸泡，再进行酸洗、漂洗去掉大部分的杂质即可制得硼含量达 85%（质量分数）的硼粉（含有较多的杂质 Mg）。进一步的精制提纯可以获得更高纯度的单质硼粉。向低纯度的硼粉中加入 B_2O_3 在高温下反应数小时，将硼粉中难以去除的结合态 Mg 转化为 MgO。高温反应后将物料用盐酸酸洗、水洗、过滤、烘干，可得含量 90%～96%（质量分数）的无定形单质硼粉。该方法的优点很明显：生产流程简单，易于操作；适合工业化规模生产。但此工艺流程也具有一定的缺点：产品硼粉品位不高，生产中涉及的浸出过程将会产生大量的废液。

1.2.2　金属硼化物的特性和应用

从图 1-19 可以看出，在金属元素中，仅有少数的过渡族金属(如 Cu、Zn 和 Hg)和一些ⅢA、ⅣA 和ⅤA 族金属元素(如 In、Sn、Tl、Pb 和 Bi)无法与 B 元素形成二元化物[141]。其余的碱金属、碱土金属、过渡族金属、镧系金属和锕系金属均能与 B 元素形成二元化合物。并且，硼化物的元素组成往往不遵循固定的化合价，存在 M_2B、MB、MB_2、M_2B_5、MB_4、MB_6、MB_{12}、MB_{66} 等多种 B 计量数的硼化物，往往同一种金属元素就有多种稳定的金属硼化物[153]。几种典型 B 计量数金属硼化物的球棍模型如图 1-22 所示。硼原子通常在金属硼化物的晶格中按链状或网状排布。在金属硼化物中往往存在多种化学键：M—M 金属键，M—B 离子键，B—B 共价键[154]。这种特殊的价键构成也使得金属硼化物往往具备极高的熔点、较高的硬度和较好的导电性等物理性质。下面对若干个典型的金属硼化物进行介绍。

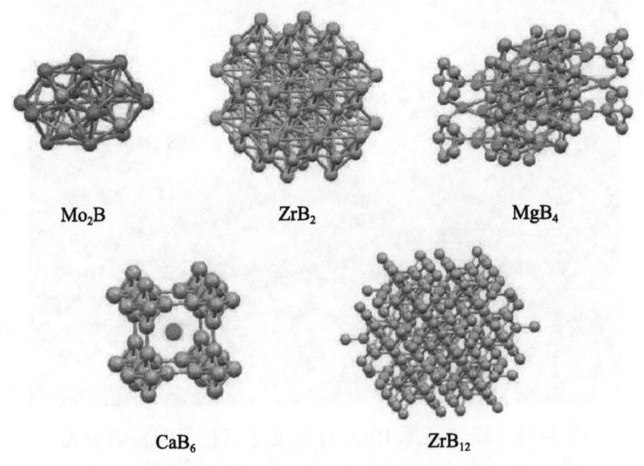

图 1-22　几种典型 B 计量数的金属硼化物的球棍模型

1. 二硼化镁

在镁的硼化物中，二硼化镁(MgB_2)是目前研究最多的一种，并且已经有了一定的应用。MgB_2 的密度为 2.6g/cm^3，晶体结构属六方晶系，空间群为 P6/mmm，晶体结构为交替排布的 B 原子层和 Mg 原子层[155]。MgB_2 的超导性是人们研究最多的性能，其临界转变温度(T_c)为 39K，临界电流密度(J_c)为 1×10^6A/cm^2[156]。目前，MgB_2 的制备方法主要为元素直接合成法。MgB_2 超导体是日本科学家在 2001 年偶然发现的[157]。相较于金属低温超导体，MgB_2 临界转变温度较高，例如，在 25K(无需昂贵液氦，仅使用液氢即可)、0.9T 这样的条件下就能实现超导传输。

与高温超导相比其性能特点在于，MgB_2的各向异性小，晶界对超导是透明的。

MgB_2 超导体的制备工艺[158]，其中较主流的有粉末套管法(powder-in-tube, PIT)、中心镁扩散法(internal magnesium diffusion, IMD)和连续管线成型法及填料法(continuous tube forming & filling, CTFF)。图 1-23 为几种不同截面形状的 MgB_2 超导线材。目前，长度大于 1km 的 MgB_2 超导线材的生产制备已经没有问题。哥伦布超导体(Columbus Superconductors)曾在俄罗斯 JSC VNIIKP 研究所架设了 30m 的 MgB_2 超导线路，该线路为液氢强制制冷，在 20K 温度下直流电流为 3000A，并完成了 50kV 的绝缘测试，该线路具备 150MW 的输电能力。欧洲核子研究组织(Conseil Européen pourla Recherche Nucléaire，CERN)的 MgB_2 超导连接项目已被批准[159]，超导连接的系列化生产所需要的 MgB_2 导线总量约为 1000km。MgB_2 超导体在大型强子对撞机这一类高耗电大型设备上可能实现大规模应用，可见，MgB_2 在应用上具有一定前景。MgB_2 超导体的取向性较弱，加工方便，容易制备出小型化复杂的布线，使得 MgB_2 可以用于超导磁体(尤其是小型化的应用场合)、超导电动机和超导发电机等。2006 年，艾森超导体(ASG Superconductors)和 Columbus Superconductors[160]已经使用 MgB_2 超导材料进行了开放无冷却核磁共振系统的设计、制造和测试，已有 28 套该设备在世界范围内的多家医院中使用。欧盟资助的 InnWind 项目[161]在风力发电机中也使用了 MgB_2 超导体。

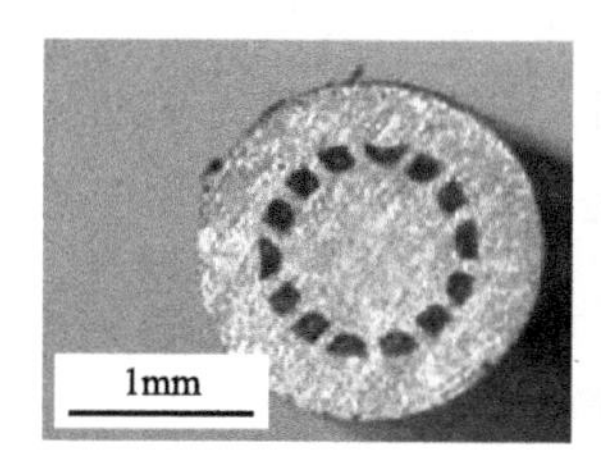

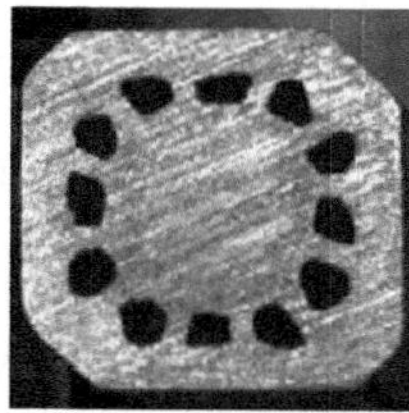
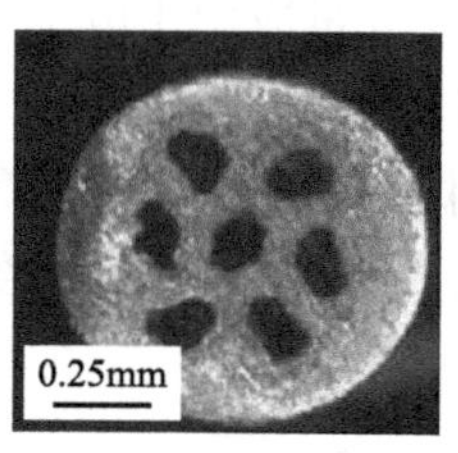

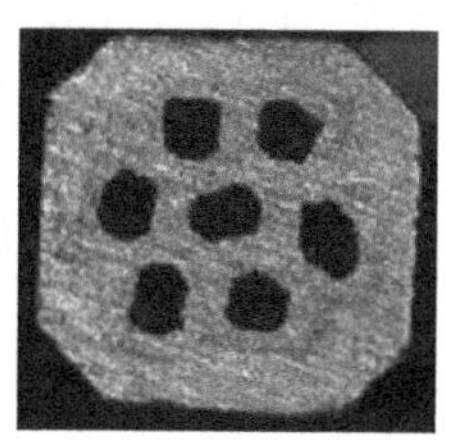

图 1-23 几种不同截面形状的 MgB_2 超导线材

MgB_2 另一个重要的潜在应用是储氢材料。Vajo 等研究发现[162]，在 $LiBH_4$ 中按 2:1(摩尔比)加入 MgH_2，可构建 Li-Mg-B-H 储氢体系，其吸/放氢反应如式(1-25)所示。

$$2LiBH_4 + MgH_2 \rightleftharpoons 2LiH + MgB_2 + 4H_2 \tag{1-25}$$

相比于 $LiBH_4$，Li-Mg-B-H 体系的放氢反应焓变降低约 25kJ/mol H_2。其原因在于，MgH_2 的加入导致体系在放氢过程中生成 MgB_2，其热力学稳定性高于 Mg，如此达到稳定放氢态的目的。Li-Mg-B-H 体系兼具高氢容量(理论值高达 11.8%(质量分数))和相对适中的热力学稳定性，是最具储氢应用潜力的材料体系之一。但由于其吸/放氢动力学缓慢，Li-Mg-B-H 体系的储氢应用受到严重制约。为了克服这一缺点，在 Li-Mg-B-H 体系中加入金属卤化物(如 $TiCl_3$、TiF_3、$CuCl_2$ 等[163])作为改性剂，目的是改善释放氢气的动力学条件。Li-Mg-B-H 体系的储氢材料一般使用 MgB_2 和 LiH 或 $LiBH_4$ 和 MgH_2 球磨而成。

2. 碱土、稀土六硼化物

碱土金属(Ca、Sr、Ba)元素和稀土元素(Y、La、Ce、Pr、Nd、Pm、Sm、Eu等)与 B 容易形成六硼化物(MB_6)。通常 MB_6 为立方型的晶体结构，空间群为 Pm-3m，金属原子嵌于 B 原子的笼网(由 6 个 B 原子组成的八面体连接而成)中[164]。这种特殊结构的硼化物一般具备高熔点、高硬度、良好的化学稳定性、优异的热电子发射性能等特点。其主要应用于以下几个方面。

1)电子发射材料

电子发射材料是制造电子显微镜、电子束焊机、X 射线衍射仪等高端设备的重要材料，图 1-24 为 LaB_6 材质的灯丝产品。传统上常以金属钨为电子发射的阴极材料，但纯金属钨阴极的寿命较短。而 MB_6 是一类发射特性较好的物质，以 LaB_6 为例，逸出功(Φ_e)为 2.6eV(明显低于钨的逸出功 4.52eV)，这一参数与常用的 W-ThO_2 ($\Phi_e = 2.62$eV)相近，但 Th 为剧毒元素，而 LaB_6 无毒。LaB_6 的另一特点是高温真空条件下蒸发不明显，使得该阴极材料寿命更长。目前，LaB_6、CeB_6 材质的灯丝产品已经大量应用于电子显微镜中[165-167]。当前，研究人员已经关注到固溶六硼化物($M1_xM2_{1-x}B_6$)的发射特性。研究结果表明，固溶 MB_6 的发射功与单元素 MB_6 相当，但其电流密度明显高于简单 MB_6，这是由于复合六硼化物中的晶格畸变缺陷较多，使得电子发射密度得以提升[168]。

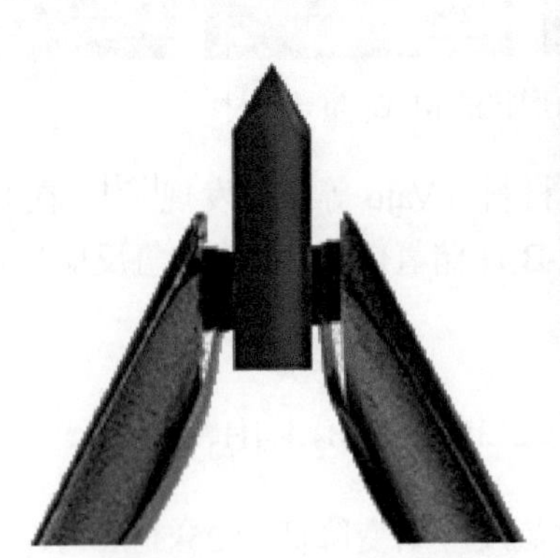
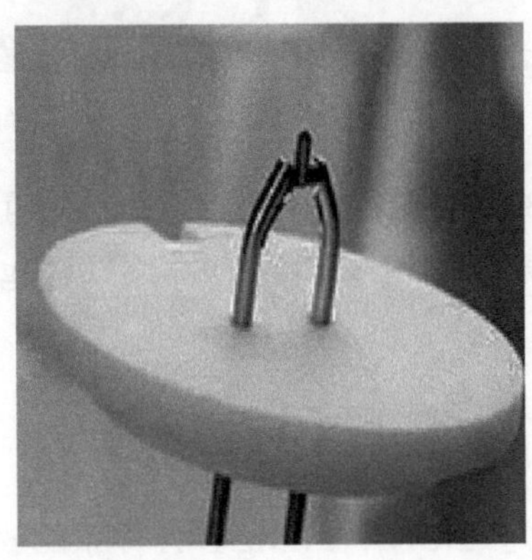

图 1-24　LaB_6 材质的灯丝产品

2)光屏蔽材料/光热材料

MB_6 对近红外(near infrared，NIR)范围的电磁波有较高的吸收率[169-171]。这一特性使其有望应用于 NIR 屏蔽材料，在太阳辐射中约 50%能量在红外范围内，如果建筑或汽车的玻璃窗都能选择性透过可见光、阻隔红外线，将使得空调负担大大减小，有利于节能减排。类似的材料有铟、锑掺杂氧化锡(氧化铟锡(indium tin oxide, ITO)或氧化锑锡(antimony tin oxide, ATO))、VO_2 和 $NiTiO_3$，这些材料已应用在选择透光的玻璃上，但是存在结构复杂、稳定性差或屏蔽作用有限的缺点，因此此类材料仍有很大的改善空间。目前，大量关于六硼化物和固溶六硼化物的 NIR 屏蔽性能研究表明，该类物质在 NIR 范围内透过率不高于 20%。但目前还未见到有负载 MB_6 的玻璃材料被报道，大量的研究集中于性能参数。MB_6 这种特殊光学性能还有望应用于癌症治疗，将光热材料表面修饰后注射入人体内部，利用靶向性识别技术聚集在肿瘤组织附近，并在高强度红外线(波长 750～1400nm)的照射下将光能转化为热能，从而利用局部升温来杀死癌细胞[172]。

3. 难熔金属二硼化物

难熔金属(Ti、Zr、Hf、V、Nb 和 Ta)元素一般会与 B 形成稳定的二硼化物，这类物质的晶体结构为六方型，空间群为 P6/mmm，结构由交替的 B 原子层和金属原子层构成。难熔金属二硼化物也是研究较为广泛的一类材料，通常此类物质都具备较高的熔点和硬度，化学性质较为稳定，并且具备一定的导电性。难熔金属二硼化物材料适合应用于极端服役环境。一般对难熔金属二硼化物研究较多的形式有复合陶瓷(与碳化物、氮化物、氧化物等)、金属陶瓷、C/C 复合材料、涂层以及薄膜等，具体的应用如下。

1)特种耐材

由于难熔金属二硼化物熔点高、化学性质稳定、具备导电能力、难以与金属熔体作用的特点，可用于铝蒸镀的蒸发舟。目前，在铝蒸镀中广泛使用的是 TiB_2/BN 材质的蒸发舟，这种蒸发舟与金属铝润湿性较好，抗侵蚀性也不错。另外，TiB_2 作为铝电解槽涂层已经有了规模化的应用推广[173-175]，对电解铝过程的节能减排有重要意义。另外，也有 TiB_2/C 复合材料应用于铝电解的报道[176]，但还未有工业应用。一些特种的窑炉对耐火材料有较为苛刻的要求，如垃圾焚烧炉，由于处理垃圾成分复杂，要求焚烧炉的耐火材料具备良好的抗熔渣侵蚀性、抗氧化性以及耐磨性等。难熔金属硼化物恰好在这几方面都具有良好的性能，ZrB_2 可以与其他耐火材料混合作为浇注料、捣打料用于筑炉，有望应用于垃圾焚烧炉的耐火材料[177]。

2)高温叶片

目前，高温叶片是燃气轮机、汽轮机等设备的核心部件，一般由铁基高温合金和镍基高温合金等合金材料加工而成。随着装备技术的升级，对高温叶片材料高温力学性能的要求越来越高，大量的陶瓷材料受到关注。陶瓷材料的高温力学性能和耐磨性等优于金属材料。难熔金属硼化物的金属陶瓷、复合陶瓷、涂层都有望应用于高温叶片[178-180]。

3) 超高温陶瓷

通常人们习惯于将熔点高于 3000℃的陶瓷材料称为超高温陶瓷(ultrahigh temperature ceramic, UHTC)[181]，如图 1-25 所示，TiB_2、ZrB_2、HfB_2、NbB_2、TaB_2 都符合这一特征。这类材料的最大潜在应用场合是在航空航天领域，如高超声速飞行器的鼻锥、机翼前缘材料或涂层。UHTC 可以承受高速飞行器与大气摩擦产生的局部高温和磨损[182]。另外，火箭发动机的内衬也是在超高温、强气流冲击条件下工作的材料，难熔金属硼化物也是备选材料[183-185]。

周期	族		
	ⅣB	ⅤB	ⅥB
4	TiB(2477K) Ti_3B_4(2477K) TiB_2(3498K)	V_3B_2(2198K) VB(2824K) V_5B_6(2000K) V_3B_4(2913K) V_2B_3(2926K) VB_2(3032K)	Cr_2B(2143K) Cr_5B_3(2173K) CrB(2373K) Cr_3B_4(2343K) CrB_2(2473K)
5	ZrB(1073~1523K) ZrB_2(3517K) ZrB_{12}(1969~5355K)	Nb_3B_2(2353K) NbB(3190K) Nb_3B_4(3208K) NbB_2(3309K)	Mo_2B(2553K) MoB(2873K) MoB_2(1790~2648K) Mo_2B_5(2413K) MoB_4(2080K)
6	HfB(2372K) HfB_2(3653K)	Ta_2B(2313~2653K) Ta_2B_3(2453K) TaB(3363K) Ta_3B_4(3303K) TaB_2(3310K)	W_2B(2943K) WB(2938K) W_2B_5(2638K) WB_4(2293K)

图 1-25　不同难熔金属硼化物的熔点或稳定温度范围

4) 高温电极材料

难熔金属二硼化物具备良好的导电能力、耐磨性和抗氧化能力，比较适合应用于高温条件下的惰性导电材料，如电极、电接触材料、火花塞等[186]。目前已有大量 TiB_2-Cu、ZrB_2-Cu 金属陶瓷用作电接触材料的报道[187,188]。

5) 陶瓷装甲

难熔金属硼化物凭借其较高的硬度，也可用于装甲材料的制备。相较于钢材质的装甲，硼化物的硬度更大，密度也更小，有益于载具的减重。目前，已有 TiB_2 陶瓷装甲应用于坦克、武装直升机的报道[189]。其中，针对 TiB_2-Ti 金属陶瓷的研究很多，尤其是用于功能梯度装甲材料[190,191]。

6)刀具材料

难熔金属硼化物是一种高硬度物质(维氏硬度一般可达20GPa以上)，高温下依然能保持较高的硬度。TiB_2刀具在切削速度大于120m/min时，会表现出自润滑性能，自润滑膜的成分为TiB_2的氧化产物，它能在刀具表面起到固体润滑剂的作用，降低摩擦系数，提高刀具的耐磨损能力[192-194]。

7)核用陶瓷

ZrB_2中的B元素在自然界有两种同位素：^{10}B和^{11}B。其中，^{10}B具有较高的中子吸收特性，热中子吸收截面为3837b①，而^{11}B仅为0.005b。我国从西屋电气公司引进的第三代核电技术AP 1000反应堆的燃料芯块采用^{10}B富集的ZrB_2一体化可燃毒物(integer fuel burnable absorber，IFBA)[195,196]。在UO_2燃料芯块圆柱面，使用ZrB_2靶材溅射沉积一层均匀的^{10}B富集ZrB_2薄膜。

8)电发热体

ZrB_2是一种具备高熔点的导电材料，同时还具备一定的导热能力[197,198]。目前，市场上已经有ZrB_2材质的发热体产品(图1-26)可在高达1900℃的高温氧化气氛中使用，也可在2500℃的非氧化气氛中使用。这样的ZrB_2发热体使用温度明显高于目前传统的$MoSi_2$、SiC材质的发热体，比金属W、Mo、石墨发热体使用的气氛条件更加宽泛。

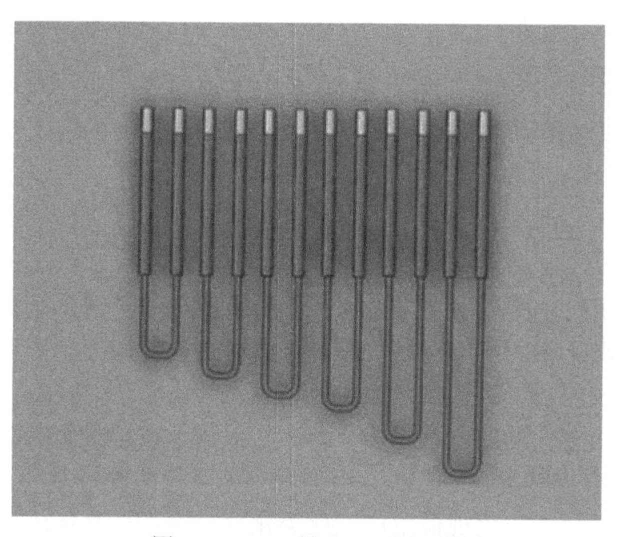

图1-26 ZrB_2材质U形发热体

① 截面积单位靶恩，$1b=10^{-28}m^2$。

9)空气燃料电池

在碱性溶液中，许多过渡族金属硼化物会发生多电子反应而具有超常的理论容量。其中，VB_2的理论容量是4060mA·h/g，体积能量密度是32kW·h/L，远远高于汽油的能量密度(10kW·h/L)[199-201]。目前，VB_2空气燃料电池所研究的产品多为小型的纽扣式电池，也有一些大容量电池设计的提出。

4. 钨、钼硼化物

金属钨、钼的硼化物种类较多，有M_2B、MB、MB_2、M_2B_5、MB_4、MB_{12}等不同价态的硼化物。同样，这些硼化物的物性特点也是高熔点、高硬度、具备导电性等。但在应用上，钨、钼的硼化物与前述的难熔金属二硼化物不同之处在于以下两点。

(1)超硬材料。习惯上，研究人员将维氏硬度大于40GPa的材料称为超硬材料[202]。通常认为钨、钼的四硼化物、十二硼化物具备这样的特征。并且通过钨、钼硼化物中掺杂其他金属元素以进一步提高其硬度[203,204]。另外，根据计算化学的研究结果，可能还存在其他价态的超硬钨钼硼化物、三硼化物、五硼化物等。

(2)电析氢催化材料。钨、钼元素的化合物往往是良好的催化材料，钨、钼硼化物也不例外。金属钨、钼硼化物在电析氢过程中有良好的催化性能[205-207]，尤其是金属原子按层状排列的MB_2、M_2B_5、MB_4类硼化物。

1.2.3 金属硼化物粉体的制备方法

1. 元素直接合成法

在早期金属硼化物的研究中，元素直接合成法是主要的合成方法[145]。其反应式如式(1-26)所示。

$$xM+yB = M_xB_y \tag{1-26}$$

该反应是简单的化合反应，控制配料的计量比即可制备出较纯的金属硼化物[208,209]。但制得的金属硼化物的粒度往往与原料金属粉的粒度相近。受限于金属粉末颗粒的大小，合成的金属硼化物颗粒往往较大，其烧结活性较差。一定的熔盐等条件会改善粒度较大的问题，Volkova等[210]报道了在熔融硼酸盐介质中进行B与Ti的化合来合成纳米级的TiB_2。单质硼和金属粉的价格昂贵，元素合成法的成本较高，不适合工业化规模生产。此类化合反应往往是强放热反应，强烈的反应热效应使得此类反应难以控制，因此直接元素合成法难以实现单批次大量生产。

2. 硼热还原法

硼热还原法制备金属硼化物是以无定形硼粉作为还原剂和硼源，金属氧化物为金属源[211-215]，该方法的反应如下：

$$M_mO_n + B \longrightarrow M_xB_y + B_2O_3 \tag{1-27}$$

$$M_mO_n + B \longrightarrow M_xB_y + B_2O_2 \tag{1-28}$$

不同反应条件下的还原副产物也有所不同，常压下反应产物中硼氧化物以 B_2O_3 的形式存在；在真空条件下，反应产生的硼氧化物为低价态的 B_2O_2。还原反应所得的产物一般会经热水洗、碱洗或高温真空处理脱除产物中的 B_2O_3。近年来也有大量报道以熔盐为反应介质进行硼热还原反应，制备出了特殊微观形貌的金属硼化物，如纳米片形、杆形、台阶片形等[216-221]。熔盐在硼热还原过程中不仅起到改善动力学条件的作用，还为产物颗粒的结晶生长提供了特殊的条件。

硼热还原反应的特点是：反应的放热量少，容易控制；反应温度较低，条件温和，使得硼化物颗粒不会因高温而导致烧结长大。但产物形成过程中存在 B_2O_3 液相，这些液相会促进产物颗粒长大，该方法制得的产物通常为微米级颗粒。另外，该方法同样因为单质 B 的价格过于昂贵而难以实现大规模工业化生产。

3. 碳热还原法

碳热还原法是以金属氧化物为金属源，H_3BO_3(或 B_2O_3)为硼源，碳(石墨、炭黑、活性炭或有机碳)为还原剂，在高温下制备金属硼化物的方法[220-224]。这也是当下工业大批量制备金属硼化物的主要方法。其反应式如下：

$$M_mO_n + B_2O_3 + C \longrightarrow M_xB_y + CO \tag{1-29}$$

此反应在一般在 1400℃以上的温度进行。由于 B_2O_3 高温挥发的原因，B_2O_3 或 H_3BO_3 的添加需要过量(1.2～2.0 倍)以补偿 B_2O_3 的损失。另外，为了抑制 B_2O_3 脱离反应体系还原剂碳也必须过量，这使得产物中碳含量难以精确控制。

使用碳热还原法制备金属硼化物的过程无剧烈放热，成本最为低廉，适合大规模生产；但反应的温度较高，造成反应过程中金属硼化物颗粒的烧结长大，这不利于后期金属硼化物材料的加工和使用。同时，此方法需要过量的 B_2O_3 和还原剂碳来保证反应彻底，导致残余的反应物和一些副产物成为产品的杂质，尤其是过量的碳较难去除。

4. 碳/硼热还原法

碳/硼热还原法是用金属氧化物、碳化硼(B_4C)和碳质还原剂为原料，经高温反应后制得金属硼化物的方法[223,225-228]，反应式如下：

$$M_mO_n + B_4C + C \longrightarrow M_xB_y + CO \tag{1-30}$$

该反应以 B_4C 为硼源，这使得还原过程的机理变得复杂。如图 1-27 所示，以 ZrB_2 的制备为例，往往在低于目标反应发生的温度下，金属氧化物与 B_4C 之间的副反应就能够自发进行，副反应如下：

$$M_mO_n + B_4C \longrightarrow M_xB_y + CO + B_2O_3 \tag{1-31}$$

$$M_mO_n + B_4C \longrightarrow M_xB_y + C + B_2O_3 \tag{1-32}$$

副反应的产物为易于挥发的 B_2O_3。在实际操作中，B 源的流失导致 B_4C 无法按计量比配入，通常过量 1.2 倍。不确定的配料使得最终产物中的杂质也难以清除。碳/硼热反应也是在 1400℃以上进行的，这样的高温同样不利于获得颗粒较细的粉末。不过，Gu 等[229]报道，利用丙烷裂解将碳均匀沉积到反应物的表面，一方面能够提高反应活性、降低反应温度，另一方面能使产物颗粒的分散性提高。

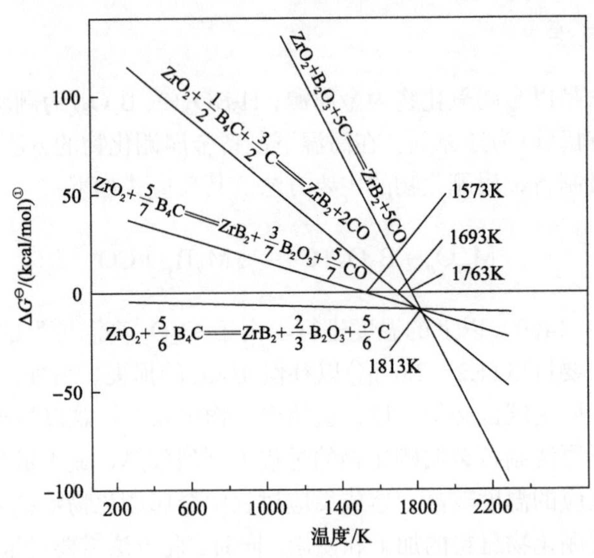

图 1-27　碳/硼热还原制备 ZrB_2 可能存在反应的标准吉布斯自由能[181]

① 1kcal=1000cal=4.1868×10^3J。

碳/硼热还原法制备金属硼化物的特点是：使用性质相对稳定的 B_4C 作为硼源，硼源的利用率相对较高，反应的温度也比较高，从而造成颗粒的长大与烧结；由于原料配比无法精准确定，反应后参与的反应物也会导致产品纯度较低，主要是碳含量较高。

5. 熔盐镁热还原法

熔盐镁热还原法是以金属氧化物为金属源，B_2O_3 为硼源，金属 Mg 为还原剂[230-234]，反应式如下：

$$M_mO_n + B_2O_3 + Mg \longrightarrow M_xB_y + MgO \tag{1-33}$$

反应后的产物通过酸浸去除过量的 Mg 和还原产物 MgO，然后经过滤烘干得到金属硼化物。镁热还原过程的反应焓变一般很大，该反应的热效应强，就造成体系的温度会快速升高。为了压制反应的热效应，一般都在熔盐介质(NaCl、KCl 或 $MgCl_2$)中进行镁热还原反应。熔盐介质一方面会阻隔反应物使得反应热量缓慢释放；另一方面，在熔盐介质中制备出的粉末颗粒分散性较好。镁热还原反应一般在 900℃左右进行，温度太低会导致反应动力学较差，反应时间较长；而温度过高会造成还原剂 Mg 和 B_2O_3 的挥发量增大。在熔盐介质中通过镁热还原制备的金属硼化物粉末的微观形貌比较特殊，片状、杆状、台阶状等颗粒均被制得，并且分散性很好。虽然熔盐介质中的镁热还原法可以制备出纯度较高且粒度较细的金属硼化物，但镁热还原过程的强烈热效应对工业化实施仍然是一个阻碍。

6. 自蔓延高温合成法

自蔓延高温合成法以其独有的特点，即合成温度高、过程快、能耗低，成为合成高熔点材料(如过渡族金属碳化物、氮化物、硼化物等)极具优势的一种方法[234-239]，图 1-28 为自蔓延反应装置的示意图。一般采用放热量高的镁热还原反应或元素化合反应进行，将金属 Mg、B_2O_3 和金属氧化物或金属单质粉和无定形硼粉混合、压坯；将坯块置于高压反应釜中，点火引燃。得到的产物可以通过酸浸、过滤烘干得到硼化物粉末，也可以在反应物中添加 MgO、$MgCl_2$ 或 NaCl 等添加剂控制反应的最高温度和燃烧波的传递速度，从而达到控制反应过程和产物形貌的作用。

自蔓延反应特点：反应过程迅速，以秒为时间计量单位；反应自身放热，只需引燃，无需持续供热。但在这种高温、短时间的反应中，反应难以实现热力学平衡，容易产生其他难以除去的副产物，使得反应产物纯度不高。并且自蔓延反应往往需要专用设备，使得该方法的单批次处理能力较差，规模不大。

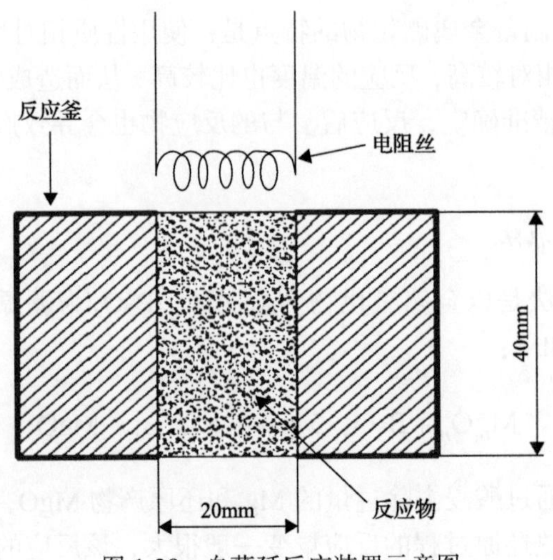

图 1-28　自蔓延反应装置示意图

7. 机械诱导自蔓延法

机械诱导自蔓延合成法的固态反应过程在常温下进行，优点在于所需设备简单、能量消耗少[240-243]。将金属 Mg、B_2O_3 和金属氧化物或其他金属单质粉和无定形硼粉作为原料，在高能球磨机内进行机械活化，在常温下反应制得金属硼化物。在机械力作用下，对反应物进行活化，当能量积累到足以使反应发生后，将释放出大量的热量引发大规模自蔓延反应，图 1-29 为机械诱导自蔓延制备硼化物所用的装置。由于机械力的作用，机械诱导自蔓延制备出的粉末粒度较细，可达纳米级别；同时，粉末颗粒缺陷密度大，这也能提高粉末的烧结活性，有利于陶瓷烧结致密化。但机械诱导自蔓延难以应用于大规模生产，高能球磨机单批次处理的物料量有限，单次处理能力达到千克级都极为困难。

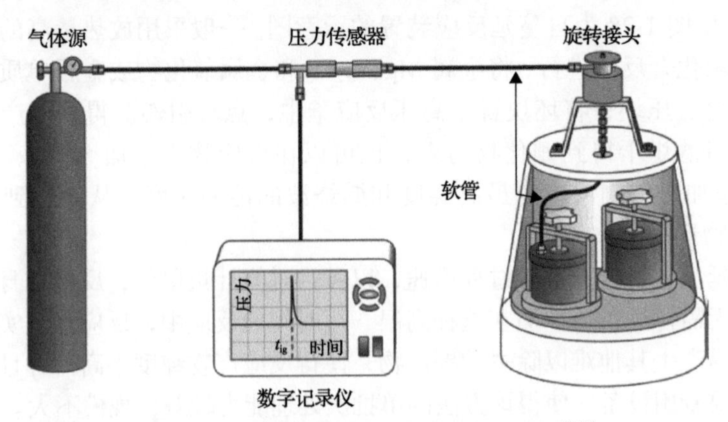

图 1-29　机械诱导自蔓延反应装置示意图[243]

8. 其他方法

(1)溶胶-凝胶法[244-246]。使用可溶性的金属盐类或有机金属化合物(金属源)、氧化硼等可溶性含硼化合物(硼源)、有机物(碳源)和溶剂配置成溶胶，干燥形成凝胶，在1000～1400℃高温还原，制得纳米级硼化物粉末。由于溶胶-凝胶法在配制溶胶的过程中反应物达到分子水平的均匀混合，生成的粉末可以达到纳米级别。溶胶-凝胶法的缺点在于使用的有机金属化合物、有机溶剂价格高昂，并且本质上仍然是碳热还原法，讨论过的纯度问题依旧无法解决。

(2)熔盐电解法[247-249]。例如，采用NaCl-KCl熔盐体系作为电解质，以K_2TiF_6和KBF_4为电活性物质，在800℃的氩气气氛下进行电解，将TiB_2沉积在钼质阴极表面。熔盐电解适合在导电基体上沉积TiB_2涂层，图1-30为熔盐电解法制备金属硼化物的装置图。

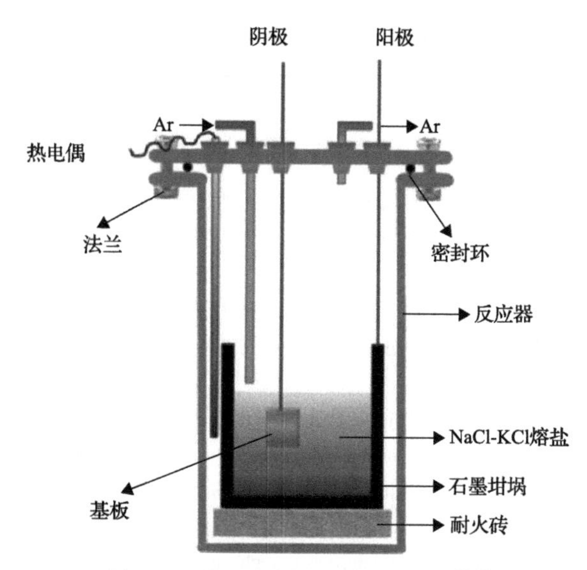

图1-30　熔盐电解反应装置示意图[249]

9. 已有金属硼化物制备方法的对比

表1-1对现有的常见难熔金属硼化物制备方法进行了汇总与比较。可以看出，制约高质量金属硼化物粉末制备的因素主要有反应物残余(如碳热还原法和溶胶-凝胶法)、副反应产物残余(自蔓延高温合成法)、反应热效应强烈且过程难以控制(熔盐镁热还原法、元素直接合成法和自蔓延高温合成法)和原料成本过高(元素直接合成法、硼热还原法)。

表 1-1　几种常见难熔金属硼化物制备方法及特点

制备方法	使用原料	制备条件	特点
碳热还原法	金属氧化物，H_3BO_3/B_2O_3，C	1400～1800℃	原料易得，成本低；产品粗糙，碳含量高
碳/硼热还原法	金属氧化物，B_4C，C	1400～1800℃	原料易得，成本低；产品粗糙，碳含量高
元素直接合成法	金属或金属氢化物，B	点火反应	原料无定形硼价格昂贵，反应热效应强无法控制
硼热还原法	金属氧化物，B	1000～1200℃	反应温和可控，原料无定形硼价格昂贵
熔盐镁热还原法	金属氧化物，B_2O_3，Mg	1000～1200℃	原料易得，反应热效应强无法控制
溶胶-凝胶法	可溶性金属化合物，B_2O_3，有机物	1400～1800℃	前驱体制备流程复杂，产品粒度细，但碳含量高
自蔓延高温合成法	金属氧化物，B_2O_3，Mg	点火反应	反应热效应强无法控制，高温下副反应复杂，纯度一般
机械诱导自蔓延法	金属氧化物，B_2O_3，Mg	高能球磨机球磨	产品粒度细，但需要特种设备，反应过程中伴随强烈热效应

参 考 文 献

[1] 史扬帆, 潘勇, 高扬, 等. 超高温陶瓷及其复合材料的稀土改性研究进展[J]. 硅酸盐通报, 2023, 42(2): 682-693.

[2] 刘亚科, 张雪婷, 刘斌, 等. 超高温碳化物和硼化物陶瓷及碳纤维增强超高温陶瓷的研究进展[J]. 材料导报, 2023, 37(S2): 155-161.

[3] 彭易发, 李争显, 陈云飞, 等. 硼化物超高温陶瓷的研究进展[J]. 陶瓷学报, 2018, 39(2): 119-126.

[4] 蔡飞燕, 倪德伟, 董绍明. 高熵碳化物超高温陶瓷的研究进展及展望[J/OL]. 无机材料学报, 2024, 39(6): 591-608.

[5] Drygaś M, Czosnek C, Paine R T, et al. Two-stage aerosol synthesis of titanium nitride TiN and titanium oxynitride TiO_xN_y nanopowders of spherical particle morphology[J]. Chemistry of Materials, 2006, 18(13): 3122-3129.

[6] 吕亚男, 章顺虎, 陈栋. 冷却过程中碳化钛纳米颗粒结构的分子动力学研究[J]. 钢铁钒钛, 2018, 39(5): 1162-1166.

[7] Kaskel S, Schlichte K, Kratzke T. Catalytic properties of high surface area titanium nitride materials[J]. Journal of Molecular Catalysis A: Chemical, 2004, 208(1-2): 291-298.

[8] Kamiya K, Yoko T, Bessho M. Nitridation of TiO_2 fibres prepared by the sol-gel method[J]. Journal of Materials Science, 1987, 22(3): 937-941.

[9] Choi D, Kumta P N. Nanocrystalline TiN derived by a two-step halide approach for electrochemical capacitors[J]. Journal of the Electrochemical Society, 2006, 153(12): A2298-A2303.

[10] 丁玲. 过渡金属碳化物的微波制备及其催化性能研究[D]. 大连: 大连理工大学, 2009.

[11] Cochepin B, Gauthier V, Vrel D, et al. Crystal growth of TiC grains during SHS reactions[J]. Journal of Crystal Growth, 2007, 304(2): 481-486.

[12] Chen Y J, Zhang H, Ma D K, et al. Synthesis, thermal stability, and photocatalytic activity of nanocrystalline titanium carbide[J]. Materials Research Bulletin, 2011, 46(11): 1800-1803.

[13] Fahrenholtz W G, Hilmas G E. Ultra-high temperature ceramics: Materials for extreme environments[J]. Scripta Materialia, 2017, 129: 94-99.

[14] Lipatnikov V N, Rempel A A, Gusev A I. Atomic ordering and hardness of nonstoichiometric titanium carbide[J]. International Journal of Refractory Metals and Hard Materials, 1997, 15(1-3): 61-64.

[15] Kondaiah P, Niranjan K, John S, et al. Tantalum carbide based spectrally selective coatings for solar thermal absorber applications[J]. Solar Energy Materials and Solar Cells, 2019, 198: 26-34.

[16] Ye B L, Ning S S, Liu D, et al. One-step synthesis of coral-like high-entropy metal carbide powders[J]. Journal of the American Ceramic Society, 2019, 102(10): 6372-6378.

[17] Feng L, Fahrenholtz W G, Hilmas G E. Low-temperature sintering of single-phase, high-entropy carbide ceramics[J]. Journal of the American Ceramic Society, 2019, 102(12): 7217-7224.

[18] Wu K H, Zhang G H, Gou H P, et al. Preparation and purification of titanium carbide via vacuum carbothermic reduction of ilmenite[J]. Vacuum, 2018, 151: 51-60.

[19] Reddy M P, Himyan M A, Ubaid F, et al. Enhancing thermal and mechanical response of aluminum using nanolength scale TiC ceramic reinforcement[J]. Ceramics International, 2018, 44(8): 9247-9254.

[20] 许广伟. 不锈钢刀具激光熔覆层制备及性能分析[D]. 兰州: 兰州理工大学, 2016.

[21] 赵子鹏, 汤爱涛, 刘胜明, 等. Al_2O_3-TiC-Me 系金属陶瓷的设计原则与研究进展[J]. 材料导报, 2013, 27(11): 54-59.

[22] Rajabi A, Ghazali M J, Daud A R. Chemical composition, microstructure and sintering temperature modifications on mechanical properties of TiC-based cermet—A review[J]. Materials & Design, 2015, 67: 95-106.

[23] 覃显鹏, 李远兵, 洪学勤, 等. 碳氮化钛的加入量对低碳镁碳砖性能的影响[J]. 武汉科技大学学报(自然科学版), 2008, 31(2): 189-192, 197.

[24] Kuriakose A K, Margrave J L. The oxidation kinetics of zirconium diboride and zirconium carbide at high temperatures[J]. Journal of the Electrochemical Society, 1964, 111(7): 827-831.

[25] Duwez P, Odell F. Phase relationships in the binary systems of nitrides and carbides of zirconium, columbium, titanium, and vanadium[J]. Journal of the Electrochemical Society, 1950, 97(10): 299-304.

[26] Berger L M, Gruner W, Langhof E, et al. On the mechanism of carbothermal reduction processes of TiO_2 and ZrO_2[J]. International Journal of Refractory Metals and Hard Materials, 1999, 17(1-3): 235-243.

[27] Shimada S, Nishisako M, Inagaki M, et al. Formation and microstructure of carbon-containing oxide scales by oxidation of single crystals of zirconium carbide[J]. Journal of the American Ceramic Society, 1995, 78(1): 41-48.

[28] Jia Y J, Li H J, Fu Q G, et al. Ablation resistance of supersonic-atmosphere-plasma-spraying ZrC coating doped with ZrO_2 for SiC-coated carbon/carbon composites[J]. Corrosion Science, 2017, 123: 40-54.

[29] Wang S L, Li H, Ren M S, et al. Microstructure and ablation mechanism of C/C-ZrC-SiC composites in a plasma flame[J]. Ceramics International, 2017, 43(14): 10661-10667.

[30] 余艺平, 王松, 李伟. DCP 法 W/ZrC 金属陶瓷的激光烧蚀行为研究(英文)[J]. 无机材料学报, 2017, 32(12): 1332-1336.

[31] Sayir A. Carbon fiber reinforced hafnium carbide composite[J]. Journal of Materials Science, 2004, 39(19): 5995-6003.

[32] Sacks M D, Wang C A, Yang Z H, et al. Carbothermal reduction synthesis of nanocrystalline zirconium carbide and hafnium carbide powders using solution-derived precursors[J]. Journal of Materials Science, 2004, 39(19): 6057-6066.

[33] Courtright E L, Prater J T, Holcomb G R, et al. Oxidation of hafnium carbide and hafnium carbide with additions of

tantalum and praseodymium[J]. Oxidation of Metals, 1991, 36: 423-437.

[34] Liu J X, Kan Y M, Zhang G J. Synthesis of ultra-fine hafnium carbide powder and its pressureless sintering[J]. Journal of the American Ceramic Society, 2010, 93 (4): 980-986.

[35] Zhang B, Li Z Q. Synthesis of vanadium carbide by mechanical alloying[J]. Journal of Alloys and Compounds, 2005, 392 (1-2): 183-186.

[36] Storms E K, McNeal R J. The vanadium-vanadium carbide system[J]. The Journal of Physical Chemistry, 1962, 66 (8): 1401-1408.

[37] Dall'Agnese Y, Taberna P L, Gogotsi Y, et al. Two-dimensional vanadium carbide (MXene) as positive electrode for sodium-ion capacitors[J]. The Journal of Physical Chemistry Letters, 2015, 6 (12): 2305-2309.

[38] Jänes A, Thomberg T, Lust E. Synthesis and characterisation of nanoporous carbide-derived carbon by chlorination of vanadium carbide[J]. Carbon, 2007, 45 (14): 2717-2722.

[39] 郎晓川. 熔盐中阴极自烧结电化学还原制备钛、钒及铬碳化物研究[D]. 沈阳: 东北大学, 2014.

[40] Shoji A, Aoyagi M, Kosaka S, et al. Niobium nitride Josephson tunnel junctions with magnesium oxide barriers[J]. Applied Physics Letters, 1985, 46 (11): 1098-1100.

[41] Storms E, Krikorian N. The niobium-niobium carbide system1[J]. The Journal of Physical Chemistry, 1960, 64 (10): 1471-1477.

[42] Giorgi A L, Szklarz E G, Storms E K, et al. Effect of composition on the superconducting transition temperature of tantalum carbide and niobium carbide[J]. Physical Review, 1962, 125 (3): 837-838.

[43] 张步豪. $Ta_{1-x}Hf_xC$ 基超高温陶瓷的固溶反应烧结、微观结构及性能调控研究[D]. 上海: 中国科学院大学(中国科学院上海硅酸盐研究所), 2020.

[44] Lin H, Wang Y W, Gao S S, et al. Theranostic 2D tantalum carbide (MXene) [J]. Advanced Materials, 2018, 30 (4): 1703284.

[45] Kataoka M, Masuko T. PTC characteristics of (TiC/polyethylene) conductive composites in relation to their particle-filled structures[J]. Electrical Engineering in Japan, 2005, 152 (2): 1-9.

[46] 高道华, 刘正平, 王军, 等. 过电流保护元件: 中国, CN101728039A[P]. 2010-06-09.

[47] 王军, 杨铨铨, 刘正平. 导电陶瓷粉制备的过电流保护元件的电性能[J]. 仪表技术, 2013, (9): 13-16.

[48] 黄贺军, 潘月秀, 方勇. PTC 元件在温度冲击后电阻稳定性研究[J]. 仪表技术, 2020, (9): 13-16.

[49] 麦永津, 李仕林, 揭晓华, 等. 一种多尺度碳化钛颗粒增强铜基复合涂层及其制备方法和应用: 中国, CN111394722A[P]. 2020-07-10.

[50] 楼宇涛. 电磁轨道炮管身涡流的理论和实验研究[D]. 南京: 南京理工大学, 2017.

[51] 李晓雷, 曲远方, 冯亚青, 等. Ni/PTC 陶瓷复合材料低阻化机理的研究[J]. 压电与声光, 2005, (2): 160-163.

[52] Doğan Ö N, Hawk J A, Tylczak J H, et al. Wear of titanium carbide reinforced metal matrix composites[J]. Wear, 1999, 225: 758-769.

[53] Ye B L, Chu Y H, Huang K H, et al. Synthesis and characterization of $(Zr_{1/3}Nb_{1/3}Ti_{1/3})C$ metal carbide solid-solution ceramic[J]. Journal of the American Ceramic Society, 2019, 102 (3): 919-923.

[54] Wei X F, Liu J X, Li F, et al. High entropy carbide ceramics from different starting materials[J]. Journal of the European Ceramic Society, 2019, 39 (10): 2989-2994.

[55] Savvatimskiy A I, Onufriev S V, Muboyadzhyan S A. Thermophysical properties of the most refractory carbide $Ta_{0.8}Hf_{0.2}C$ under high temperatures (2000-5000K) [J]. Journal of the European Ceramic Society, 2019, 39 (4): 907-914.

[56] Liu D Q, Zhang A J, Jia J G, et al. Phase evolution and properties of (VNbTaMoW) C high entropy carbide prepared

by reaction synthesis[J]. Journal of the European Ceramic Society, 2020, 40(8): 2746-2751.

[57] Harrington T J, Gild J, Sarker P, et al. Phase stability and mechanical properties of novel high entropy transition metal carbides[J]. Acta Materialia, 2019, 166: 271-280.

[58] Wang F, Zhang X, Yan X L, et al. The effect of submicron grain size on thermal stability and mechanical properties of high-entropy carbide ceramics[J]. Journal of the American Ceramic Society, 2020, 103(8): 4463-4472.

[59] Wang Y C, Zhang R Z, Zhang B H, et al. The role of multi-elements and interlayer on the oxidation behaviour of (Hf-Ta-Zr-Nb)C high entropy ceramics[J]. Corrosion Science, 2020, 176: 109019.

[60] Rost C M, Borman T, Hossain M D, et al. Electron and phonon thermal conductivity in high entropy carbides with variable carbon content[J]. Acta Materialia, 2020, 196: 231-239.

[61] Cedillos-Barraza O, Grasso S, Al Nasiri N, et al. Sintering behaviour, solid solution formation and characterisation of TaC, HfC and TaC-HfC fabricated by spark plasma sintering[J]. Journal of the European Ceramic Society, 2016, 36(7): 1539-1548.

[62] Gusev A I. Phase Diagrams of the Pseudo-Binary TiC-NbC, TiC-TaC, ZrC-NbC, ZrC-TaC, and HfC-TaC Carbide Systems[J]. Zhurnal Fizicheskoi Khimii, 1985, 59(3): 336-340.

[63] Hong Q J, van de Walle A. Prediction of the material with highest known melting point from *ab initio* molecular dynamics calculations[J]. Physical Review B, 2015, 92(2): 020104.

[64] Andrievskii R A, Strel'nikova N S, Poltoratskii N I, et al. Melting point in systems ZrC-HfC, TaC-ZrC, TaC-HfC[J]. Soviet Powder Metallurgy and Metal Ceramics, 1967, 6(1): 65-67.

[65] Agte C, Alterthum H. Investigations of high-melting point carbide systems and their contribution to the problem of carbon fusion[J]. Z. Tech. Phys., 1930, 11: 182-191.

[66] 张晓燕, 张家鼎, 吴正纯, 等. 新型复合电接触材料的开发研究[J]. 上海大学学报(自然科学版), 2000, 6(1): 91-94.

[67] Senkov O N, Miller J D, Miracle D B, et al. Accelerated exploration of multi-principal element alloys with solid solution phases[J]. Nature Communications, 2015, 6(1): 6529.

[68] Widom M. Modeling the structure and thermodynamics of high-entropy alloys[J]. Journal of Materials Research, 2018, 33(19): 2881-2898.

[69] Rost C M, Sachet E, Borman T, et al. Entropy-stabilized oxides[J]. Nature Communications, 2015, 6(1): 8485.

[70] Rak Z, Rost C M, Lim M, et al. Charge compensation and electrostatic transferability in three entropy-stabilized oxides: Results from density functional theory calculations[J]. Journal of Applied Physics, 2016, 120(9): 095105.

[71] Dusza J, Švec P, Girman V, et al. Microstructure of (Hf-Ta-Zr-Nb)C high-entropy carbide at micro and nano/atomic level[J]. Journal of the European Ceramic Society, 2018, 38(12): 4303-4307.

[72] Gild J, Zhang Y Y, Harrington T, et al. High-entropy metal diborides: A new class of high-entropy materials and a new type of ultrahigh temperature ceramics[J]. Scientific Reports, 2016, 6(1): 37946.

[73] Zhou J Y, Zhang J Y, Zhang F, et al. High-entropy carbide: A novel class of multicomponent ceramics[J]. Ceramics International, 2018, 44(17): 22014-22018.

[74] Yan X, Constantin L, Lu Y, et al. $(Hf_{0.2}Zr_{0.2}Ta_{0.2}Nb_{0.2}Ti_{0.2})C$ high-entropy ceramics with low thermal conductivity[J]. Journal of the American Ceramic Society, 2018, 101(10): 4486-4491.

[75] Vladescu A, Titorencu I, Dekhtyar Y, et al. *In vitro* biocompatibility of Si alloyed multi-principalelement carbide coating[J]. PLoS ONE, 2016, 11(8): e0161151.

[76] Gorban V F, Andreyev A A, Kartmazov G N, et al. Production and mechanical properties of high-entropic carbide based on the TiZrHfVNbTa multicomponent alloy[J]. Journal of Superhard Materials, 2017, 39(3): 166-171.

[77] Castle E, Csanádi T, Grasso S, et al. Processing and properties of high-entropy ultra-high temperature carbides[J]. Scientific Reports, 2018, 8(1): 8609.

[78] Sarker P, Harrington T, Toher C, et al. High-entropy high-hardness metal carbides discovered by entropy descriptors[J]. Nature Communications, 2018, 9(1): 1-10.

[79] Liu B, Wang J S, Chen J, et al. Ultra-high strength TiC/refractory high-entropy-alloy composite prepared by powder metallurgy[J]. JOM, 2017, 69(4): 651-656.

[80] Zhang Y, Zuo T T, Tang Z, et al. Microstructures and properties of high-entropy alloys[J]. Progress in Materials Science, 2014, 61: 1-93.

[81] Ning S S, Wen T Q, Ye B L, et al. Low-temperature molten salt synthesis of high-entropy carbide nanopowders[J]. Journal of the American Ceramic Society, 2020, 103(3): 2244-2251.

[82] Oses C, Gossett E, Hicks D, et al. AFLOW-CHULL: Cloud-oriented platform for autonomous phase stability analysis[J]. Journal of Chemical Information and Modeling, 2018, 58(12): 2477-2490.

[83] Song M, Xiang M Q, Yang Y F, et al. Synthesis of stoichiometric TiN from TiH_2 powder and its nitridation mechanism[J]. Ceramics International, 2018, 44(14): 16947-16952.

[84] Lupu A, Compagnone D, Orlanducci S, et al. Titanium carbide thin-film electrodes: Characterization and evaluation as working electrodes[J]. Electroanalysis, 2004, 16(20): 1704-1710.

[85] Ahn I S, Sung T K, Bae S Y, et al. Synthesis of titanium carbide by thermo-chemical methods with TiH_2 and carbon black powders[J]. Metals and Materials International, 2006, 12(3): 249-253.

[86] Yang Y F, Mu D K. Rapid dehydrogenation of TiH_2 and its effect on formation mechanism of TiC during self-propagation high-temperature synthesis from TiH_2-C system[J]. Powder Technology, 2013, 249: 208-211.

[87] 张迎光, 白雪峰, 张洪林, 等. 化学气相沉积技术的进展[J]. 中国科技信息, 2005, (12): 82-84.

[88] 杨西, 杨玉华. 化学气相沉积技术的研究与应用进展[J]. 甘肃水利水电技术, 2008, (3): 211-213.

[89] 苏兴治. 金属基材料表面氟化物熔盐热扩散法制备碳化物涂层的研究[D]. 上海: 中国科学院大学(中国科学院上海应用物理研究所), 2018.

[90] 江帆. 高功率脉冲磁控溅射斜入射沉积氮化钛薄膜结构及应力调控研究[D]. 成都: 西南交通大学, 2016.

[91] 胡东平, 季锡林, 姜蜀宁, 等. 纳米 TiC 涂层的制备技术研究[J]. 表面技术, 2004, 33(2): 19-21.

[92] Wang Y G, Liu Q M, Liu J L, et al. Deposition mechanism for chemical vapor deposition of zirconium carbide coatings[J]. Journal of the American Ceramic Society, 2008, 91(4): 1249-1252.

[93] Sun W, Xiong X, Huang B Y, et al. ZrC ablation protective coating for carbon/carbon composites[J]. Carbon, 2009, 47(14): 3368-3371.

[94] 肖旋, 郭建亭, 于海朋. NiAl(Ti)-Cr(Mo)共晶合金的微观组织和力学性能[J]. 金属学报, 2006, 42(10): 1031-1035.

[95] 肖旋, 尹涛, 陶冶, 等. 用反应球磨法制备 NiAl-TiC 复合材料[J]. 材料研究学报, 2001, 15(4): 439-444.

[96] Lohse B H, Calka A, Wexler D. Raman spectroscopy as a tool to study TiC formation during controlled ball milling[J]. Journal of Applied Physics, 2005, 97(11): 114912.

[97] Lohse B H, Calka A, Wexler D. Raman spectroscopy sheds new light on TiC formation during the controlled milling of titanium and carbon[J]. Journal of Alloys and Compounds, 2007, 434: 405-409.

[98] Lohse B H, Calka A, Wexler D. Effect of starting composition on the synthesis of nanocrystalline TiC during milling of titanium and carbon[J]. Journal of Alloys and Compounds, 2005, 394(1-2): 148-151.

[99] Ghosh B, Pradhan S K. Microstructure characterization of nanocrystalline TiC synthesized by mechanical alloying[J]. Materials Chemistry and Physics, 2010, 120(2-3): 537-545.

[100] Welham N J, Willis P E. Formation of TiN/TiC-Fe composites from ilmenite ($FeTiO_3$) concentrate[J]. Metallurgical and Materials Transactions B, 1998, 29(5): 1077-1083.

[101] Kerr A, Welhamab N J, Willis P E. Low temperature mechanochemical formation of titanium carbonitride[J]. Nanostructured Materials, 1999, 11(2): 233-239.

[102] Córdoba J M, Sayagués M J, Alcalá M D, et al. Synthesis of titanium carbonitride phases by reactive milling of the elemental mixed powders[J]. Journal of the American Ceramic Society, 2005, 88(7): 1760-1764.

[103] Jia Y J, Li H J, Sun J J, et al. Ablation resistance of SiC-modified ZrC coating prepared by SAPS for SiC-coated carbon/carbon composites[J]. International Journal of Applied Ceramic Technology, 2017, 14(3): 331-343.

[104] 朱警雷, 黄继华, 王海涛, 等. 反应等离子喷涂 TiC/Fe-Ni 金属陶瓷复合涂层的显微组织[J]. 中国有色金属学报, 2008, 18(1): 36-41.

[105] Gou H P, Zhang G H, Chou K C. Formation of submicrometer titanium carbide from a titanium dioxide encapsulated in phenolic resin[J]. Journal of Materials Science, 2016, 51(14): 7008-7015.

[106] Koc R. Kinetics and phase evolution during carbothermal synthesis of titanium carbide from ultrafine titania/carbon mixture[J]. Journal of Materials Science, 1998, 33(4): 1049-1055.

[107] Koc R, Folmer J S. Synthesis of submicrometer titanium carbide powders[J]. Journal of the American Ceramic Society, 1997, 80(4): 952-956.

[108] Razavi M, Rahimipour M R, Kaboli R. Synthesis of TiC nanocomposite powder from impure TiO_2 and carbon black by mechanically activated sintering[J]. Journal of Alloys and Compounds, 2008, 460(1-2): 694-698.

[109] Razavi M, Yaghmaee M S, Rahimipour M R, et al. The effect of production method on properties of Fe-TiC composite[J]. International Journal of Mineral Processing, 2010, 94(3-4): 97-100.

[110] Woo Y C, Kang H J, Kim D J. Formation of TiC particle during carbothermal reduction of TiO_2[J]. Journal of the European Ceramic Society, 2007, 27(2-3): 719-722.

[111] Sen W, Sun H Y, Yang B, et al. Preparation of titanium carbide powders by carbothermal reduction of titania/charcoal at vacuum condition[J]. International Journal of Refractory Metals and Hard Materials, 2010, 8(5): 628-632.

[112] 王金淑, 周美玲, 张久兴, 等. 自蔓延法制备 TiC 粉末的研究[J]. 北京工业大学学报, 1998, 24(3): 29-33.

[113] Chandra N, Sharma M, Singh D K, et al. Synthesis of nano-TiC powder using titanium gel precursor and carbon particles[J]. Materials Letters, 2009, 63(12): 1051-1053.

[114] Xie Z, Deng Y, Yang Y Y, et al. Preparation of nano-sized titanium carbide particles via a vacuum carbothermal reduction approach coupled with purification under hydrogen/argon mixed gas[J]. RSC Advances, 2017, 7(15): 9037-9044.

[115] Gotoh Y, Fujimura K, Koike M, et al. Synthesis of titanium carbide from a composite of TiO_2 nanoparticles/methyl cellulose by carbothermal reduction[J]. Materials Research Bulletin, 2001, 36(13-14): 2263-2275.

[116] Zhang H, Li F, Jia Q, et al. Preparation of titanium carbide powders by sol-gel and microwave carbothermal reduction methods at low temperature[J]. Journal of Sol-Gel Science and Technology, 2008, 46(2): 217-222.

[117] Peelamedu R D, Fleming M, Agrawal D K, et al. Preparation of titanium nitride: Microwave-induced carbothermal reaction of titanium dioxide[J]. Journal of the American Ceramic Society, 2002, 85(1): 117-122.

[118] Feng L, Fahrenholtz W G, Hilmas G E, et al. Synthesis of single-phase high-entropy carbide powders[J]. Scripta Materialia, 2019, 162: 90-93.

[119] Li F, Lu Y, Wang X G, et al. Liquid precursor-derived high-entropy carbide nanopowders[J]. Ceramics International, 2019, 45(17): 22437-22441.

[120] 汪明明. 多尺度界面结构 W-ZrC 合金的微结构和性能调控研究[D]. 合肥: 中国科学技术大学, 2021.

[121] Angerer P, Yu L G, Khor K A, et al. Spark-plasma-sintering（SPS）of nanostructured titanium carbonitride powders[J]. Journal of the European Ceramic Society, 2005, 25 (11): 1919-1927.

[122] 魏凯, 宋方超, 陈迪. 日本高超声速飞行器气动设计风洞试验研究[J]. 飞航导弹, 2013, (10): 17-22.

[123] Kwon H, Kim W, Kim J. Stability domains of NbC and Nb (CN) during carbothermal reduction of niobium oxide[J]. Journal of the American Ceramic Society, 2015, 98 (1): 315-319.

[124] Hong S M, Park J J, Park E K, et al. Fabrication of titanium carbide nano-powders by a very high speed planetary ball milling with a help of process control agents[J]. Powder Technology, 2015, 274: 393-401.

[125] Takacs L. Self-sustaining reactions induced by ball milling: An overview[J]. International Journal of Self-Propagating High-Temperature Synthesis, 2009, 18 (4): 276-282.

[126] 崔万秋, 吴春芸. 低温远红外辐射陶瓷材料研究[J]. 功能材料, 1998, (6): 626-628.

[127] 钟连兵. 碳化钽陶瓷材料的 SPS 制备及其结构与性能研究[D]. 哈尔滨: 哈尔滨工业大学, 2018.

[128] 赵银福, 刘阳, 赵新亚. 碳化硅微粉除碳除铁工艺的研究进展[J]. 广州化工, 2016, 44 (6): 7-9.

[129] Tong L R, Reddy R G. Synthesis of titanium carbide nano-powders by thermal plasma[J]. Scripta Materialia, 2005, 52 (12): 1253-1258.

[130] Leclercq G, Kamal M, Lamonier J F, et al. Treatment of bulk group VI transition metal carbides with hydrogen and oxygen[J]. Applied Catalysis A: General, 1995, 121 (2): 169-190.

[131] 邱竹贤. 中国古代有色金属冶铸中融盐的应用[J]. 有色金属, 1994, (1): 68-70.

[132] 章元济. 硼酸和硼砂的制造[J]. 化学世界, 1956, (6): 11-16.

[133] 叶培仁. 试论“硼化学”的独特性[J]. 四川师范大学学报(自然科学版), 1982, (4): 250-257.

[134] 王靓靓, 王秋舒, 吴亮. 全球硼矿资源开发现状与潜力分析[J]. 中国矿业, 2019, 28 (4): 74-78.

[135] 焦森, 郑厚义, 屈云燕, 等. 全球硼矿资源供需形势分析[J]. 国土资源情报, 2020, (10): 85-89.

[136] 刘然, 薛向欣, 刘欣, 等. 我国硼资源加工工艺与硼材料应用进展[J]. 硅酸盐通报, 2006, (6): 102-107, 116.

[137] 张福祥, 赵莎, 刘卓, 等. 全球硼矿资源现状与利用趋势[J]. 矿产保护与利用, 2019, 39 (6): 142-151.

[138] 陶连印, 郑学家. 硼化合物的生产与应用[M]. 成都: 成都科技大学出版社, 1992.

[139] 郑学家. 硼化合物生产与应用[M]. 2 版. 北京: 化学工业出版社, 2014.

[140] 郭广生. 无机硼粉的制备技术[J]. 化工新型材料, 1993, (10): 20-22.

[141] Matkovich V I. Boron and Refractory Borides[M]. Berlin, Heidelberg: Springer Berlin Heidelberg, 1977.

[142] 伍继君. 超细无定形硼粉的制备研究[D]. 沈阳: 东北大学, 2004.

[143] 欧玉静, 冯静, 喇培清, 等. 盐助自蔓延法制备无定型硼粉中硼含量的测定[J]. 当代化工, 2015, (7): 1621-1623.

[144] 姜求韬, 章连香. 无定形硼粉中的总硼测定方法研究[J]. 矿冶, 2012, 21 (3): 95-96, 99.

[145] Freer, R. The Physics and Chemistry of Carbides, Nitrides and Borides[M]. Dordrecht: Kluwer Academic Publishers, 1990.

[146] Weimer A W. Carbide, Nitride and Boride Materials Synthesis and Processing[M]. Dordrecht: Springer Netherlands, 1997.

[147] Zhou J J, Bai P. A review on the methods of preparation of elemental boron[J]. Asia-Pacific Journal of Chemical Engineering, 2015, 10 (3): 325-338.

[148] Zhigach A F, Stasinevich D C. Methods of Preparation of Amorphous Boron[M]. Berlin, Heidelberg : Springer Berlin Heidelberg, 1977.

[149] Nakamura K. Preparation and properties of amorphous boron films deposited by pyrolysis of decaborane in the

molecular flow region[J]. Journal of the Electrochemical Society, 1984, 131(11): 2691-2697.

[150] 豆志河, 张廷安. 自蔓延冶金法制备硼粉[J]. 中国有色金属学报, 2004, (12): 2137-2143.

[151] 豆志河, 张廷安, 王艳利. 自蔓延冶金法制备硼粉的基础研究[J]. 东北大学学报(自然科学版), 2005, (1): 63-66.

[152] 曾静, 胡石林, 吴全峰. 反应初始条件对自蔓延高温合成法制备硼粉的影响[J]. 河南化工, 2020, (11): 32-35.

[153] Gogotsi Y G, Andrievski R A. Materials Science of Carbides, Nitrides and Borides[M]. Dordrecht: Springer Netherlands, 1999.

[154] Riedel R. Handbook of Ceramic Hard Materials[M]. Weinheim: Wiley-VCH, 2008.

[155] Karpinski J, Zhigadlo N D, Katrych S, et al. Single crystals of MgB_2: Synthesis, substitutions and properties[J]. Physica C: Superconductivity, 2007, 456(1-2): 3-13.

[156] Buzea C, Yamashita T. Review of the superconducting properties of MgB_2[J]. Superconductor Science and Technology, 2001, 14(11): R115-R146.

[157] Nagamatsu J, Nakagawa N, Muranaka T, et al. Superconductivity at 39 K in magnesium diboride[J]. Nature, 2001, 410(6824): 63-64.

[158] 梁晓宇, 李海涛, 翟蕾, 等. 高温超导带材制备工艺的发展现状[J]. 低温与超导, 2019, (8): 1-9.

[159] Ballarino A, Flükiger R. Status of MgB_2 wire and cable applications in Europe[J]. Journal of Physics: Conference Series, 2017, 871: 012098.

[160] Modica M, Angius S, Bertora L, et al. Design, construction and tests of MgB_2 coils for the development of a cryogen free magnet[J]. IEEE Transactions on Applied Superconductivity, 2007, 17(2): 2196-2199.

[161] Abrahamsen A B, Magnusson N, Liu D, et al. Design study of a 10 MW MgB_2 superconductor direct drive wind turbine generator[C]//European Wind Energy Conference & Exhibition 2014, Barcelona, 2014: 1-7.

[162] Vajo J J, Skeith S L, Mertens F. Reversible storage of hydrogen in destabilized $LiBH_4$[J]. The Journal of Physical Chemistry B, 2005, 109(9): 3719-3722.

[163] 方占召, 王佩君, 王平. 掺杂 Li-Mg-B-H 体系储氢性能研究[J]. 中国材料进展, 2009, 28(5): 22-27.

[164] Yang X M, Zhao Y H, Hou H, et al. First-principles calculations of electronic, elastic and thermal properties of magnesium doped with alloying elements[J]. Journal of Wuhan University of Technology-Materials Science, 2018, 33(1): 198-203.

[165] 郭涛. 六硼化镧场发射电子枪的研究[D]. 成都: 电子科技大学, 2018.

[166] 祁康成. 六硼化镧场发射特性研究[D]. 成都: 电子科技大学, 2008.

[167] Davis P R, Gesley M A, Schwind G A, et al. Comparison of thermionic cathode parameters of low index single crystal faces of LaB_6, CeB_6 and PrB_6[J]. Applied Surface Science, 1989, 37(4): 381-394.

[168] Bao L H, Qi X P, Bao T, et al. Structural, magnetic, and thermionic emission properties of multi-functional $La_{1-x}Ca_xB_6$ hexaboride[J]. Journal of Alloys and Compounds, 2018, 731: 332-338.

[169] 史磊. 硫化铜与六硼化镧光热材料的制备与性能[D]. 贵阳: 贵州师范大学, 2016.

[170] 王雨. 纳米 LaB_6 的制备及近红外光吸收性能研究[D]. 杭州: 浙江大学, 2019.

[171] Takeda H, Kuno H, Adachi K. Solar control dispersions and coatings with rare-earth hexaboride nanoparticles[J]. Journal of the American Ceramic Society, 2008, 91(9): 2897-2902.

[172] Lee S, Zhang X H, Takeuchi I. Thin Films of Rare-Earth Hexaborides[M]. New York: Jenny Stanford Publishing, 2021.

[173] 费俊杰, 王为民, 傅正义, 等. 电解铝用 TiB_2 惰性可润湿性阴极材料的研究现状[J]. 陶瓷学报, 2011, 32(3): 491-495.

[174] 贾宝平. Ti 基 TiB 渗层材料在铝电解惰性阴极方面的应用研究[D]. 长沙: 中南大学, 2004.
[175] Bannister M K, Swain M V. A preliminary investigation of the corrosion of a TiB_2/BN/AlN composite during aluminium evaporation[J]. Ceramics International, 1989, 15(6): 375-382.
[176] 董艳玲, 王为民. TiB_2-BN 复相导电陶瓷的研究进展[J]. 硅酸盐通报, 2004, (4): 55-58.
[177] 方莹, 王晓阳. 硼化锆材料在垃圾熔融炉中的应用[J]. 国外耐火材料, 2004, 29(4): 35-39.
[178] Hoyer J L, Petty A V. High-Purity, Fine Ceramic Powders Produced in the Bureau of Mines Turbomill[M]. New York: John Wiley & Sons, 2008.
[179] Nekahi S, Vaferi K, Vajdi M, et al. A numerical approach to the heat transfer and thermal stress in a gas turbine stator blade made of HfB_2[J]. Ceramics International, 2019, 45(18): 24060-24069.
[180] Kalish D, Clougherty E V, Kreder K. Strength, fracture mode, and thermal stress resistance of HfB_2 and ZrB_2[J]. Journal of the American Ceramic Society, 1969, 52(1): 30-36.
[181] Fahrenholtz W G. 超高温陶瓷[M]. 周延春, 冯志海, 等译. 北京: 国防工业出版社, 2016.
[182] Tang S F, Hu C L. Design, preparation and properties of carbon fiber reinforced ultra-high temperature ceramic composites for aerospace applications: A review[J]. Journal of Materials Science & Technology, 2017, 33(2): 117-130.
[183] Li C J, Yan L, Cui H. A review on thermal protection system for aerospace vehicles[J]. Hi-Tech Fiber & Application, 2014, 39(1): 19-25.
[184] Simonenko E P, Simonenko N P, Sevastyanov V G, et al. ZrB_2/HfB_2-SiC ultra-high-temperature ceramic materials modified by carbon components: the review[J]. Russian Journal of Inorganic Chemistry, 2018, 63(14): 1772-1795.
[185] Arai Y, Inoue R, Goto K, et al. Carbon fiber reinforced ultra-high temperature ceramic matrix composites: A review[J]. Ceramics International, 2019, 45(12): 14481-14489.
[186] 李广田, 吴国玺, 杜成武, 等. 硼化物抑制石墨电极氧化研究[J]. 腐蚀科学与防护技术, 1999, (2): 126-128.
[187] Norasetthekul S, Eubank P T, Bradley W L, et al. Use of zirconium diboride-copper as an electrode in plasma applications[J]. Journal of Materials Science, 1999, 34(6): 1261-1270.
[188] Tan W, Yusri F, Zainal Z. Electrochemical reduction of potassium ferricyanide mediated by magnesium diboride modified carbon electrode[J]. Sensors & Transducers, 2009, 104(5): 927-931.
[189] 付云伟, 倪新华, 刘协权, 等. 含夹杂 TiC-TiB_2 陶瓷强度的细观力学分析[J]. 稀有金属材料与工程, 2017, 46(12): 3818-3824.
[190] Gupta N, Parameswaran V, Basu B. Microstructure development, nanomechanical, and dynamic compression properties of spark plasma sintered TiB_2-Ti-based homogeneous and Bi-layered composites[J]. Metallurgical and Materials Transactions A, 2014, 45(10): 4646-4664.
[191] Renahan C C. Modelling the ballistic performance of ceramic armour using artificial neural networks[D]. Kingston: Royal Military College of Canada, 2006.
[192] 曾国章. TiB_2-TiN-WC 原位反应自润滑刀具材料的研制及摩擦特性研究[D]. 湘潭: 湘潭大学, 2017.
[193] 雷煜. $AlMgB_{14}$-TiB_2 超硬复合材料的高温摩擦及高温抗氧化性能的研究[D]. 太原: 太原理工大学, 2015.
[194] Liu H L, Huang C Z, Xiao S R, et al. Microstructure and mechanical properties of multi-scale titanium diboride matrix nanocomposite ceramic tool materials[J]. Key Engineering Materials, 2010, 431: 523-526.
[195] 桂涛. ^{10}B 富集的二硼化锆靶材制备[D]. 北京: 北京科技大学, 2019.
[196] Yao T K, Gong B W, Lei P H, et al. UO_2 + 5vol% ZrB_2 nano composite nuclear fuels with full boron retention and enhanced oxidation resistance[J]. Ceramics International, 2020, 46(17): 26486-26491.
[197] Zhou S, Guo J, Ye L. Relationship between electric properties and temperature of ZrB_2-SiC composite ceramic

heating element[J]. Chinas Refractories, 2013, 22(4): 24-27.

[198] Zhou S, Guo J, Lan Y. Relationship between electric properties and temperature of ZrB_2-SiC composite ceramic heating element[J]. 中国耐火材料(英文版), 2013, 22(4): 24-27.

[199] Lefler M, Stuart J, Parkey J, et al. Higher capacity, improved conductive matrix VB_2/air batteries[J]. Journal of the Electrochemical Society, 2016, 163(5): A781-A784.

[200] 路新, 魏治国, 王国庆, 等. 一种大容量硼化钒空气电池负极材料及其制备方法: 中国, CN201510612590.8. [P]. 2015-12-16.

[201] N·德布. 产生硼化钒的方法和其用途: 中国, CN201380076562.8[P]. 2016-01-06.

[202] Wu X L, Zhou X L, Chang J. Structural stability and elastic properties of WB_4 under high pressure[J]. International Journal of Modern Physics B, 2015, 29(16): 1550103.

[203] Zhao C M, Duan Y F, Gao J, et al. Unexpected stable phases of tungsten borides[J]. Physical Chemistry Chemical Physics, 2018, 20(38): 24665-24670.

[204] Kvashnin A G, Zakaryan H A, Zhao C M, et al. New tungsten borides, their stability and outstanding mechanical properties[J]. The Journal of Physical Chemistry Letters, 2018, 9(12): 3470-3477.

[205] Vrubel H, Hu X L. Molybdenum boride and carbide catalyze hydrogen evolution in both acidic and basic solutions[J]. Angewandte Chemie (International Edition), 2012, 51(51): 12703-12706.

[206] Wang X F, Tai G A, Wu Z H, et al. Ultrathin molybdenum boride films for highly efficient catalysis of the hydrogen evolution reaction[J]. Journal of Materials Chemistry A, 2017, 5(45): 23471-23475.

[207] Park H, Encinas A, Scheifers J P, et al. Boron-dependency of molybdenum boride electrocatalysts for the hydrogen evolution reaction[J]. Angewandte Chemie (International Edition), 2017, 56(20): 5575-5578.

[208] Itoh H, Matsudaira T, Naka S, et al. Reaction control of TiB_2 formation from titanium metal and amorphous boron[J]. Journal of Materials Science, 1989, 24(2): 420-424.

[209] Borovinskaya I P, Merzhanov A G, Novikov N P, et al. Gasless combustion of mixtures of powdered transition metals with boron[J]. Combustion, Explosion and Shock Waves, 1974, 10(1): 2-10.

[210] Volkova L S, Shulga Y M, Shilkin S P. Synthesis of nano-sized titanium diboride in a melt of anhydrous sodium tetraborate[J]. Russian Journal of General Chemistry, 2012, 82: 819-821.

[211] Krutskii Y L, Gudyma T S, Dyukova K D, et al. Properties, applications, and production of diborides of some transition metals: Review. Part 2. Chromium and zirconium diborides[J]. Steel in Translation, 2021, 51(6): 359-373.

[212] Chen L Y, Gu Y L, Qian Y T, et al. A facile one-step route to nanocrystalline TiB_2 powders[J]. Materials Research Bulletin, 2004, 39(4-5): 609-613.

[213] Liu D, Chu Y H, Jing S Y, et al. Low-temperature synthesis of ultrafine TiB_2 nanopowders by molten-salt assisted borothermal reduction[J]. Journal of the American Ceramic Society, 2018, 101(12): 5299-5303.

[214] Millet P, Hwang T. Preparation of TiB_2 and ZrB_2 influence of a mechano-chemical treatment on the borothermic reduction of titania and zirconia[J]. Journal of Materials Science, 1996, 31(2): 351-355.

[215] Zoli L, Galizia P, Silvestroni L, et al. Synthesis of group IV and V metal diboride nanocrystals via borothermal reduction with sodium borohydride[J]. Journal of the American Ceramic Society, 2018, 101(6): 2627-2637.

[216] Liu D, Liu H H, Ning S S, et al. Chrysanthemum-like high-entropy diboride nanoflowers: A new class of high-entropy nanomaterials[J]. Journal of Advanced Ceramics, 2020, 9(3): 339-348.

[217] Wang Y, Wu Y D, Zhang G H, et al. Preparation of zirconium diboride by reduction of zirconia with calcium hexaboride[J]. Advances in Applied Ceramics, 2022, 121(5-8): 177-184.

[218] Li R X, Lou H J, Yin S, et al. Nanocarbon-dependent synthesis of ZrB_2 in a binary ZrO_2 and boron system[J]. Journal of Alloys and Compounds, 2011, 509 (34): 8581-8583.

[219] Liu D, Chu Y H, Ye B L, et al. Spontaneous growth of hexagonal ZrB_2 nanoplates driven by a screw dislocation mechanism[J]. CrystEngComm, 2018, 20 (47): 7637-7641.

[220] Lou H J, Li R X, Zhang Y, et al. Low temperature synthesis of ZrB_2 powder synergistically by borothermal and carbothermal reduction[J]. Rare Metals, 2011, 30 (1): 548-551.

[221] Khanra A K, Pathak L C, Godkhindi M M. Carbothermal synthesis of zirconium diboride (ZrB_2) whiskers[J]. Advances in Applied Ceramics , 2007, 106 (3): 155-160.

[222] Qiu H Y, Guo W M, Zou J, et al. ZrB_2 powders prepared by boro/carbothermal reduction of ZrO_2: The effects of carbon source and reaction atmosphere[J]. Powder Technology, 2012, 217: 462-466.

[223] Chen Z B, Zhao X T, Li M L, et al. Synthesis of rod-like ZrB_2 crystals by boro/carbothermal reduction[J]. Ceramics International, 2019, 45 (11): 13726-13731.

[224] Liu J H, Huang Z, Huo C G, et al. Low-temperature rapid synthesis of rod-like ZrB_2 powders by molten-salt and microwave co-assisted carbothermal reduction[J]. Journal of the American Ceramic Society, 2016, 99 (9): 2895-2898.

[225] Zhao H, He Y, Jin Z Z. Preparation of zirconium boride powder[J]. Journal of the American Ceramic Society, 1995, 78 (9): 2534-2536.

[226] Guo W M, Zhang G J. Reaction processes and characterization of ZrB_2 powder prepared by boro/carbothermal reduction of ZrO_2 in vacuum[J]. Journal of the American Ceramic Society, 2009, 92 (1): 264-267.

[227] Ni D W, Zhang G J, Kan Y M, et al. Synthesis of monodispersed fine hafnium diboride powders using carbo/borothermal reduction of hafnium dioxide[J]. Journal of the American Ceramic Society, 2008, 91 (8): 2709-2712.

[228] You Y, Tan D W, Guo W M, et al. TaB_2 powders synthesis by reduction of Ta_2O_5 with B_4C[J]. Ceramics International, 2017, 43 (1): 897-900.

[229] Gu J F, Zou J, Sun S K, et al. Dense and pure high-entropy metal diboride ceramics sintered from self-synthesized powders via boro/carbothermal reduction approach[J]. Science China Materials, 2019, 62 (12): 1898-1909.

[230] Shi L, Gu Y L, Chen L Y, et al. A convenient solid-state reaction route to nanocrystalline TiB_2[J]. Inorganic Chemistry Communications, 2004, 7 (2): 192-194.

[231] Bao K, Massey J, Huang J, et al. Low-temperature synthesis of hafnium diboride powder via magnesiothermic reduction in molten salt[C]//Proceedings of the 41st International Conference on Advanced Ceramics and Composites: Ceramic Engineering and Science Proceedings, Hoboken, 2018.

[232] Campos K S, Silva G F B L, Nunes E H M, et al. Preparation of zirconium, titanium, and magnesium diborides by metallothermic reduction[J]. Refractories and Industrial Ceramics, 2014, 54 (5): 407-412.

[233] Bai L Y, Ni S L, Jin H C, et al. ZrB_2 powders with low oxygen content: Synthesis and characterization[J]. International Journal of Applied Ceramic Technology, 2018, 15 (2): 508-513.

[234] Liu X Y, Li K Z, Bao K, et al. In-situ synthesis of magnesium aluminate spinel-zirconium diboride composite powder in magnesium chloride melt[J]. Ceramics International, 2022, 48 (8): 11869-11871.

[235] Bai L Y, Wang Y W, Chen H Y, et al. Large-scale production of well-dispersed submicro ZrB_2 and ZrC powders[J]. Crystal Research and Technology, 2016, 51 (7): 428-432.

[236] Li S, Li J S, Zhao F, et al. Combustion synthesis and infrared characterization of TiB_2[J]. Key Engineering Materials, 2014, 602-603: 142-145.

[237] Liu G H, Li J T, Chen K X, et al. Combustion synthesis of TiB_2-TiC-WB powders by coupling weak with strong exothermic reactions[J]. Ceramics International, 2017, 43 (15): 12992-12995.

[238] Xu Q, Zhang X H, Han J C, et al. Effect of copper content on the microstructures and properties of TiB_2 based cermets by SHS[J]. Materials Science Forum, 2005, 475-479: 1619-1622.

[239] Nekahi A, Firoozi S. Effect of KCl, NaCl and $CaCl_2$ mixture on volume combustion synthesis of TiB_2 nanoparticles[J]. Materials Research Bulletin, 2011, 46 (9): 1377-1383.

[240] Ricceri R, Matteazzi P. A fast and low-cost room temperature process for TiB_2 formation by mechanosynthesis[J]. Materials Science and Engineering: A, 2004, 379 (1-2): 341-346.

[241] Welham N J. Formation of nanometric TiB_2 from TiO_2[J]. Journal of the American Ceramic Society, 2000, 83 (5): 1290-1292.

[242] Bilgi E, Çamurlu H E, Akgün B, et al. Formation of TiB_2 by volume combustion and mechanochemical process[J]. Materials Research Bulletin, 2008, 43 (4): 873-881.

[243] Merzhanov A G. History and recent developments in SHS[J]. Ceramics International, 1995, 21 (5): 371-379.

[244] Venugopal S, Boakye E E, Paul A, et al. Sol-gel synthesis and formation mechanism of ultrahigh temperature ceramic: HfB_2[J]. Journal of the American Ceramic Society, 2014, 97 (1): 92-99.

[245] Yin T, Jiang B Y, Su Z A, et al. Effects of mannitol on the synthesis of ultra-fine ZrB_2 powders[J]. Journal of Sol-Gel Science and Technology, 2018, 85 (1): 41-47.

[246] Miao Y, Wang X J, Firbas P, et al. Ultra-fine zirconium diboride powders prepared by a combined sol-gel and spark plasma sintering technique[J]. Journal of Sol-Gel Science and Technology, 2016, 77 (3): 636-641.

[247] Malyshev V V, Kushkhov H B, Shapoval V I. High-temperature electrochemical synthesis of carbides, silicides and borides of VI-group metals in ionic melts[J]. Journal of Applied Electrochemistry, 2002, 32 (5): 573-579.

[248] Anzawa Y, Koyama S, Shohji I. The effect of boriding on wear resistance of cold work tool steel[J]. Journal of Physics: Conference Series, 2017, 843: 012064.

[249] Kushkhov K B, Malyshev V V, Tishchenko A A, et al. Electrochemical synthesis of tungsten and molybdenum borides in a dispersed condition[J]. Powder Metallurgy and Metal Ceramics, 1993, 32 (1): 7-10.

第 2 章　碳化物、硼化物粉体制备热力学原理

本章首先对众多硼化物热力学数据进行收集并绘制出硼势图，然后结合碳势图、硼势图及热力学原理进行热力学分析。碳势图和硼势图可直观反映出不同元素与碳/硼结合能力的差别，对脱碳剂和硼源选择提供最为直观的依据，从而为碳化物和硼化物粉体的制备提供理论基础。

2.1　硼　势　图

将不同元素与某一固定元素形成化合物的标准生成吉布斯自由能置于同一张图中进行比较，这一形式可以直观地展示出不同元素与某一固定元素的结合能力。在氧化还原反应、硫化反应、氯化反应和碳化反应的热力学研究中已经有对应的氧势图、硫势图、氯势图和碳势图。本书将一些常见含硼化合物的标准生成自由能函数绘制在同一张图中，大部分的热力学数据来源于 FactSage 8.2 热力学软件，软件中未收录的数据(LaB_6 和 W 的硼化物)来源于文献[1]和[2]。此硼势图的作用是能系统、直观地表示出不同含硼化合物的热力学性质，比较不同硼化物的稳定性。在硼势图中随着温度升高，与 B 化合的元素可能会发生熔化、气化相变，反应物的相变将会使硼势图的曲线斜率增大。

对于所有元素的单质与硼的反应，可以将反应式写为与 1mol 的 B 反应的形式：

$$\frac{x}{y}\mathrm{M}+\mathrm{B}=\!=\!=\frac{1}{y}\mathrm{M}_x\mathrm{B}_y \tag{2-1}$$

将所有硼化物的标准生成吉布斯自由能($\Delta G^{\ominus}$)与温度(T)的函数图线绘制在同一张图中，如图 2-1 所示。图线标注“×”的点代表此硼化物熔化或分解的温度。从热力学基本原理来看，曲线位置越低表明对应的硼化物越稳定。也可以说，在相同温度下，位置高的硼化物能够作为硼源将位置在低处的元素单质硼化；同时，位置低的元素单质可以作为脱硼剂将位置高的硼化物脱硼。总览硼势图，可以将其划分为三个区域。

(1) $\Delta G^{\ominus}$ 大于 0 的区域。在此区域内仅存在一个物质乙硼烷，它在标准状态下并不是一个热力学稳定的化合物。气相分解法制备单质硼粉就是利用了这一化学性质，在适当加热的条件下为乙硼烷的分解提供动力学条件，使得硼烷的分解自发进行。

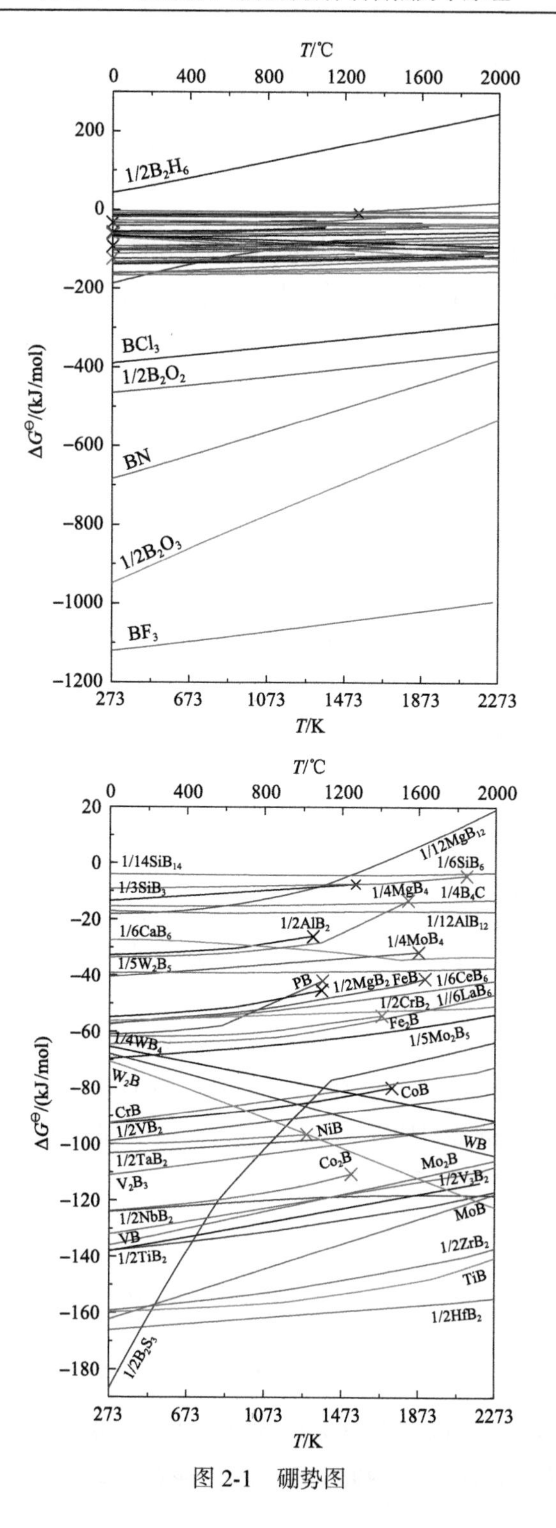
T/℃
0
400
800
1200
1600
2000
200
1/2B₂H₆
0
−200
BCl₃
−400
1/2B₂O₂
−600
BN
−800
1/2B₂O₃
−1000
BF₃
−1200
273
673
1073
1473
1873
2273
T/K
ΔG^⊖/(kJ/mol)
20
1/12MgB₁₂
1/14SiB₁₄
1/6SiB₆
1/3SiB₃
1/4MgB₄
1/4B₄C
−20
1/2AlB₂
1/12AlB₁₂
1/6CaB₆
1/4MoB₄
1/5W₂B₅
−40
PB
1/2MgB₂
FeB
1/6CeB₆
1/2CrB₂
1//6LaB₆
Fe₂B
−60
1/4WB₄
1/5Mo₂B₅
W₂B
−80
CoB
CrB
1/2VB₂
NiB
−100
WB
1/2TaB₂
Co₂B
Mo₂B
V₂B₃
1/2V₃B₂
−120
MoB
1/2NbB₂
VB
−140
1/2TiB₂
1/2ZrB₂
TiB
−160
1/2HfB₂
1/2B₂S₃
−180

图 2-1　硼势图

(2) $\Delta G^{\ominus}$ 介于 0 和 –200kJ/mol 的区域。大部分固体硼化物均处于这一范围。

(3) $\Delta G^{\ominus}$ 小于 –200kJ/mol 的区域。硼的氧化物、氮化物、卤化物均处于这一区域。这说明 B 与这些非金属元素的结合能力最强，这些化合物单独作为硼源不易硼化其他物质。

根据硼势图的规律对常见的几种硼化物的硼化能力进行对比。B_2O_3 的硼化能力最弱，使用 B_2O_3 为硼化剂时需要使用 Mg 或 C 等还原剂，通过复合还原反应进行硼化。BN 的硼化能力略高于 B_2O_3，并且反应产生的氮气为气体，可以通过降低体系中氮气的分压促进硼化。因此，氮化硼与金属单质的组合并结合一定的真空手段，有望在高温下将金属硼化[3]。碳化硼在硼势图中的位置较高，因此碳化硼可以直接用于硼化大多数元素的单质，但如何分离碳化硼中的碳元素是一个值得考虑的问题。金属 Ca 和 Al 均能与 C 形成碳化物（CaC_2 和 Al_4C_3），并且碳化物均能溶解在酸溶液中实现分离。

2.2　硼化物制备的热力学原理

使用 B_4C 作为硼源需使用金属 Ca 或 Al 为脱碳剂，因此硼化物在 Ca 或 Al 中的稳定性则需要考虑。在硼势图中可以看出，B_4C 的硼势约为–20kJ/mol，AlB_2 和 CaB_6 的硼势约为–30kJ/mol，LaB_6、CeB_6 和 CrB_2 的硼势约为–50kJ/mol，Ti、Zr、Hf、V、Nb 和 Ta 的二硼化物的硼势均低于–80kJ/mol。由于 AlB_2 和 CaB_6 的硼势低于 B_4C，当以 B_4C 为硼源、Ca 或 Al 为脱碳剂时，目标产物的硼势应低于 AlB_2 和 CaB_6 的硼势。由此可看出，难熔金属二硼化物的硼势远远低于 AlB_2 和 CaB_6 的硼势，此类化合物在过量 Ca 或 Al 的环境中能够稳定存在。对于 LaB_6、CeB_6 和 CrB_2，它们的硼势较 AlB_2 和 CaB_6 略低，需要进一步分析，特别是 La、Ce、Cr 都存在 B 计量数更少的硼化物（LaB_4，CeB_4，CrB）。它们在过量 Ca 和 Al 环境中的稳定性不能只看硼势图位置，还需要计算高 B 计量数硼化物与 Ca 或 Al 反应生成低 B 计量数硼化物和 CaB_6 或 AlB_2 的自发性，如式(2-2)和式(2-3)所示。脱碳剂金属的选择要保证不脱去硼化物产物的硼。

$$MB_m + Ca \longrightarrow MB_n + CaB_6 \quad (m > n) \tag{2-2}$$

$$MB_m + Al \longrightarrow MB_n + AlB_2 \quad (m > n) \tag{2-3}$$

图 2-2 为碳势图。可以看出，Ca 和 Al 的碳势为–50～–40kJ/mol，这一数值比大多数难熔金属碳化物要高。因此，Ca 和 Al 能够自发与游离态的碳结合为碳化

物，但无法直接脱除难熔金属碳化物中的结合碳。难熔金属碳化物（TiC、ZrC、VC 和 NbC）的摩尔生成吉布斯自由能为–100～–50kJ/mol，而难熔金属二硼化物（TiB_2、ZrB_2、VB_2 和 NbB_2）的摩尔生成吉布斯自由能为–300～–200kJ/mol，这意味着难熔金属二硼化物较难熔金属碳化物更稳定，在高硼势物质的作用下难熔金属碳化物能够自发硼化为难熔金属二硼化物，如反应式(2-4)所示。

$$RMC+B_4C \longrightarrow RMB_2+C \quad (2\text{-}4)$$

一旦碳化物转变为硼化物，原来碳化物中的碳将以游离碳的形式存在并进一步与 Ca 或 Al 结合形成对应的碳化物。从上述分析不难看出，金属 Ca 或 Al 能够作为合成硼化物的脱碳剂。

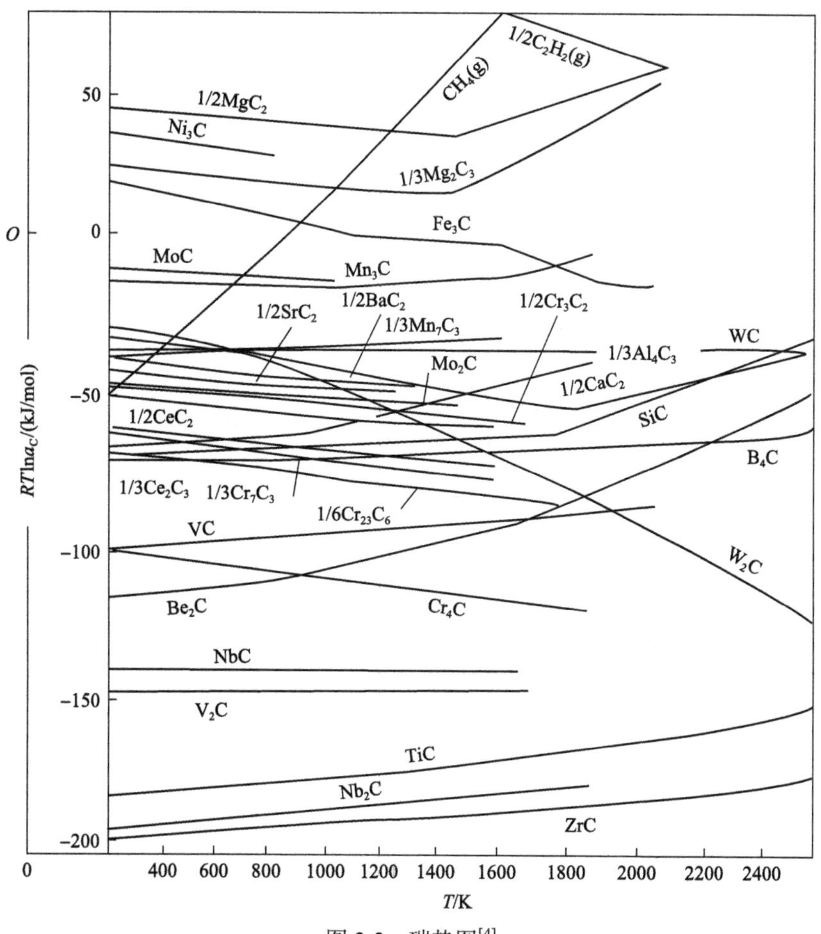

图 2-2 碳势图[4]

金属 Ca 或 Al 在氧势图(图 2-3)中处于极低的位置，明显低于稀土氧化物。这表明在标况下 Ca 或 Al 可以还原大多数氧化物。因此，在制备硼化物的过程中，如果物料中存在少量的 B_2O_3 或其他金属氧化物，其也能被还原并进一步完成硼化反应。尤其是对于 La 和 Ce 的硼化物制备，需要使用 La_2O_3 或 CeO_2 原料以保证原料成本足够低。Ca 和 Al 能够在反应过程中起到还原剂的作用。

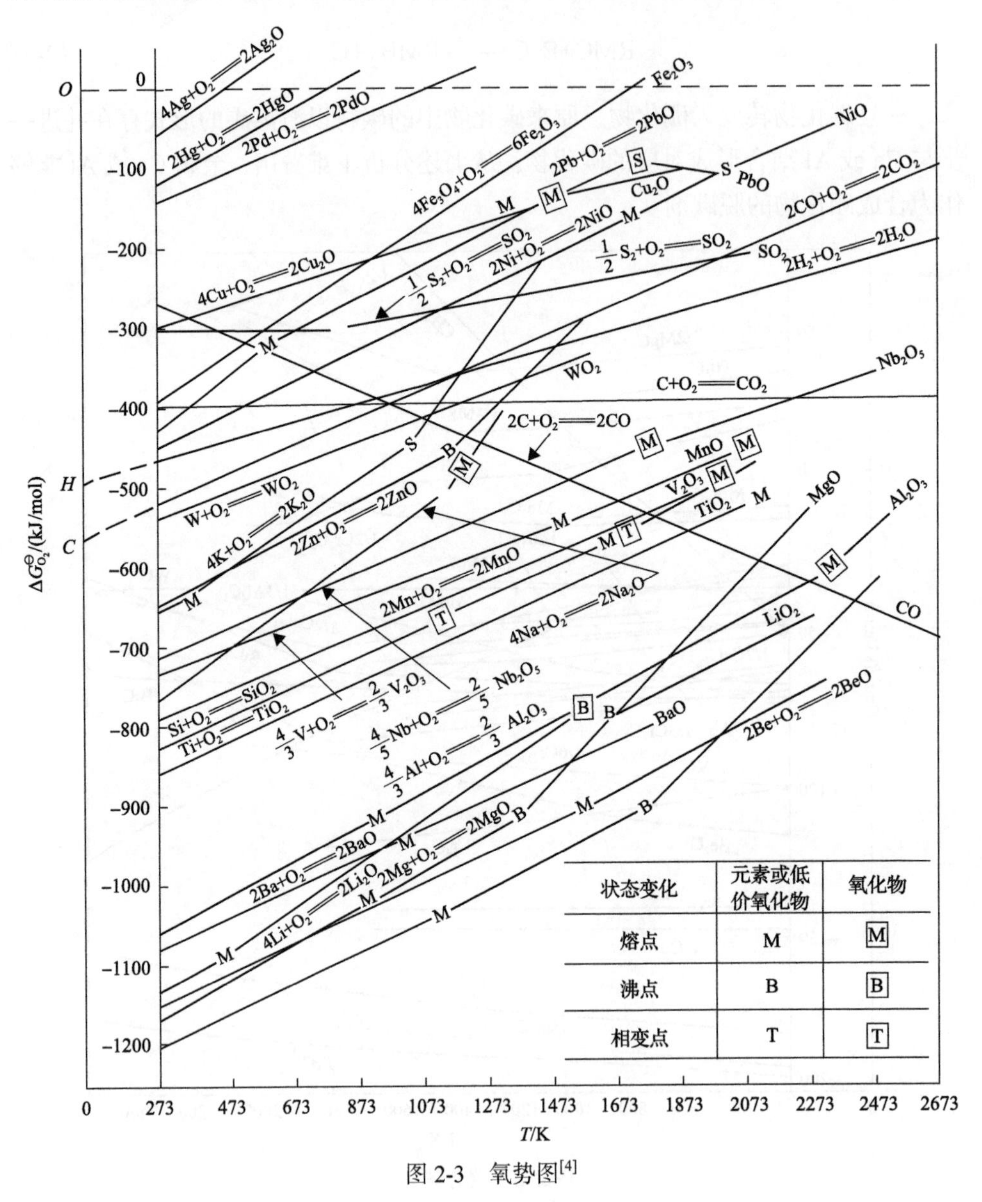

图 2-3　氧势图[4]

参 考 文 献

[1] Schlesinger M E, Liao P K, Spear K E. The B-La (boron-lanthanum) system[J]. Journal of Phase Equilibria, 1999, 20: 73-78.

[2] Börnstein L. Thermodynamic Properties of Inorganic Material, Scientific Group Thermodata Europe (SGTE) [M]. Berlin-Heidelberg: Springer-Verlag, 1999.

[3] Wang Y, Liu J R, Li Z B, et al. Preparations of molybdenum/tungsten borides by boriding molybdenum/tungsten powder with boron nitride[J]. JOM, 2022, 74 (10): 3869-3876.

[4] 黄希祜. 钢铁冶金原理[M]. 4 版. 北京: 冶金工业出版社, 2013.

第 3 章　碳热还原-钙处理法制备难熔金属碳化物粉体

从 1.1.2 节中的碳热还原法相关内容可以看出，对于所有的难熔金属碳化物，碳热还原法得益于其低廉的原料成本以及较为简单且绿色环保的工艺流程，是一种非常具有工业化前景的工艺。但必须解决的问题在于产物中残余碳的存在。而为了脱除这些难以避免的残余碳，目前研究者提出了三种除碳工艺：浮选除碳法[1]、氧化除碳法[2]、氢气除碳法[3,4]，但都存在其局限性。其中，浮选除碳法除碳不够彻底，氧化除碳法则会使产物被二次氧化，氢气除碳法会使纳米碳化物发生氢化[1,2,4]。

因此，为了低成本地制备出高纯、超细的碳化物，本章采用真空碳热还原与熔融钙净化相结合的方法制备高纯、超细的难熔金属碳化物。为了保证还原反应的完成，在原料中加入过量的碳。同时，采用金属钙作为脱碳剂，通过生成碳化钙的方式脱除多余的碳。之后通过酸浸的方式去除脱碳产物 CaC_2 以及未反应的 Ca，从而达到去除游离碳的目的，最终制备出了无游离碳的纯碳化物。本章详细分析碳热还原温度、钙处理温度、氧化物粒度和配碳量对该工艺过程的影响，讨论反应过程中产物的形貌变化，并探究其反应机理。

3.1　实 验 方 法

3.1.1　实验原料

本章实验所用的主要原料是炭黑、二氧化钛（TiO_2，40nm，$w(TiO_2)\geqslant 99.8\%$）、五氧化二钒（V_2O_5，200nm，$w(V_2O_5)\geqslant 99.6\%$）、二氧化锆（$ZrO_2$，50nm，$w(ZrO_2)\geqslant 99\%$）、五氧化二铌（$Nb_2O_5$，100nm，$w(Nb_2O_5)\geqslant 99.9\%$）、二氧化铪（$HfO_2$，100nm，$w(HfO_2)\geqslant 98\%$，$w(Zr)<1.5\%$）、五氧化二钽（$Ta_2O_5$，150nm，$w(Ta_2O_5)\geqslant 99.5\%$）和金属钙粒（1～5mm，$w(Ca)\geqslant 99.5\%$）。每种难熔金属氧化物的扫描电子显微镜（scanning electron microscope，SEM）图像如图 3-1 所示。

从图 3-1 中可以看出，TiO_2 粉料由粒径约 100nm 的近球形颗粒组成，V_2O_5 粉料由宽约 250nm、厚约 80nm 的片形颗粒组成，ZrO_2 粉料由粒径约 50nm 的超细颗粒组成，Nb_2O_5 粉料由粒径约 100nm 的近球形颗粒组成，HfO_2 粉料由粒径约 80nm 的近球形颗粒组成，Ta_2O_5 粉料由粒径约 150nm 的近球形颗粒组成。此外，值得一提的是，金属钙粉由于具有很高的化学活性，在空气中很容易被氧化，因此本章实验使用 1～5mm 的金属钙粒为钙源。

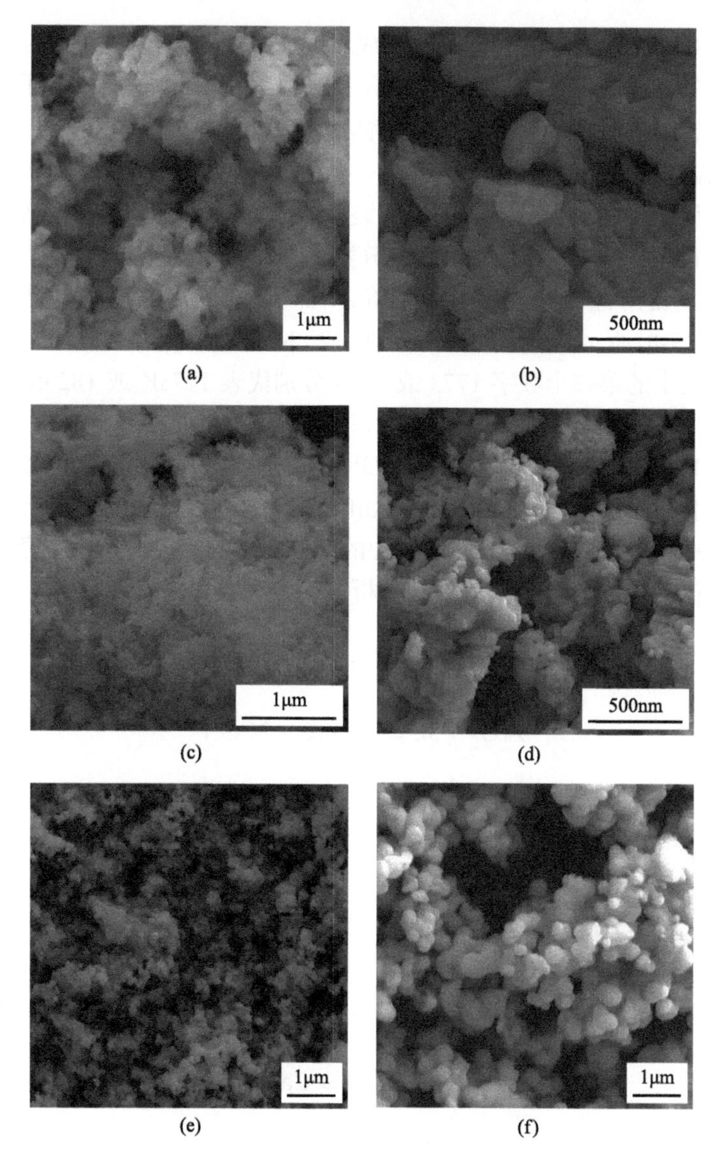

图 3-1　氧化物原料的 SEM 图像

(a) TiO_2；(b) V_2O_5；(c) ZrO_2；(d) Nb_2O_5；(e) HfO_2；(f) Ta_2O_5

3.1.2　实验方法

首先将 TiO_2、ZrO_2、HfO_2、V_2O_5、Nb_2O_5、Ta_2O_5 分别与炭黑按照 1∶3.6、1∶3.6、1∶3.6、1∶8.4、1∶8.4 和 1∶8.4 的摩尔比在无水乙醇中研磨 60min 后进行混合。需要指出的是，对于每种混合物，炭黑的添加量为假设气体产物仅为 CO 时所需配碳量理论值的 120%，其反应方程如式(3-1)～式(3-6)所示。之后在不锈钢模具中通过单轴 200MPa 的压力将混合物压缩成ϕ10mm×4mm 的圆柱形生坯。然后将生坯加热至所需温度进行还原反应，整个还原过程都在 10Pa 的真空度下进行。在真空碳热还原后，将得到的前驱体与金属钙按照 1∶0.5 的质量比混合，并加热至设计温度，保温 4h 进行钙处理除碳。值得一提的是，为了减少钙挥发所带来的危害，在钙处理过程中采用密封的石墨坩埚填装样品，同时设定温度需控制在钙的沸点以下（低于 1673K）。所得产物用质量分数为 5%的稀盐酸溶液在室温下进行酸浸。最后，制备出低游离碳含量的难熔金属碳化物。钙处理过程脱碳的反应如式(3-7)～式(3-8)所示。详细的实验参数如表 3-1 所示，其中 Me 代表难熔金属元素。样品代码中的第一个数字 1773 或 1823 分别代表 1773K 或 1823K 的碳热还原温度。代码中的第二个数字 1173 或 1573 分别代表 1173K 或 1573K 的钙处理温度。例如，Ti-1773-1173 代表样品在 1773K 下碳热还原，然后在 1173K 下进行钙处理。实验后分别采用 X 射线衍射（X-ray diffraction，XRD）和 SEM 分析产物的物相组成和微观形貌。通过测量 SEM 图像中的 300 个颗粒，确定平均粒径。氧含量由氧氮氢分析仪测定。碳含量采用碳硫分析仪测定。

$$TiO_2 + 3C = TiC + 2CO\uparrow \tag{3-1}$$

$$ZrO_2 + 3C = ZrC + 2CO\uparrow \tag{3-2}$$

$$HfO_2 + 3C = HfC + 2CO\uparrow \tag{3-3}$$

$$V_2O_5 + 7C = 2VC + 5CO\uparrow \tag{3-4}$$

$$Nb_2O_5 + 7C = 2NbC + 5CO\uparrow \tag{3-5}$$

$$Ta_2O_5 + 7C = 2TaC + 5CO\uparrow \tag{3-6}$$

$$2C + Ca = CaC_2 \tag{3-7}$$

$$CaC_2 + 2HCl = CaCl_2 + C_2H_2 \tag{3-8}$$

表 3-1 碳热还原和钙处理反应的实验制度

样品	碳热还原温度/K	钙处理温度/K
Me-1773-1173	1773	1173
Me-1773-1573	1773	1573
Me-1823-1173	1823	1173
Me-1823-1573	1823	1573

3.2　热力学分析

描述碳热还原和钙处理过程的反应可以表示为式(3-1)～式(3-14)。根据Factsage 7.0 对 FactPS 数据库的计算结果，图 3-2(a)给出了反应式(3-1)～式(3-6)及式(3-9)～式(3-14)在 10Pa 气压下的吉布斯自由能的变化。可以看出，由于真空条件下的 CO 分压较低，很容易发生产生 CO 气体的反应，如式(3-1)～式(3-6)所示。如果气体产物为 CO_2，在 1500K 以上可发生 TiO_2、V_2O_5、Nb_2O_5和 Ta_2O_5的还原反应，如式(3-9)和式(3-12)～式(3-14)所示；而 ZrO_2 和 HfO_2 的还原反应，如式(3-10)和式(3-11)所示，即使在 1900K 的高温下也不会发生。除了 ZrO_2 和 HfO_2，其他的难熔金属氧化物在碳热还原过程中可以同时生成 CO 和 CO_2。也就是说，气体产物 CO/CO_2 的比例难以确定，因此难以通过调控配碳的方式来获得低游离碳的产物。也就是说即使实验中不配入过量的碳，产物中的游离碳也难以避免，那么不妨直接配入过量的碳以保证还原反应的完成。此外，过量的碳不仅可以增加反应物之间的接触概率，使还原更彻底，还可以起到阻隔作用，限制产物的团聚和烧结。图 3-2(b)展示了式(3-7)的吉布斯自由能变化。结果表明，该反应在 900K 以上发生，拐点为金属钙的熔点 1114.85K，考虑到液态条件有利于游离碳与钙的反应，钙处理温度应高于 1114.85K。

$$TiO_2 + 2C = TiC + CO_2 \uparrow \tag{3-9}$$

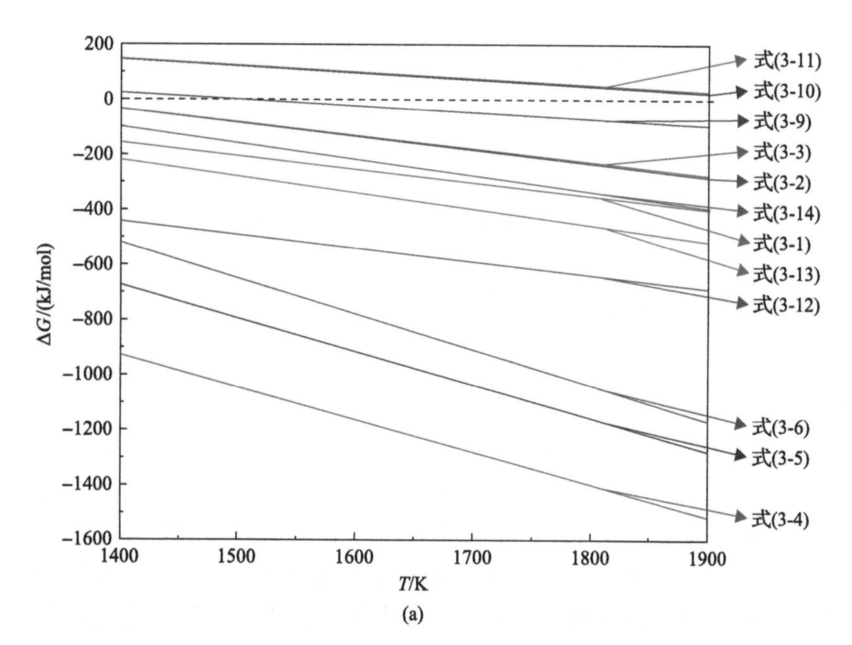

(a)

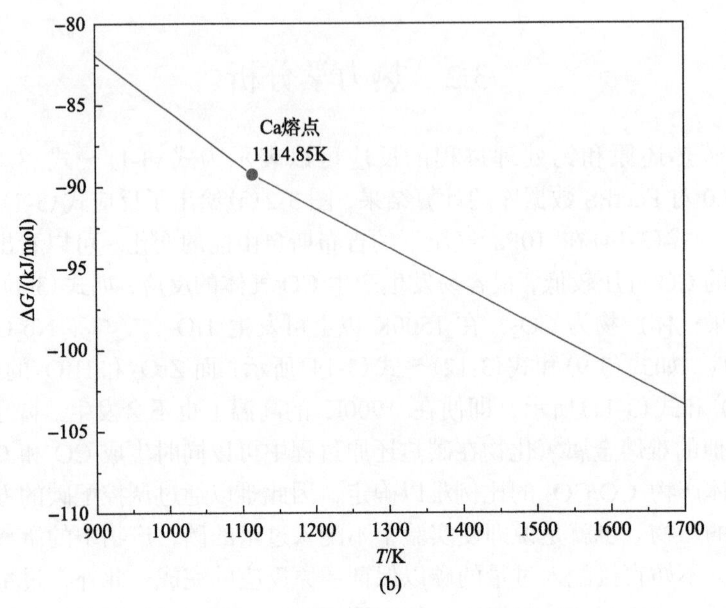

图 3-2 反应吉布斯自由能变化

(a)式(3-1)～式(3-6)及式(3-9)～式(3-14)；(b)式(3-7)

$$ZrO_2 + 2C \xlongequal{\quad} ZrC + CO_2 \uparrow \tag{3-10}$$

$$HfO_2 + 2C \xlongequal{\quad} HfC + CO_2 \uparrow \tag{3-11}$$

$$V_2O_5 + 4.5C \xlongequal{\quad} 2VC + 2.5CO_2 \uparrow \tag{3-12}$$

$$Nb_2O_5 + 4.5C \xlongequal{\quad} 2NbC + 2.5CO_2 \uparrow \tag{3-13}$$

$$Ta_2O_5 + 4.5C \xlongequal{\quad} 2TaC + 2.5CO_2 \uparrow \tag{3-14}$$

3.3 碳热还原过程分析

3.3.1 反应温度对碳热还原过程的影响

为了探索出合适的碳热还原温度，实验研究了反应温度对于碳热还原产物纯度的影响，分别在 1773K 和 1823K 两个温度进行真空碳热还原。图 3-3 展示了经过 1773K 或 1823K 真空碳热还原之后所获产物的 XRD 图谱。可以看出，在 1773K 进行还原时，TiO_2、ZrO_2、V_2O_5、Nb_2O_5和 Ta_2O_5可以分别被完全还原成 TiC、ZrC、V_8C_7、NbC 和 TaC；而对于 HfO_2，还原后产物 HfC 中仍含有一定量的氧化物。当把还原温度提高到 1823K 后，包括 HfO_2在内，所有氧化物都可以被完全还原，产物的 XRD 图谱仅表现出纯相的难熔金属碳化物衍射峰。从

图 3-2(a)中可以看出，随着反应温度的升高，吉布斯自由能变化越来越负，这表明高温在热力学上有利于还原反应的进行。同时，温度的提高也有利于加快反应的速率，使还原反应更快地达到平衡。因此，1823K 是适合进行真空碳热还原反应的温度。此外，由于炭黑是无定形的，剩余的炭黑不会在 XRD 图谱中显示出来。

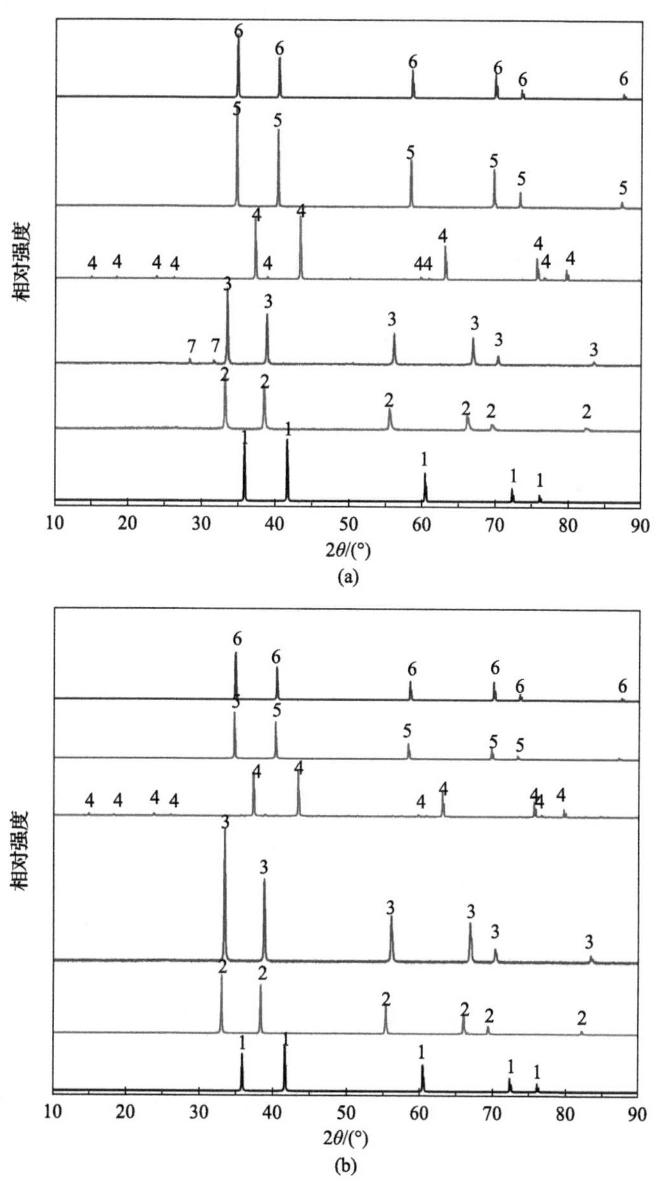

图 3-3　1773K 和 1823K 真空碳热还原后产物的 XRD 图谱

(a) 1773K；(b) 1823K

1-TiC；2-ZrC；3-HfC；4-V_8C_7；5-NbC；6-TaC；7-HfO_2

3.3.2 真空环境的作用

为了探究真空条件在碳热还原过程中的作用，进行 1823K 下流动氩气气氛中的碳热还原实验，以作为空白实验进行比较。图 3-4 展示了在氩气气氛中进行碳热还原所获产物的 XRD 图谱。从图 3-4 中可以看出，在 1823K 的氩气气氛中，TiO_2、V_2O_5、Nb_2O_5 和 Ta_2O_5 可以被完全地还原；而对于 HfO_2 和 ZrO_2，其中仍含有大量的氧化物残留。这是因为真空可以降低式(3-1)～式(3-6)以及式(3-9)～式(3-14)中气体产物的分压，使还原反应从热力学上更容易进行，从而使还原反应进行得更加彻底。Feng 等[5]也计算了不同 CO 气体分压下能够进行碳热还原反应的温度，发现低 CO 气体分压有利于降低反应温度，促进还原反应的进行。因此，真空条件有利于碳热还原的进行。

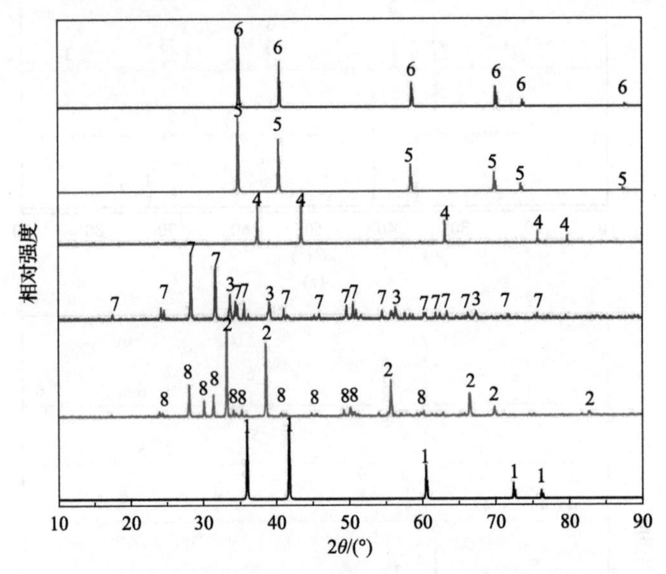

图 3-4 1823K 氩气气氛中碳热还原产物的 XRD 图谱

1-TiC；2-ZrC；3-HfC；4-V_8C_7；5-NbC；6-TaC；7-HfO_2；8-ZrO_2

3.4 钙处理过程分析

为了探索出适合制备超细难熔金属碳化物的钙处理制度，在不同温度下对钙处理产物的物相、纯度及粒径的变化进行研究。

3.4.1 XRD 分析

图 3-5 展示了在 1173K 钙处理过程中经过酸浸前后的产物 XRD 图谱。可以

看出，在浸出之前，产物中含有 CaC_2 和未反应的金属钙，这表明发生了式(3-7)所代表的脱碳反应。此外，图 3-5(a)中发现有少量存在于产物中的氧化钙，这是钙在空气中发生氧化所产生的。如图 3-5(b)所示，经过酸浸后，副产物 CaC_2、CaO 以及未反应的单质 Ca 都能够被完全去除，制备出无游离碳的纯 TiC、ZrC、HfC、V_8C_7、NbC 或 TaC。

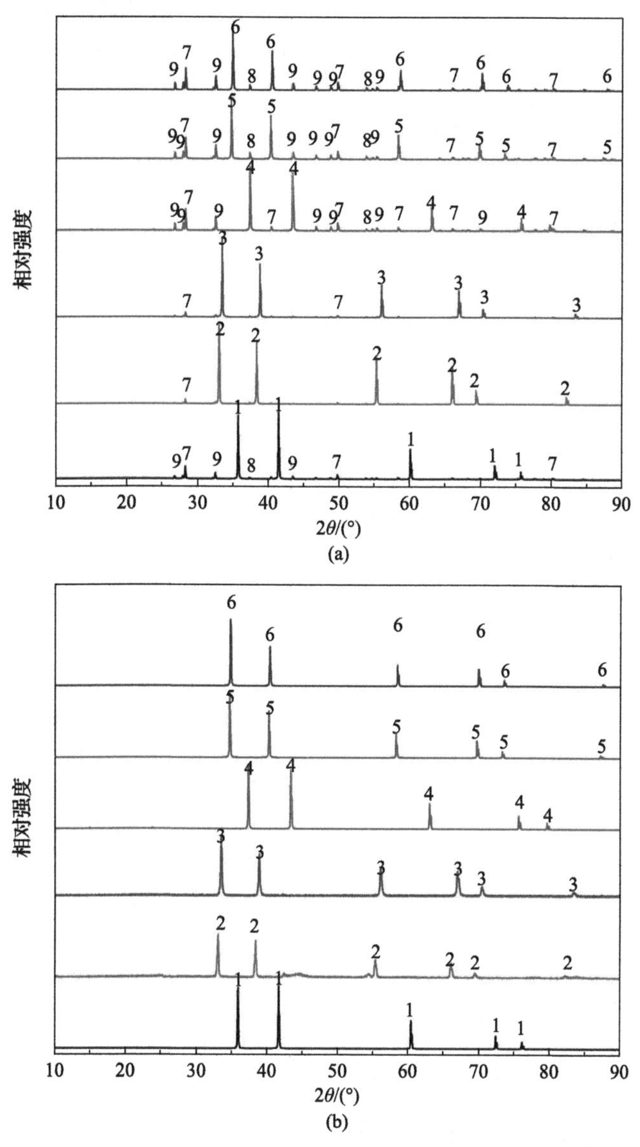

图 3-5　1173K 钙处理过程中酸浸前后的产物 XRD 图谱

(a)浸出前；(b)浸出后

1-TiC；2-ZrC；3-HfC；4-V_8C_7；5-NbC；6-TaC；7-Ca；8-CaO；9-CaC_2

3.4.2　SEM 分析

图 3-6 展示了碳热还原后所获前驱体的微观形貌，发现产物中存在大量的残余碳，而图 3-7 展示了前驱体在经过钙处理后所获产物的微观形貌。通常来说，当两种物料粒径差距过大时，将很难混合均匀。例如，本实验中所使用的金属钙粒是 1～5mm 的大颗粒，远远超过图 3-6 中所示的前驱体粒径（<1μm），想要将之混匀显然是难以做到的。尽管如此，但由于钙熔体与碳化物之间具有良好的润湿性，在高温下熔融的钙液可以通过渗入前驱体的缝隙中降低其界面能量，自发地与产物达成一种均匀的混合状态，产生毛细现象[6]。同时，钙的高蒸气压也可以保证钙与其他物质的有效接触。因此，尽管实验中仅在坩埚中对金属钙粒和前驱体粉末稍稍进行了搅拌混合，也不用担心会因为混不匀而导致除碳不够彻底。所以，从图 3-6 中可以看出产物颗粒之间存在大量的残余碳，但从图 3-7 中可以看出游离碳均已脱除。

图 3-6　碳热还原后所获前驱体的 SEM 图像

(a) Ti-1823；(b) V-1823；(c) Zr-1823；(d) Nb-1823；(e) Hf-1823；(f) Ta-1823

此外，通过对比图 3-1、图 3-6 和图 3-7 发现，产物的形貌及粒径在碳热还原过程中及 1173K 的钙处理过程中几乎没有发生变化，与原料氧化物基本一致，表现出形貌遗传的特性。在碳热还原过程中，过量的配碳存在于产物颗粒之间，如

图 3-6 所示，这些纳米碳颗粒的存在阻碍了产物的团聚和烧结，限制了晶粒长大，所以碳热还原后前驱体继承了原料的形貌及粒度。而在钙处理过程中，1173K 的反应温度低，产物之间扩散难度大，产物也基本保持了前驱体的形貌及粒度。因此，碳热还原过程中及 1173K 的钙处理过程均具有形貌遗传的特性。碳热还原后及钙处理后产物中的碳含量由表 3-2 给出。从表 3-2 中可以看出，钙处理能大大降低产物中的碳含量，在钙处理后产物中的碳含量与其理论值(将表 3-3 中的氧视为碳氧化物 $MeC_{1-x}O_x$ 进行计算)基本一致。这表明钙处理后产物中几乎没有游离碳的存在。与理论值相一致的碳含量以及图 3-6 与图 3-7 之间的对比证明，钙处理过程能有效地脱除碳化物中的游离碳。

图 3-7　前驱体在 1173K 经过钙处理后的产物 SEM 图像

(a) Ti-1823-1173；(b) V-1823-1173；(c) Zr-1823-1173；(d) Nb-1823-1173；(e) Hf-1823-1173；(f) Ta-1823-1173

表 3-2　钙处理前后产物的碳含量

样品	物相	钙处理前 w(C)/%	钙处理后 w(C)/%	理论 w(C)/%
Ti-1823-1173	TiC	29.5	19.1	20.0
Zr-1823-1173	ZrC	17.1	11.2	11.4
Hf-1823-1173	HfC	9.7	5.1	6.3
V-1823-1173	V_8C_7	27.3	16.8	17.1
Nb-1823-1173	NbC	18.0	11.1	11.4
Ta-1823-1173	TaC	10.1	5.6	6.2

3.4.3 氧含量及粒径分析

表 3-3 归纳了产物的氧含量及粒径。可以看出，除 HfC 外，所有产物的氧含量均低于 1%(质量分数)，与表 3-3 中其余研究者报道的数据相比，目前制备的产物氧含量均处于较低水平[7-11]。同时，所有的产物的粒径均不超过 200nm。然而，由于超细的碳化物在潮湿空气或水环境中易被氧化[12-14]，在浸出过程中，碳化物颗粒表面会因为与水直接接触而发生轻度氧化，导致产物很难达到低于 0.1%(质量分数)的氧含量。

表 3-3 浸出后产物的粒径和氧含量

样品	物相	粒径/nm	实验 w(O)/%	文献中 w(O)/%
Ti-1823-1173	TiC	100	0.4	0.6[2]
Zr-1823-1173	ZrC	70	0.8	1.0[9]
Hf-1823-1173	HfC	130	1.7	2.39[1]
V-1823-1173	V_8C_7	200	0.3	0.4[11]
Nb-1823-1173	NbC	150	0.4	2.36[10]
Ta-1823-1173	TaC	120	0.9	1.51[10]

3.4.4 反应温度对钙处理过程的影响

为了研究钙处理温度对产物形貌和粒径的影响，将碳热还原产物在 1573K 下钙处理 4h，以获得经过高温钙处理后的产物，其微观形貌如图 3-8 所示。可以看出，经过 1573K 的钙处理所制备的 TiC、ZrC、HfC、V_8C_7、NbC、TaC 产物分别具有 1μm、300nm、500nm、400nm、200nm、100nm 的粒径，同时分别呈现出立方体形、近球形、近立方体形、近立方体形、近立方体形、近球形的颗粒形貌。所有的产物中都没有观察到游离碳的存在，因此高温钙处理也可用于制备无游离碳的难熔金属碳化物。但是与图 3-7 中所示的低温钙处理产物相比，1573K 温度下制备的碳化物的粒径明显更大。因此，高温钙处理能够促进产物颗粒的长大。

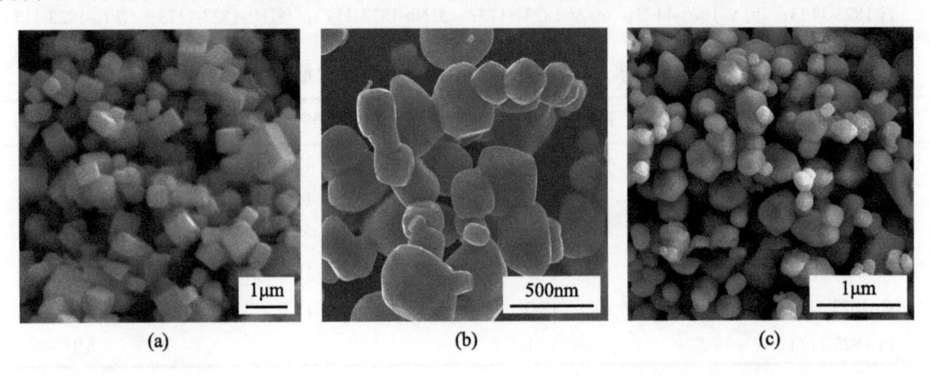

图 3-8　1573K 钙处理后的产物 SEM 图像

(a) Ti-1823-1573；(b) V-1823-1573；(c) Zr-1823-1573；(d) Nb-1823-1573；(e) Hf-1823-1573；(f) Ta-1823-1573

图 3-9 展示了 Ca-TiC、Ca-VC、Ca-ZrC、Ca-NbC、Ca-HfC 和 Ca-TaC 的伪二元系统的相图，其数据来源于 Factsage 8.0 软件的 SpMCBN 数据库和 FSCOP 数据库。值得一提的是，图 3-9 中 Ca-Me$_{(l)}$为含有两个互不相溶的液相混合物，其中 Me 为一种难熔金属元素，如 Ti、V、Zr、Nb、Hf 或 Ta。从图 3-9 中可以看出，每种难熔金属碳化物在高温下的熔融钙中都有一定的溶解度。在高温钙处理时，小

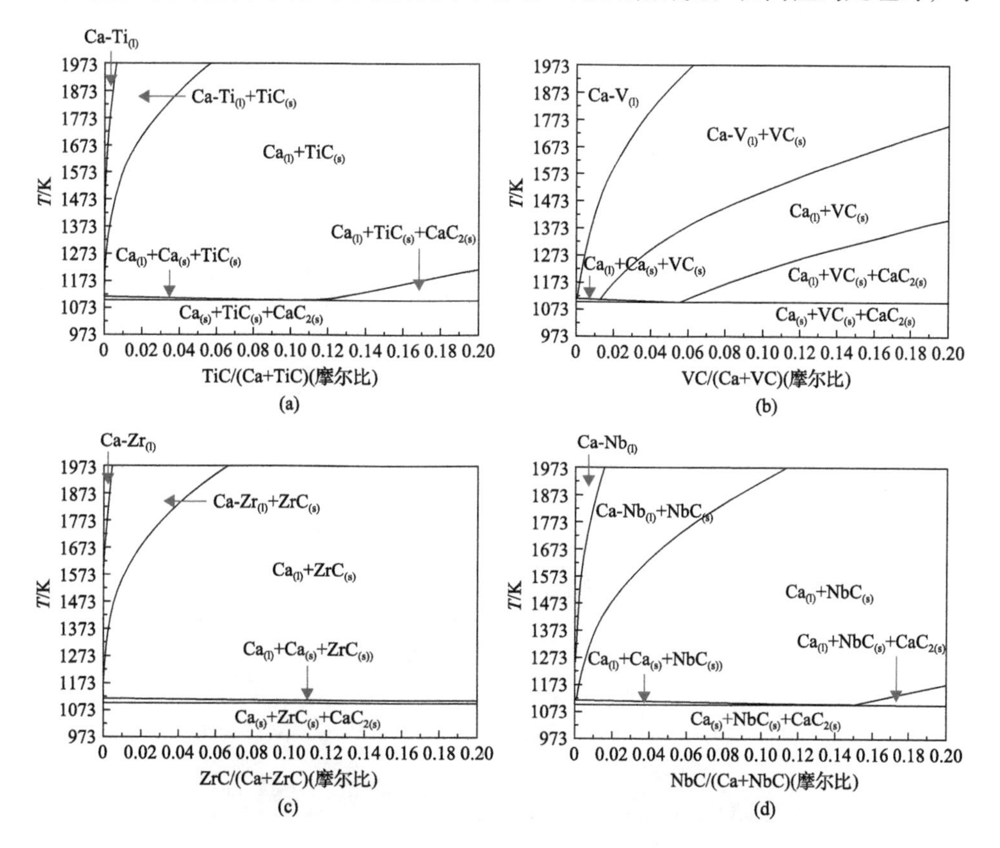

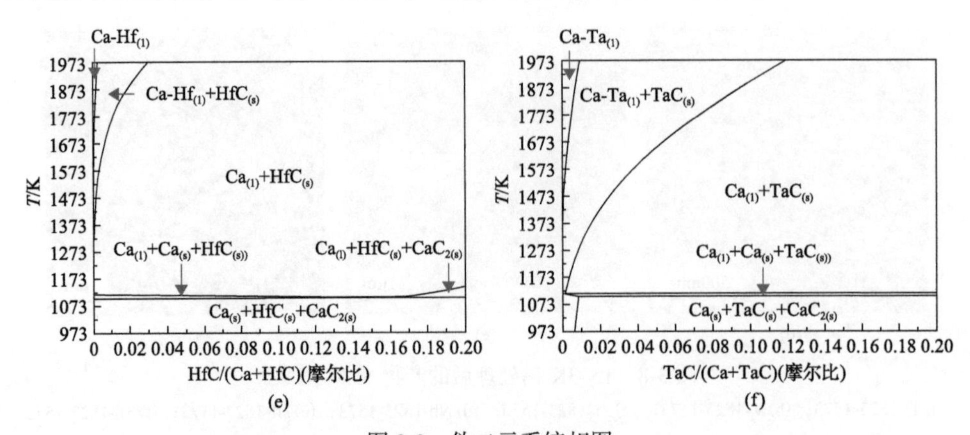

图 3-9 伪二元系统相图

(a) Ca-TiC；(b) Ca-VC；(c) Ca-ZrC；(d) Ca-NbC；(e) Ca-HfC；(f) Ca-TaC

颗粒的碳化物在熔融的液态钙中发生溶解，而大颗粒的碳化物则吸收这些来自小颗粒的溶质原子而长大，从而实现奥斯特瓦尔德(Ostwald)熟化长大的过程[15]。其中，熔融的液态钙可以作为传质通道，为产物颗粒的长大提供良好的动力学条件。

为了进一步研究钙处理温度对产物粒径的影响，以制备 TiC 为例，将在 1823K 下碳热还原所制备的前驱体分别在 1173K、1373K、1573K 和 1673K 的温度下进行钙处理，最后分别制备了平均粒径约为 0.1μm、0.3μm、1.0μm 和 1.8μm 的 TiC 颗粒，如图 3-10 所示。随着温度的升高，TiC 在熔融钙中的溶解度逐渐增大，颗

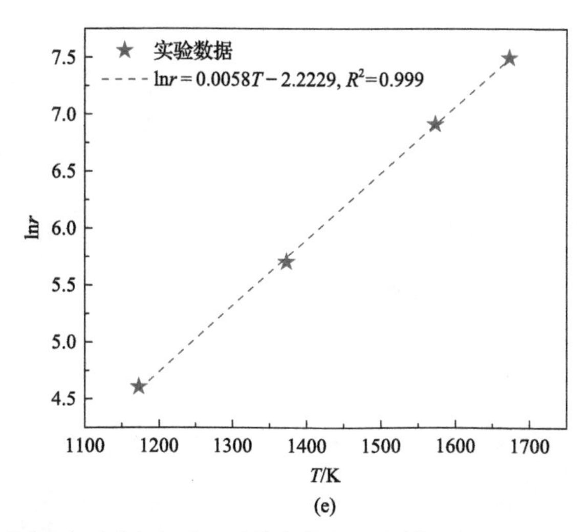

图 3-10　TiC 在不同温度下进行钙处理后的产物 SEM 图像以及 TiC 粒径与处理温度的关系
(a) 1173K；(b) 1373K；(c) 1573K；(d) 1673K；(e) TiC 粒径与钙处理温度的关系

粒之间的扩散阻力降低，因此制备得到的产物颗粒增大。其中，在 1573K 以上温度所获产物颗粒表现为十分规则的立方晶体。这是由于 TiC 在 1573K 以上的熔融钙中已经具有了较大的溶解度，纳米 TiC 能通过溶解-沉淀机制转变为完整的单晶。图 3-10(e) 展示了产物粒度与钙处理温度之间的具体关系。有趣的是，实验中发现颗粒大小与温度呈指数关系，其相关系数 R^2 高达 0.999。一般情况下，随着温度的升高，晶体生长速率呈指数增长。因此，一个简化的尺寸随温度变化的方程可表示为式(3-15)。

$$\ln r = 0.0058T - 2.2229 \tag{3-15}$$

式中，r 为 TiC 的粒径，μm；T 为热力学温度，K。

3.5　低温钙处理的形貌遗传性

为了进一步证实低温钙处理具有形貌遗传性，研究原料粒度对产物粒径的影响。采用微米级 TiO_2 (1μm, $w(TiO_2) \geqslant 98\%$) 和微米级 ZrO_2 (4μm, $w(ZrO_2) \geqslant 99\%$) 在 1173K 的钙处理温度下分别制备了微米级的 TiC 和 ZrC。图 3-11 展示了微米级原料及对应产物的微观形貌。与图 3-7 中的 TiC 和 ZrC 相比，微米级原料所制备的产物粒径大得多。同时，这里也发现产物 TiC 或 ZrC 的形貌及粒径分别与其原料相一致，表现出良好的形貌遗传性。因此，基于该工艺形貌遗传性好的特点，可以通过控制原料的粒径实现对碳化物产物的粒径控制，制备出粒径可控的碳化物。

图 3-11 微米级原料及对应产物的 SEM 图像

(a)微米 TiO_2；(b)微米 TiC；(c)微米 ZrO_2；(d)微米 ZrC

3.6 配碳量对碳热还原-钙处理工艺的影响

在之前的碳热还原-钙处理工艺中采用过量的炭黑作为还原剂，过量的炭黑不仅能保证还原反应的完全进行，还能在产物颗粒之间起到阻隔的作用，限制碳化物颗粒之间的烧结。为了详细研究初始配碳量对于碳热还原-钙处理工艺的影响，本节在不同的初始配碳量下制备了碳化锆，通过研究产物物相组成及形貌的变化，研究配碳量对最终产物纯度及粒径的影响。

将原料 ZrO_2 和炭黑分别按 1∶(2.7/3.0/3.3/3.6)四个比例(摩尔比)研磨混合，其对应的配碳量分别为理论值的 90%/100%/110%/120%。将原料在 1823K 温度、10Pa 的真空环境下还原 4h 获得前驱体。然后与金属钙粒以 1∶0.5 的质量比混合，之后在 1173K 下进行 4h 的钙处理。

3.6.1　配碳量对第一步碳热还原的影响

图 3-12 展示了在不同配碳量下进行碳热还原所获前驱体的物相组成。可以看出，当配碳量为理论值的 90%时，产物主要为 ZrC，但其中仍含有部分 ZrO_2 残留，这是由还原剂不足所导致的。当原料中的炭黑被消耗完后，还原反应停止进行，此时的产物中仍然残留着未被还原的 ZrO_2。而当配碳量增加到理论值的 100%时，还原剂是足量的；然而，尽管相比 90%配碳时 ZrO_2 的含量减少了，但其中仍包含微量的 ZrO_2。这是由于在碳热还原过程中，紧贴着氧化物颗粒的炭黑最先被消耗，当离得近的炭黑被消耗完时，就逐渐开始消耗离得稍远的炭黑，这样随着反应的不断进行，炭黑与 ZrO_2 越离越远，直到最后会存在微量的 ZrO_2 由于距离炭黑过远而难以彻底还原。而当配碳量为理论值的 110%或 120%时，XRD 图谱仅表现出纯 ZrC 的衍射峰，说明过量的炭黑能保证还原反应的彻底进行。而钙处理过程本身具有脱除游离碳的作用，因此过量的初始配碳量不仅能保证第一步碳热还原过程的彻底进行，还不会导致最终产物中出现过多的游离碳。

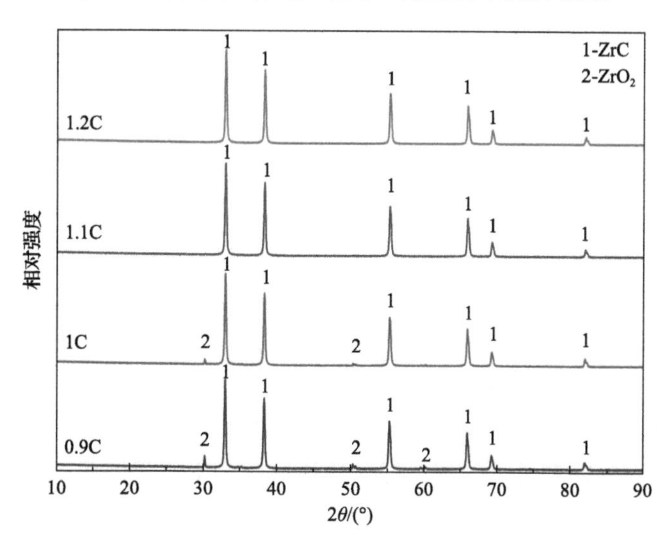

图 3-12　在不同配碳量下进行碳热还原所获前驱体的 XRD 图谱

3.6.2　配碳量对最终产物的影响

图 3-13 展示了在不同配碳量下所获最终产物的物相组成。可以看出，产物中没有观察到 ZrO_2 的存在，所有的产物均为纯 ZrC。与图 3-12 对比可以看出，在钙处理过程中，即使前驱体中含有 ZrO_2，也能够在钙处理过程中被还原，其反应如式(3-16)所示。这表明钙处理过程不仅具有脱除游离碳的功能，还具有降低产物氧含量的作用。值得一提的，式(3-16)是一个剧烈的放热反应，通过 Factsage 8.0

软件计算得出，其室温下的焓变为–673kJ/mol，绝热温度高达 2412K，所使用的热力学数据来自 SGPS 数据库。因此，第一步碳热还原应尽可能使还原反应进行完全，以避免钙处理时因放热过于剧烈而出现爆炸。

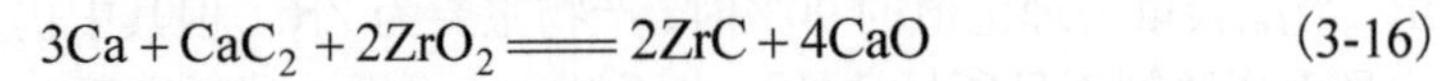

$$3Ca + CaC_2 + 2ZrO_2 = 2ZrC + 4CaO \qquad (3\text{-}16)$$

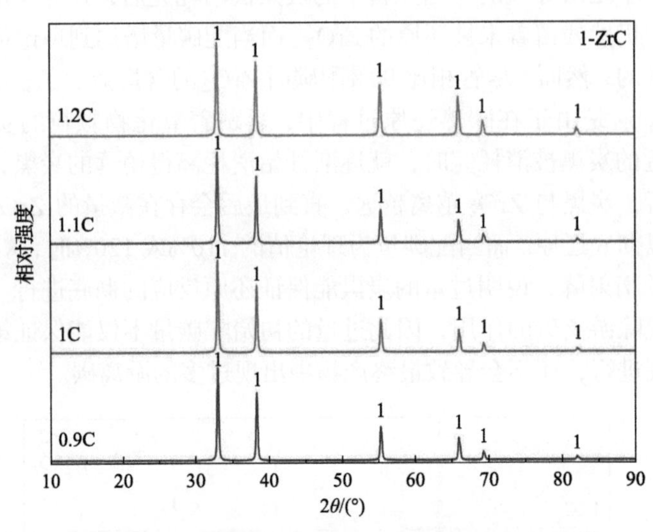

图 3-13　在不同配碳量下制备的最终产物 XRD 图谱

图 3-14 展示了在不同配碳量下所获最终产物的微观形貌。可以看出，随着配碳量的增加，产物颗粒粒径逐渐减小。当配碳量为理论值的 90%或 100%时，产物中颗粒粒度不是很均匀，有 1μm 左右的大颗粒，也有 100nm 左右的小颗粒。这是由于在碳热还原过程中，当碳热还原剂被消耗完之后，产物颗粒之间能直接接触，进而烧结在一起，这导致最后的产物粒径不均匀，有大有小。而当配碳量为理论值的 110%或 120%时，产物中只存在细小颗粒，其粒径约为 100nm。这是由于碳热还原过程中含有过量的碳，即使还原反应结束了仍然残留有大量的炭黑充斥于产物颗粒之间，这些炭黑能够阻止产物颗粒相互聚集，限制了产物颗粒的烧结长大。因此，过量的炭黑还具有细化产物粒径的作用。

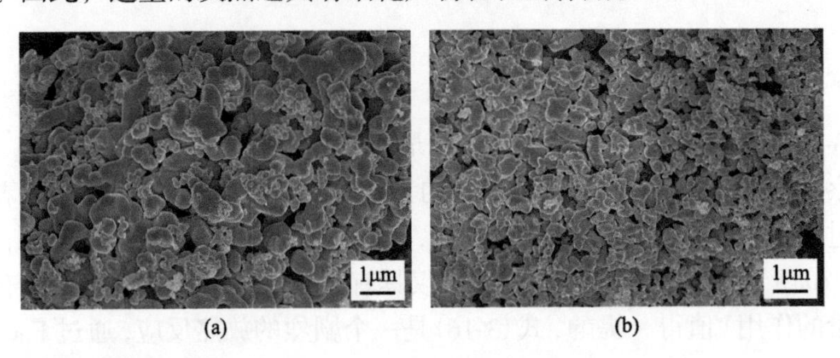

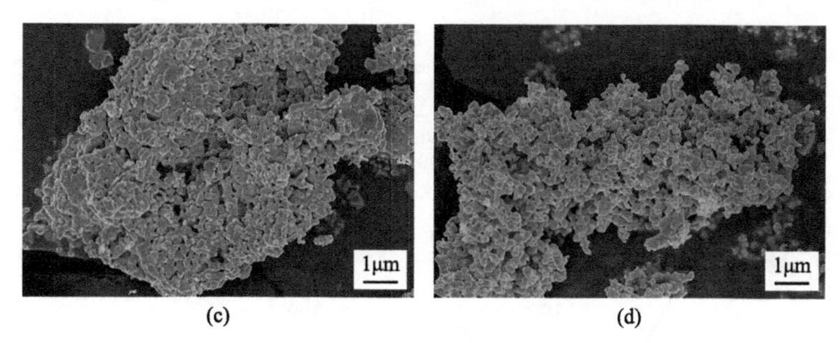

(c)　(d)

图 3-14　不同配碳量下制备的产物 SEM 图像

(a) 0.9C；(b) 1.0C；(c) 1.1C；(d) 1.2C

3.7　反 应 机 理

真空碳热还原后，产物粉末结构疏松，微观形貌中也没有观察到明显的烧结现象，这可能有两方面的原因。首先，在还原过程中会生成大量的气体产物，在产物中形成气体排放通道，这些通道减少了产物之间接触或团聚的机会。其次，产物中过多的碳进一步阻止了不同碳化物颗粒之间的烧结。因此，产物总体上保持了原料的形貌和粒径。经低温熔融处理后，可除去残余碳。由于难熔金属碳化物低温下在熔融钙中的溶解度较差，产物很难通过溶解-沉淀机制长大。最后，经过浸出处理后，产物的粒度和微观形貌与原材料保持一致，形成了形貌遗传的特征。然而，当钙处理在高温下进行时，难熔金属碳化物在熔融钙中的溶解度相比低温下的溶解度大幅度增加，为产物通过溶解和沉淀长大提供了良好的动力学条件。因此，高温钙处理可以通过 Ostwald 熟化机制使产物的粒径增大。

根据以上分析，对碳热还原-钙处理法制备难熔金属碳化物的反应机理进行总结，如图 3-15 所示。

(1) 在碳热还原过程中，难熔金属氧化物被炭黑逐渐还原生成碳化物。在整个过程中，过量碳作为一种屏障存在于产物颗粒之间，限制了产物颗粒的长大。

(2) 还原结束时，碳化物被残余碳包围，几乎保持着与原材料一致的粒径。

(3) 在钙处理过程中，残余碳与熔融钙反应生成碳化钙。由于低温下产物在熔融钙中的溶解度较差，产物很难通过溶解-沉淀机制长大，碳化物的尺寸和形貌在钙处理前后几乎没有变化。而当钙处理在高温下进行时，碳化物的溶解度增加，为产物扩散提供了良好的动力学条件，使产物可以通过 Ostwald 熟化机制长大。因此在低温钙处理时，产物形貌基本保持原样，而在高温钙处理时产物粒径显著增大。

(4) 在浸出过程中，用稀盐酸溶液除去副产物 CaC_2 和未反应金属 Ca，制备出无游离碳的难熔金属碳化物。

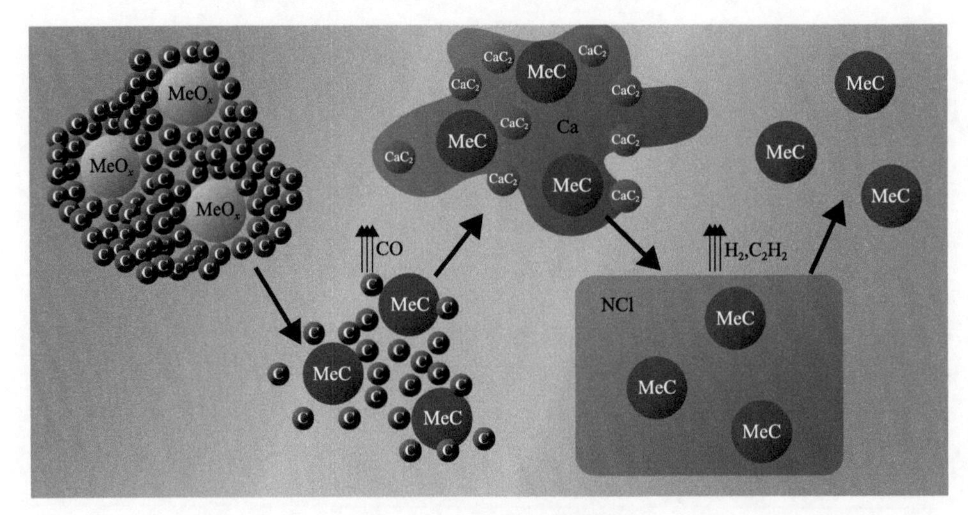

图 3-15 反应机理示意图

参 考 文 献

[1] 赵银福, 刘阳, 赵新亚. 碳化硅微粉除碳除铁工艺的研究进展[J]. 广州化工, 2016, 44(6): 7-9.

[2] Tong L, Reddy R G. Synthesis of titanium carbide nano-powders by thermal plasma[J]. Scripta Materialia, 2005, 52(12): 1253-1258.

[3] Xie Z, Deng Y, Yang Y, et al. Preparation of nano-sized titanium carbide particles via a vacuum carbothermal reduction approach coupled with purification under hydrogen/argon mixed gas[J]. RSC Advances, 2017, 7(15): 9037-9044.

[4] Leclercq G, Kamal M, Lamonier J F, et al. Treatment of bulk group VI transition metal carbides with hydrogen and oxygen[J]. Applied Catalysis A: General, 1995, 121(2): 169-190.

[5] Feng L, Fahrenholtz W G, Hilmas G E, et al. Synthesis of single-phase high-entropy carbide powders[J]. Scripta Materialia, 2019, 162: 90-93.

[6] Wu K H, Jiang Y, Jiao S, et al. Synthesis of high purity nano-sized transition-metal carbides[J]. Journal of Materials Research and Technology, 2020, 9(5): 11778-11790.

[7] Liu J X, Kan Y M, Zhang G J. Synthesis of ultra-fine hafnium carbide powder and its pressureless sintering[J]. Journal of the American Ceramic Society, 2010, 93(4): 980-986.

[8] Koc R, Folmer J S. Synthesis of submicrometer titanium carbide powders[J]. Journal of the American Ceramic Society, 1997, 80(4): 952-956.

[9] Yan Y, Huang Z, Liu X, et al. Carbothermal synthesis of ultra-fine zirconium carbide powders using inorganic precursors via sol-gel method[J]. Journal of Sol-Gel Science and Technology, 2007, 44(1): 81-85.

[10] Gubernat A. Pressureless sintering of single-phase tantalum carbide and niobium carbide[J]. Journal of the European Ceramic Society, 2013, 33(13-14): 2391-2398.

[11] Middelhoek S. Process for the preparation of vanadium carbide: US, US3716627.A[P]. 1973-02-13.

[12] Zhang C J, Pinilla S, McEvoy N, et al. Oxidation stability of colloidal two-dimensional titanium carbides (MXenes)[J]. Chemistry of Materials, 2017, 29(11): 4848-4856.

[13] Hou X M, Chou K C. Investigation of the effects of temperature and oxygen partial pressure on oxidation of zirconium carbide using different kinetics models[J]. Journal of Alloys and Compounds, 2011, 509 (5): 2395-2400.

[14] Lee Y, Kim S J, Kim Y J, et al. Oxidation-resistant titanium carbide MXene films[J]. Journal of Materials Chemistry A, 2020, 8 (2): 573-581.

[15] Voorhees P W. The theory of Ostwald ripening[J]. Journal of Statistical Physics, 1985, 38 (1-2): 231-252.

第4章　六硼化钙还原法制备难熔金属硼化物粉体

通过1.2.3节中对已有金属硼化物制备方法的比较发现：硼热还原是一种便捷的制备方法，尤其是制备微米级、亚微米级的难熔金属硼化物粉末；硼热还原过程的反应温度约为1473K，对高温设备的要求并不高；硼化热还原产物后续仅需简单的浸出操作分离硼酸盐即可获得纯净的产物；另外，通过向反应体系中引入熔盐作为反应介质即可获得不同颗粒形态的产品。但硼热还原法所存在的缺点是使用高值的单质硼粉为原料，高纯度的无定形硼粉(B 质量分数95%)价格高昂，不利于硼热还原法的推广。因此，如果能找到一种性质相似且廉价的物质代替无定形硼，将为难熔金属硼化物的制备提供一种经济、便捷、易操作的制备方法。

本章中，CaB_6将作为还原剂和硼源代替无定形硼用于还原难熔金属氧化物。目前工业制备的CaB_6纯度较低(C 质量分数高达5%)，无法应用于还原难熔金属硼化物。因此，本章通过钙热还原B_4C获得低碳的CaB_6粉末，并用CaB_6还原各难熔金属氧化物制备难熔金属硼化物粉体。

4.1　实验部分

4.1.1　实验原料

对于低碳CaB_6的制备，本节所使用的原料为B_4C粉末和金属Ca颗粒。使用难熔金属氧化物(TiO_2、ZrO_2、HfO_2、NbO_2、V_2O_3、Nb_2O_5、Ta_2O_5)与CaB_6混合进行还原反应来制备难熔金属二硼化物。具体的物料信息如表4-1所示，部分原料的微观形貌如图4-1所示。其中，TiO_2、ZrO_2、Nb_2O_5、Ta_2O_5为微米或亚微米尺寸的近球形颗粒；V_2O_3为数十微米的杆状颗粒；HfO_2为约100nm大小的近球形颗粒；B_4C为数微米的多面体颗粒。由于B_4C的纯度仅为98%，进一步对B_4C原料进行XRD物相表征。在图4-2中，B_4C的XRD图谱中检索到3种物质的特征峰，分别为B_4C，B_2O_3和C。工业上B_4C是在电炉中使用碳质还原剂还原B_2O_3制得的，因此一些残余的B_2O_3和C成为B_4C产品的主要杂质。

表 4-1　制备 CaB_6 和难熔金属硼化物的物料信息

原料	质量分数/%	粒径
B_4C	≥98	1～10μm
Ca	≥99.5	1～5mm
TiO_2	≥98	—
ZrO_2	≥99	—
V_2O_3	≥95	—
Nb_2O_5	≥99.9	—
Ta_2O_5	≥99.5	—
Cr_2O_3	≥99	—

图 4-1　各种原料的微观形貌

(a) TiO_2；(b) ZrO_2；(c) HfO_2；(d) V_2O_3；(e) Nb_2O_5；(f) Ta_2O_5；(g) Cr_2O_3；(h) B_4C

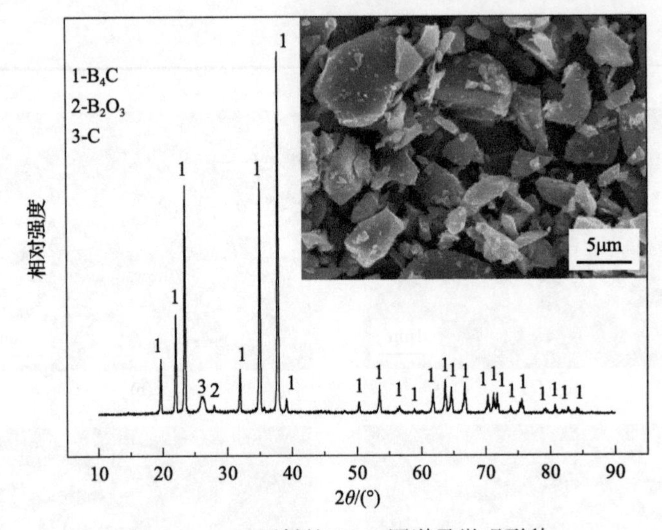

图 4-2　B_4C 原料的 XRD 图谱及微观形貌

4.1.2　实验流程

对于 CaB_6 的制备，首先将 B_4C 和金属 Ca 颗粒称重并通过搅拌混合均匀。然后将混合物放入石墨坩埚中，将装填好的坩埚放置在以 $MoSi_2$ 棒为加热元件的电炉的恒温区中。在氩气(99.999%纯度)气氛下，混合物被加热至设定温度并反应一段时间。B_4C 钙热还原的详细实验条件见表 4-2，为防止金属 Ca 在高温下蒸发，混合物先在较低温度下反应一定时间，再升至较高温度。待高温炉冷却到室温后，将样品从炉子中取出。钙热还原产物先在水中进行浸出，此过程中残余的金属 Ca 和高温反应生成的 CaC_2 与水作用转化为 $Ca(OH)_2$。之后，向水浸后的固体产物中加入盐酸(3mol/L)再次浸出 2h，此过程的目的是将微溶于水的 $Ca(OH)_2$ 转化为易溶于水的 $CaCl_2$。酸浸后的粉末产物经过滤操作再用去离子水洗涤数次。获得的湿粉末在 80℃的烘箱中干燥 6h。

表 4-2　B_4C 钙热还原的实验条件

样品	Ca 加入量/%	温度制度
1	120	1173K, 4h
2	120	1173K, 8h
3	120	1173K, 4h+1473K, 4h
4	120	1173K, 4h+1573K, 4h
5	120	1173K, 4h+1623K, 4h
6	100	1173K, 4h+1573K, 4h
7	150	1173K, 4h+1573K, 4h
8	120	1173K, 4h+1573K, 1h
9	120	1173K, 4h+1573K, 2h

注：Ca 加入量 100%、120%、150%分别表示 Ca 按化学计量比添加、Ca 按化学计量比过量添加 20%、Ca 按化学计量比过量添加 50%。

对于难熔金属二硼化物的制备，将难熔金属氧化物和 CaB_6 粉末按化学计量比称量。在玛瑙研钵中混合均匀后，将混合物放入刚玉质(99 瓷)坩埚中，将坩埚放入电炉(SiC 发热体)恒温区。混合物在氩气(纯度 99.999%)流中于 1473K 下加热反应 4h。之后，将样品在保护气氛下冷却至室温。为了去除高温还原生成的副产物 CaO 和 B_2O_3，将还原产物在盐酸(1mol/L)中浸出。浸出后的粉末经过滤和去离子水的冲洗，再置于 80℃的烘箱中干燥处理。将干燥后的粉末收集用于检测。

为了进一步尝试 CaB_6 还原 ZrO_2 制备粒度更细的 ZrB_2 粉末，在混料过程中向反应体系中加入 50%反应物料质量的无水氯盐(KCl、NaCl、$CaCl_2$、$MgCl_2$)，混合方法如上所述。希望高温下熔盐能够改变难熔金属硼化物形核和结晶环境，为 ZrB_2 产物颗粒的细化提供条件。另外，考虑到 CaB_6 直接还原过程中有一部分 B 作为还原剂转变为了 B_2O_3，在实验中将金属 Ca 和 $CaCl_2$ 引入 CaB_6 还原 ZrO_2 的反应体系，以实现对硼源的充分利用。在混料过程中，先将 CaB_6、ZrO_2 和 $CaCl_2$ 在玛瑙研钵中均匀混合，混合后的粉末再与金属 Ca 粒搅拌均匀。CaB_6、ZrO_2 和 Ca 的物料配比如反应式(4-1)所示，其中 Ca 粒的加入量为理论计量比的 1.5 倍，$CaCl_2$ 的加入量为其他物料总质量的 50%。

$$3ZrO_2 + CaB_6 + 5Ca = 3ZrB_2 + 6CaO \tag{4-1}$$

4.1.3　材料表征测试方法

样品物相的鉴定采用粉末 X 射线衍射仪，测试条件为：Cu-Kα 射线(λ = 0.154178nm)，扫描范围为 $10° \leqslant 2\theta \leqslant 90°$，扫描速度为 10(°)/min。颗粒微观形貌的观察采用场发射扫描电子显微镜(field emission scanning electron microscope,

FESEM）。粉末样品 C 含量测定采用红外吸收法，使用仪器为碳硫分析仪。粉末的粒度分布测试使用的是激光粒度分析仪，分散介质为无水乙醇。

4.2　热力学及可行性分析

CaB_6 粉体制备所涉及的反应标准吉布斯自由能变化如图 4-3 所示，Ca 与 B_4C 反应生成 CaB_6 和 CaC_2 的标准吉布斯自由能变化为负值，意味着这一反应的发生具备热力学条件，即该反应能够自发进行。另外，B_4C 中的 B_2O_3 和 C 也可与 Ca 反应生成 CaB_6 和 CaC_2。因此，只要保证足量的 Ca 和足够的反应时间，就可将 B_4C 粉末和金属 Ca 转化为 CaB_6、CaC_2 和 Ca 的混合物。将还原得到的混合物经浸出去除 CaC_2 和 Ca 就能获得纯净的 CaB_6 粉末。这一过程中 Ca 起到了重要的脱碳作用，使制备低碳 CaB_6 粉末成为可能。

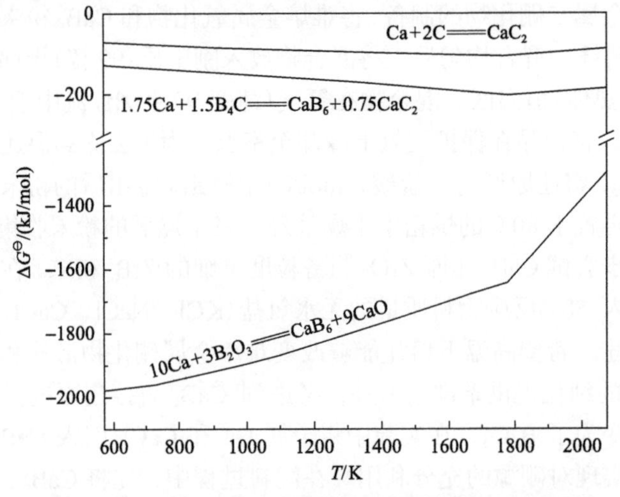

图 4-3　CaB_6 粉体制备涉及的反应标准吉布斯自由能变化

金属 Ti、Zr、Hf、V、Nb、Ta 和 Cr 的生产需要金属热还原或电解，此类方法制备金属粉末成本较高。因此，选择一些常见的金属氧化物作为制备这七种金属硼化物的原料。表 4-3 列出了几种备选方案的化学反应方程式及其反应焓变（ΔH_{298}）和绝热温度（$\Delta T_{ad\,298}$）。对于钒元素，常用的钒氧化物有 V_2O_5 和 V_2O_3。以 V_2O_5 为原料时，反应焓变高于 –500kJ/mol，绝热温度高达 3368K，明显高于以 V_2O_3 为原料的反应。但考虑到反应过程的安全性和可操作性，选择 V_2O_3 为原料制备 VB_2 更为合理。在图 4-4 中，从几种反应的标准吉布斯自由能变化可以清楚地看出，在很大的温度区间内这些反应的标准吉布斯自由能变化都是负值，这些反应均可自发进行。

表 4-3　CaB_6 还原难熔金属氧化物的化学方程式、焓变和绝热温度

化学方程式	ΔH_{298}/(kJ/mol)	T_{ad298}/K
$TiO_2 + 0.5CaB_6 = TiB_2 + 0.5CaO + 0.5B_2O_3$	−227.404	1658
$ZrO_2 + 0.5CaB_6 = ZrB_2 + 0.5CaO + 0.5B_2O_3$	−114.947	1015
$HfO_2 + 0.5CaB_6 = HfB_2 + 0.5CaO + 0.5B_2O_3$	−105.922	940
$0.5V_2O_5 + 0.55CaB_6 = VB_2 + 0.55CaO + 0.65B_2O_3$	−538.012	3368
$0.5V_2O_3 + 0.45CaB_6 = VB_2 + 0.45CaO + 0.35B_2O_3$	−270.565	2060
$0.5Nb_2O_5 + 0.55CaB_6 = NbB_2 + 0.55CaO + 0.65B_2O_3$	−335.283	1941
$0.5Ta_2O_5 + 0.55CaB_6 = TaB_2 + 0.55CaO + 0.65B_2O_3$	−295.951	1836
$0.5Cr_2O_3 + 0.45CaB_6 = CrB_2 + 0.45CaO + 0.35B_2O_3$	−234.352	1858

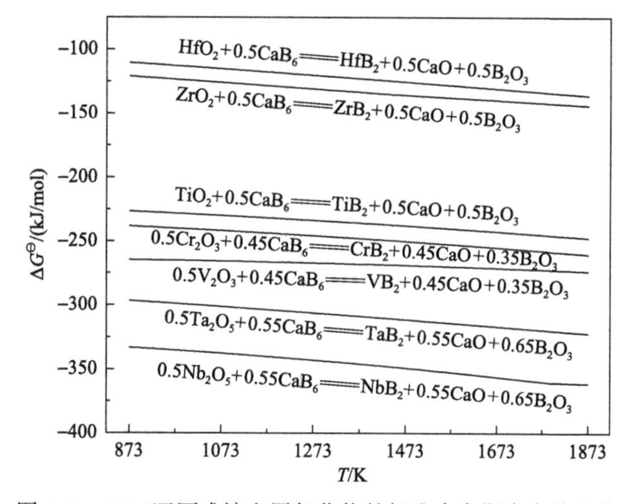

图 4-4　CaB_6 还原难熔金属氧化物的标准吉布斯自由能变化

4.3　结果与讨论

4.3.1　钙还原 B_4C 制备高纯低碳 CaB_6 粉体

图 4-5 展示了在 1173K 反应 4h 和 8h 后制得产物(无浸出)的 XRD 图谱。样品 1 和样品 2 的产物均由 CaB_2C_2、CaB_6 和 Ca 组成。显然，在 1173K 反应不同时间后所得产物的相组成没有明显变化。此外，每个物相特征峰的相对强度也没有显著变化。由此可以推测 CaB_2C_2 在这个温度下是稳定的。推断该阶段的反应如反应式(4-2)所示。

$$2Ca + 2B_4C = CaB_2C_2 + CaB_6 \tag{4-2}$$

因此，即使有过量的 Ca，B_4C 在 1173K 也不能完全地转化为 CaB_6。在 Zheng 等的研究中[1]，真空条件下 $CaCO_3$ 的碳/硼热还原过程中也发现了 CaB_2C_2 物相的存在。在该反应过程中，CaB_2C_2 在反应温度低于 1473K 时存在于产物中，随着温度升高至 1473K 而消失。在本节后续的实验中，为了最大限度地减少高温下 Ca 的挥发，将钙热还原过程分为两个过程：反应物先在 1173K 下反应 4h，然后在更高的温度下加热保温一段时间。

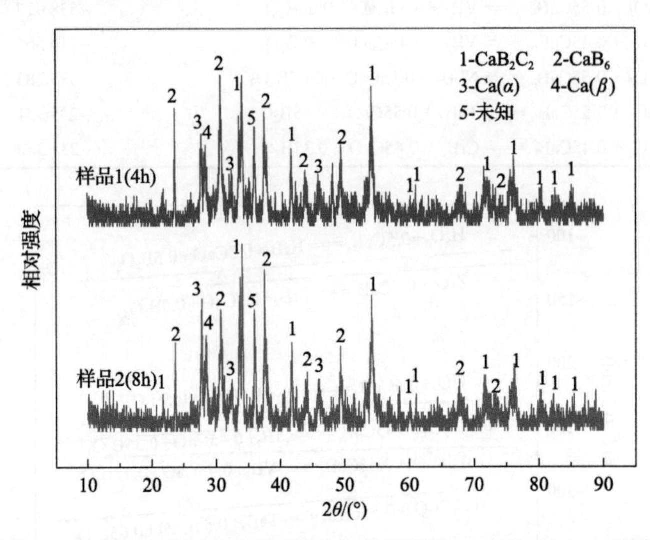

图 4-5 1173K 下进行不同时间的钙热还原 B_4C 产物的 XRD 图谱

图 4-6 展示了在不同温度的第二阶段加热时反应 4h 后制得的产物 XRD 图谱。经 1473K 加热 4h 后，CaB_2C_2 的特征峰明显降低，产物中 CaB_6 成为主相，金属 Ca 的特征峰也存在。随着温度升至 1573 和 1623K，产物的物相组成为 CaB_6 和

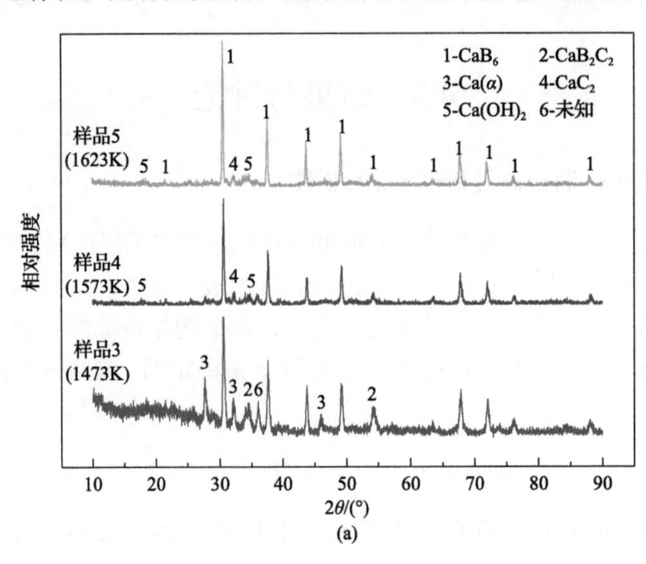

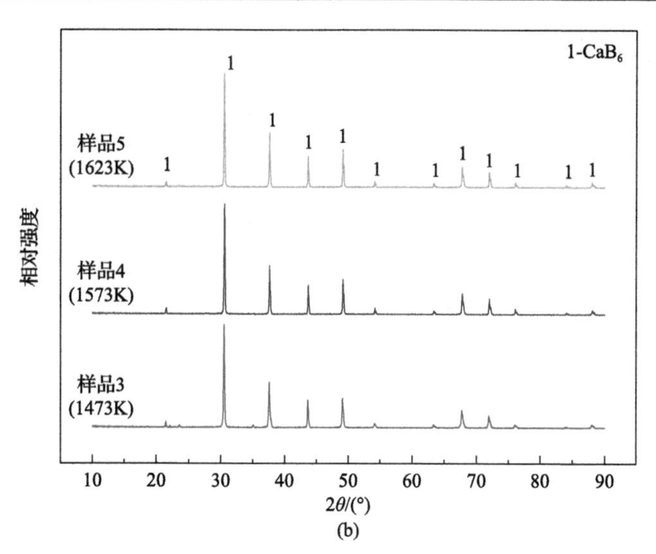

图 4-6　在 1173K 下反应 4h 后再在不同温度下加热 4h 制备的产物的 XRD 图谱

(a)酸浸前；(b)酸浸后

CaC_2。由于样品保存和 XRD 测试过程中 CaC_2 与空气中水的作用，也检测到较弱的 $Ca(OH)_2$ 特征峰。酸浸后样品的 XRD 图谱表明最终得到的产物为纯相的 CaB_6。然后，对这些样品的残余碳含量进行测试，如图 4-7 所示。根据碳含量的变化趋势可以得出结论：随着第二阶段反应温度的升高，碳含量降低。因此，通过 B_4C 的钙热还原和浸出操作成功制备出了单相低碳的 CaB_6 粉末。

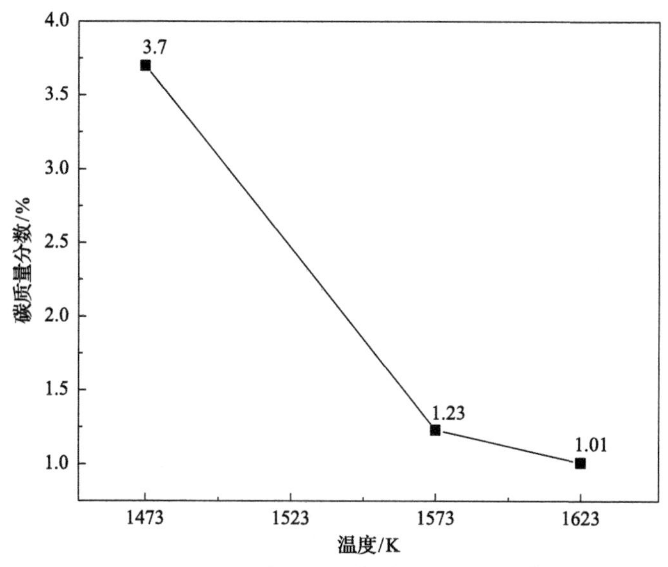

图 4-7　产品中残余碳含量随第二阶段温度的变化

为了确定钙的最佳添加量，不同 Ca 添加量的原料首先在 1173K 下反应 4h，然后在 1573K 下反应 4h。图 4-8 展示了所制备产品的 XRD 图谱。当按化学计量比添加 Ca 时，酸浸前的样品中仍有未转化的 CaB_2C_2，并且浸出后的样品中检测出有 C 的衍射峰。这种结果可能是高温过程中金属 Ca 的挥发损失所致。Ca 含量的不足使得 CaB_2C_2 无法充分转变为 CaB_6 和 CaC_2。当 Ca 按化学计量比过量添加 50%时，酸浸前产品中仍残留大量 Ca。不同 Ca 添加量获得产物的残余碳含量如图 4-9 所示。可以得出结论，较为适宜的 Ca 加入量为较化学计量比过量添加 20%，进一步添加 Ca 并不能明显降低残余碳含量。

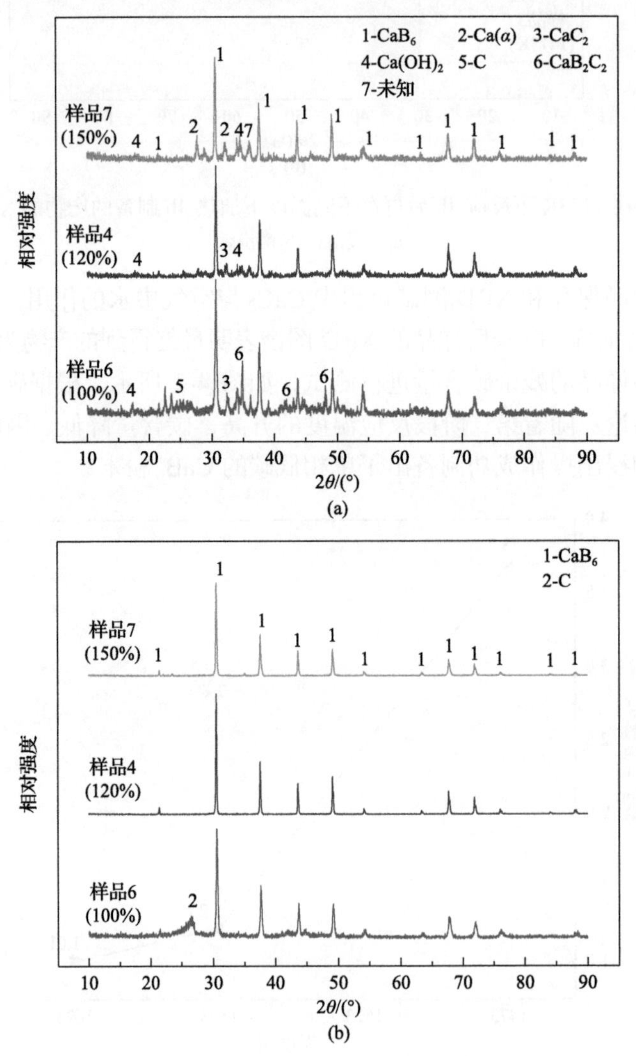

图 4-8 不同 Ca 添加量的原料先在 1173K 反应 4h，再在 1573K 加热 4h 制得产品的 XRD 图谱
(a)酸浸前；(b)酸浸后

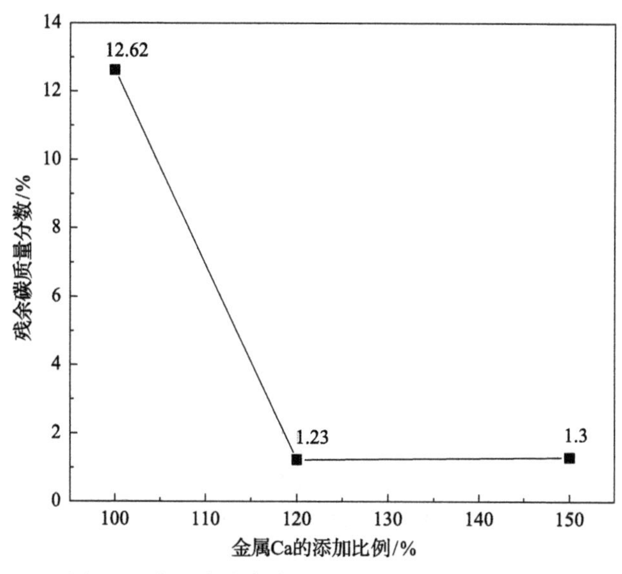

图 4-9　产品中残余碳含量随 Ca 添加比例的变化

为了研究第二段加热时间对产物的影响，进行了 1573K 下加热不同时间的实验，产物的相组成如图 4-10 所示。从反应产物的 XRD 结果可以看出，在 1573K 时，反应时间变化对物相组成没有显著影响。然而，最终产品粉末的残余碳含量存在明显差异，如图 4-11 所示。随着加热时间的延长，产物的碳含量逐渐降低。因此第二段加热保温 4h 是较为稳妥的。

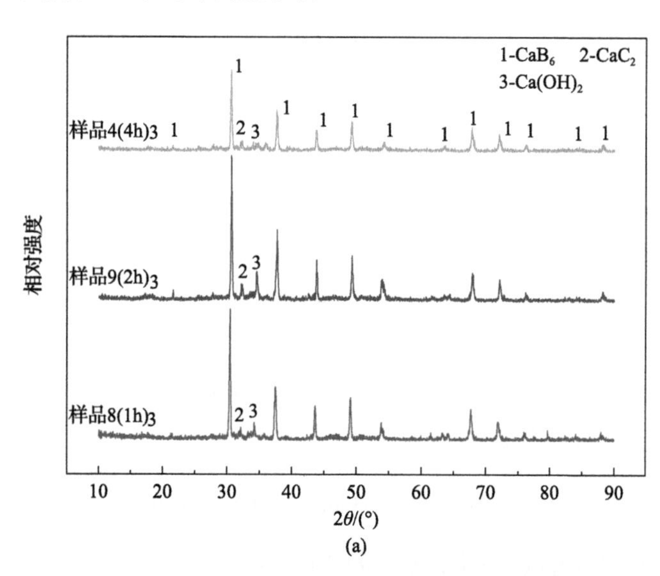

(a)

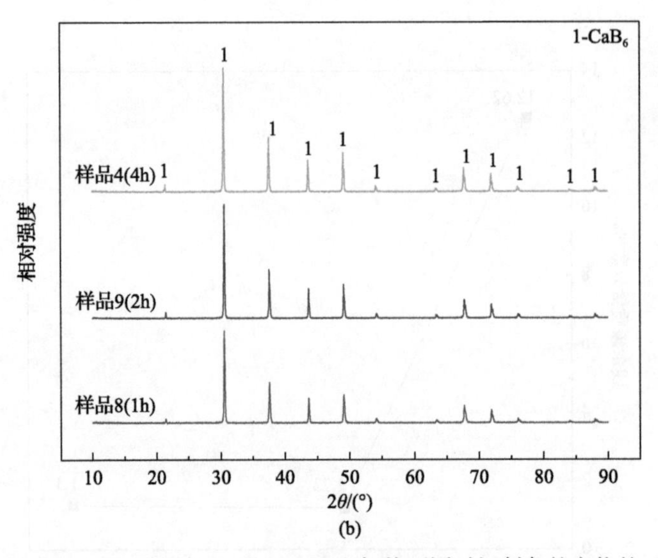

图 4-10　先在 1173K 下反应 4h 再经 1573K 加热不同时间制备的产物的 XRD 图谱

(a) 酸浸前；(b) 酸浸后

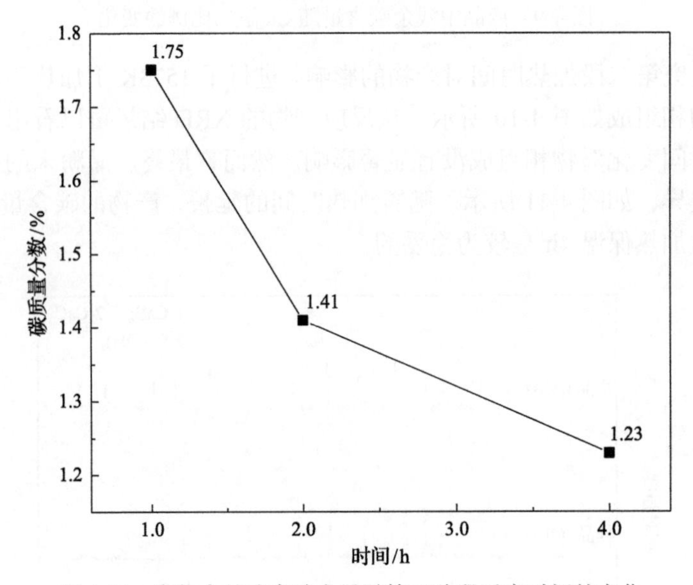

图 4-11　产物中的残余碳含量随第二阶段反应时间的变化

根据以上物相和成分分析，推测第二阶段的反应过程如下：第一阶段保温(1173K，4h)生成的 CaB_2C_2 在高温下分解。

$$3CaB_2C_2 = CaB_6 + 2CaC_2 + 2C \qquad (4\text{-}3)$$

之后，分解反应产生的 C 与液态 Ca 反应生成 CaC_2。

$$2C+Ca \xlongequal{} CaC_2 \tag{4-4}$$

上述反应机理解释了第二阶段产物的碳含量随着温度升高或时间延长而降低的原因，即第二段高温过程将物料中的 C 转化为了 CaC_2，生成的 CaC_2 可以在水浸和酸浸过程中去除。CaC_2 的形成是降低 CaB_6 产物碳含量的关键因素。温度的升高和时间的延长都有利于残余碳含量的降低。

基于上述表征和分析，可以确定钙还原 B_4C 反应的物相转变过程，如图 4-12 所示。在第一阶段，金属 Ca 和 B_4C 粉末的混合物反应形成 CaB_2C_2 和 CaB_6，如式(4-2)所示。反应的第二阶段比较复杂，CaB_2C_2 首先分解为 CaB_6、CaC_2 和 C，然后生成的 C 与 Ca 反应生成 CaC_2，第二阶段的整体反应可以表示为

$$3CaC_2B_2+Ca \xlongequal{} CaB_6+3CaC_2 \tag{4-5}$$

随后，将产物浸入水中，然后加入盐酸。通过式(4-6)和式(4-7)的反应除去产物中的 CaC_2。

$$CaC_2+2H_2O \xlongequal{} Ca(OH)_2+C_2H_2 \tag{4-6}$$

$$Ca(OH)_2+2HCl \xlongequal{} CaCl_2+2H_2O \tag{4-7}$$

最后得到的不溶的固体为纯相的 CaB_6。

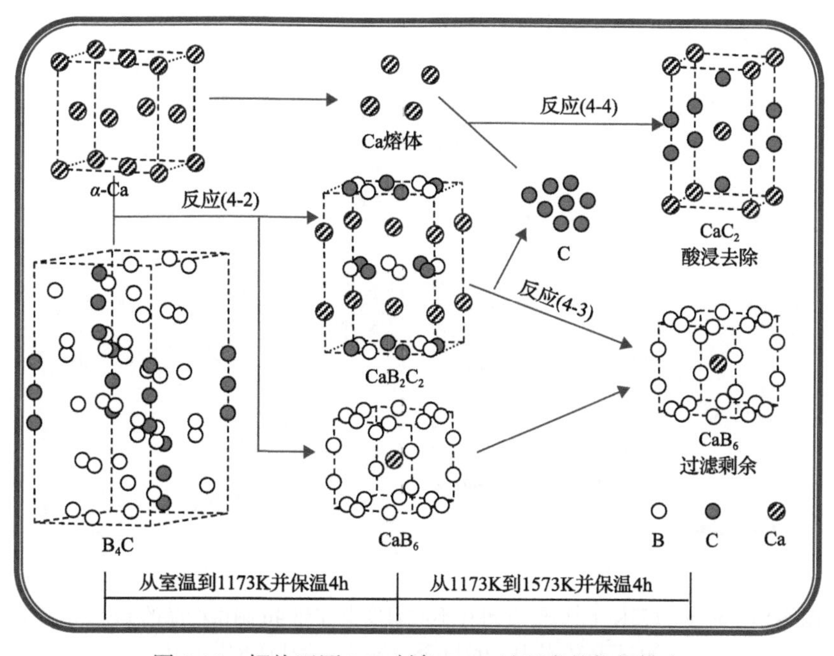

图 4-12　钙热还原 B_4C 制备 CaB_6 过程中的物相转变

图 4-13 所示为 Ca 过量 20%时，先在 1173K 下加热 4h，然后在不同温度(分别为 1473K、1573K、1623K)加热 4h 产物的 FESEM 图像。如图 4-13(a)所示，当第二阶段的温度为 1473K 时，二次颗粒是由大小约为 1μm 的一次颗粒组成的；二次颗粒形状类似于多面体，颗粒表面有一些裂纹。随着温度升高到 1573K(图 4-13(b))，一次颗粒尺寸增大到 2～5μm，二次颗粒表面不再平坦，但仍可以看出是多面体形状的粒子。图 4-13(c)表明，随着第二阶段的温度达到 1623K，二次粒子的多面体形状无法辨认，同时可以观察到一次颗粒尺寸超过了 5μm，甚至在视场中可以观察到粒径大于 10μm 的单晶粒子(灰色框标记)。晶粒生长的过程可以用 Ostwald 熟化

图 4-13 先在 1173K 下加热 4h 再在不同温度下加热 4h 制得产品的 FESEM 图像

(a) 1473K(样品 3)；(b) 1573K(样品 4)；(c) 1623K(样品 5)

机制来解释[2]。CaB_6 颗粒的长大是比表面积减小的过程，该过程的自由能是降低的，能够自发进行。物料中过量熔融 Ca 为 CaB_6 晶粒的长大提供了良好的动力学条件，随着温度的升高，熟化作用越来越强，颗粒也越来越大。

值得注意的是，1473K 和 1573K 生成的 CaB_6 由多晶颗粒组成，颗粒大小为数微米，呈多面体形状。这样的粒径和颗粒形状类似于原料 B_4C。为探究产品粒径与原料 B_4C 的关系，采用激光粒度仪对其粒径分布进行表征，结果如图 4-14 所示。它们的粒径都为简单的单峰分布，分布曲线非常相似。图 4-14 中列出了几个特征值，可以看出对应的特征粒径之比约为 1∶1.4。表 4-4 展示了 B_4C 钙热还原前后的体积变化。可以明显地看出，生成的 CaB_6 和 CaC_2 的体积是原始 B_4C 的 2 倍。假设 B_4C 颗粒与 Ca 反应前后体积膨胀是各向同性的，CaB_6 颗粒的尺寸大约是原始 B_4C 颗粒尺寸的 1.26 倍。若在膨胀过程中应力在颗粒表面产生裂纹，则该比值会更大。根据粒径分布规律和颗粒形状的相关性可以推断，生成的 CaB_6 的二次颗粒继承了原料 B_4C 颗粒的特性。在硼/碳热还原 $CaCO_3$[3]和 ZrO_2[4]制备 CaB_6 和 ZrB_2 粉体的研究中，也报道了类似的原料 B_4C 的粒径与产物粒径相关的现象。为了清楚地描述 B_4C 粒子的形成过程，根据物相转变过程绘制机理图，如图 4-15 所示。多面体形 B_4C 粒子在第一阶段与金属 Ca 反应形成 CaB_6 和 CaB_2C_2。新形成的相在原始 B_4C 粒子上生长。随着温度的升高，CaB_2C_2 与液态 Ca 反应生成 CaB_6 和 CaC_2。经过水浸和酸浸处理后，CaC_2 溶解在水溶液中，而剩余的 CaB_6 二次粒子保留了原始 B_4C 粒子的特征。

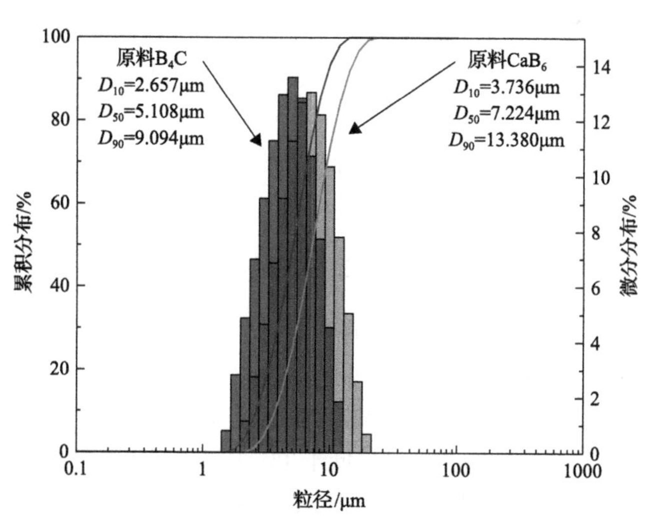

图 4-14　产品 CaB_6 和原料 B_4C 的激光粒度分析结果

表 4-4　钙热还原 B_4C 的体积变化

反应方程式	7Ca	+	$6B_4C$	=	$3CaC_2$	+	$4CaB_6$
摩尔质量/(g/mol)			6×55.25		3×64.10		4×104.94
密度/(g/cm^3)			2.51		2.11		2.43
摩尔体积/(cm^3/mol)			132.07		91.14		172.74

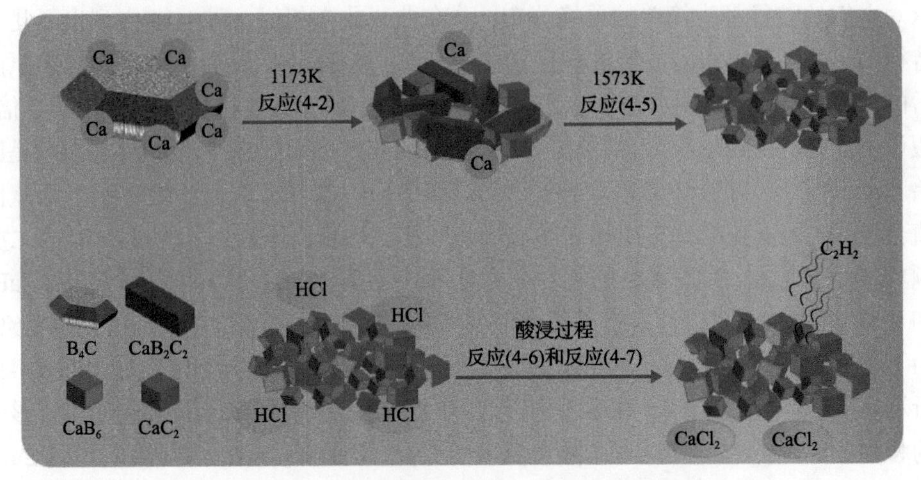

图 4-15　B_4C 颗粒转化为 CaB_6 颗粒的机理图

低碳的 CaB_6 粉末通过钙热还原 B_4C 粉末制得。实验研究表明，在较低温度(如 1173K)下，B_4C 不会完全转化为 CaB_6，会产生大量的 CaB_2C_2。在 1473K 以上，CaB_2C_2 可以与 Ca 进一步反应生成 CaC_2 和 CaB_6。最终得到的 CaB_6 粉末产物中碳含量随着温度的升高和时间的延长而降低。因此，较为合适的加热制度是先在 1173K 下加热 4h，然后在 1573K 下加热 4h。另外，发现了产物 CaB_6 颗粒与原料 B_4C 颗粒形貌的遗传关系。

4.3.2　CaB_6 还原难熔金属氧化物制备二硼化物

图 4-16 展示了 CaB_6 还原难熔金属氧化物反应得到的样品 XRD 图谱，所有产物均为单一物相。值得注意的是，所有二硼化物产品的 XRD 图谱中都没有碳化物的特征峰，硼化钙中微量的碳不影响产品的相组成。采用红外吸收法测得的产物碳含量见表 4-5。产品中的碳含量均低于 1%(质量分数)，这表明 CaB_6 中的少量碳对二硼化物产物的碳含量影响不显著。以 CaB_6 和难熔金属氧化物粉末为原料成功制备出单相二硼化物。

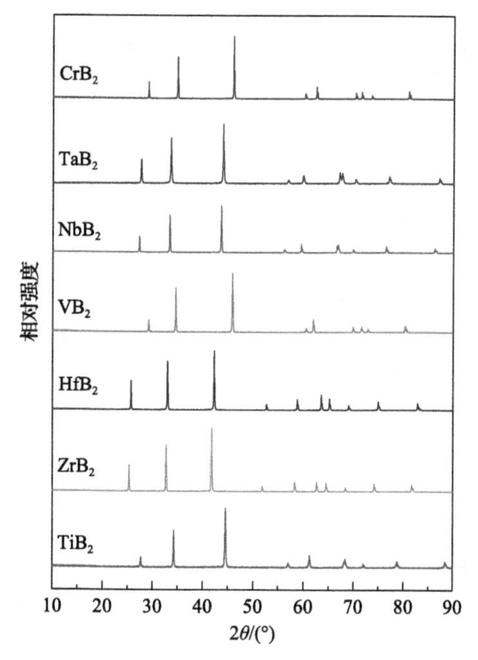

图 4-16　CaB_6 还原难熔金属氧化物产物的 XRD 图谱

表 4-5　CaB_6 还原难熔金属氧化物产物的碳含量

产物	碳含量(质量分数)/%
TiB_2	0.27
ZrB_2	0.21
HfB_2	0.14
VB_2	0.44
NbB_2	0.07
TaB_2	0.04
CrB_2	0.27

图 4-17 所示为不同难熔金属二硼化物产物的 FESEM 图像。不同产物颗粒的微观形貌不同。大部分颗粒接近球形，如 VB_2、NbB_2 和 TaB_2；TiB_2 是六方片形的颗粒；ZrB_2 颗粒为多面体；HfB_2 为短棒状，CrB_2 为纤维状。与原料氧化物的形貌(图 4-1)相比，可以得出结论：产品形貌与原料氧化物的形貌没有直接关系。无论是数微米的 ZrO_2、TiO_2 还是纳米级别的 HfO_2，还原产生的二硼化物颗粒尺寸均为微米或亚微米。使用 CaB_6 和氧化物制备二硼化物与硼热还原法有一定的相似之处：反应条件温和，反应温度仅为 1473K；反应产生熔融副产物(B_2O_3 或 $CaO\text{-}B_2O_3$)。图 4-17 中也列出了已发表文章中通过硼热还原法制备的不同难熔金属二硼化物的微观形貌。可以发现，产物的颗粒几何形貌没有明显差异。这种

2μm
0.5μm
2μm
(a1)
(a2)
2μm
0.5μm
2μm
(b1)
(b2)
2μm
0.5μm
2μm
(c1)
(c2)
2μm
0.5μm
200nm
(d1)
(d2)
2μm
0.5μm
200nm
(e1)
(e2)
2μm
0.5μm
200nm
(f1)
(f2)

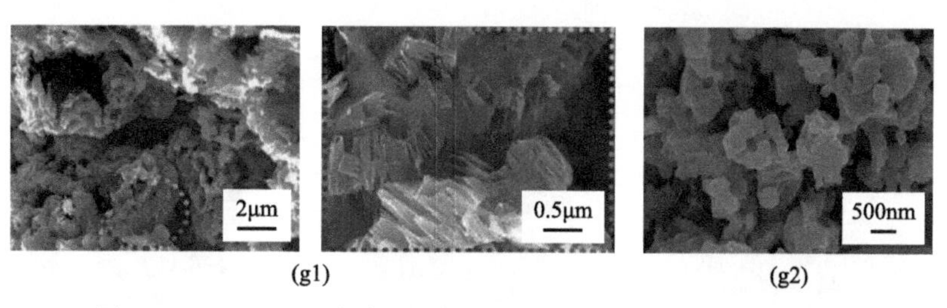

图 4-17　CaB_6 还原难熔金属氧化物产物和硼热还原产物的图像

CaB_6 还原难熔金属氧化物产物的形貌图像：(a1) TiB_2；(b1) ZrB_2；(c1) HfB_2；(d1) VB_2；(e1) NbB_2；(f1) TaB_2；(g1) CrB_2；硼热还原产物的形貌图像：(a2) TiB_2；(b2) ZrB_2；(c2) HfB_2[4]；(d2) VB_2 (NH_4VO_3 的硼热还原)[5]；(e2) NbB_2 (熔盐辅助硼热还原)[6]；(f2) TaB_2[7]；(g2) CrB_2 (熔盐辅助硼热还原)[8]

结果可能与熔融副产物有关。硼热还原法的副产物是熔融的 B_2O_3，而 CaB_6 作为反应物生成的是 CaO-B_2O_3 熔体。熔融 B_2O_3 和 CaO-B_2O_3 均能够促进产物颗粒的生长[8]。

在低倍放大 SEFEM 图像中可以明显看出，产物中分布着一些规则的孔洞。孔边缘的颗粒较小，排列紧密。这种现象在 NbB_2、TaB_2 和 CrB_2 的产物中很容易观察到(图 4-18)。为了解释这种现象，推测了 CaB_6 还原难熔金属氧化物生成二硼化物的过程，机理图如图 4-18 (b1)～(b5) 所示。混合均匀的原料是近球形的氧化物颗粒均匀地包裹在立方体 CaB_6 颗粒表面。将混合物原料放入高温炉后，反应首先发生在氧化物颗粒和 CaB_6 颗粒的接触区域，固-固反应在接触界面成核(由图中的粗实线标记)。由于接触界面成核的良好条件，初生的二硼化物颗粒小而致密。随着反应的进行，在外层形成一些分布松散的颗粒，CaB_6 逐渐向外扩散直至消失，使立方体的 CaB_6 区域形成孔洞。最后，通过酸浸去除 CaO 和 B_2O_3。在反应过程中，CaB_6 立方体作为模板导致规则的方形空穴形成。

为研究原料氧化物粒径对产品的影响，对比使用微米 ZrO_2 和纳米 ZrO_2 制备的 ZrB_2 产物，根据两种 ZrB_2 产物的 FESEM 图像统计出粒度分布图，如图 4-19 所示。可以看出，ZrB_2 产物颗粒均，为不规则多面体。使用纳米 ZrO_2 制得 ZrB_2 产物的粒度分布的下限略低，但两种 ZrB_2 产物粒径差异不大，平均粒径分别为 0.74μm 和 1.10μm。这表明还原过程中的 CaO-B_2O_3 熔盐对产物颗粒的长大有明显的促进作用，即使使用纳米 ZrO_2 也不能有效地降低产物 ZrB_2 的粒径。

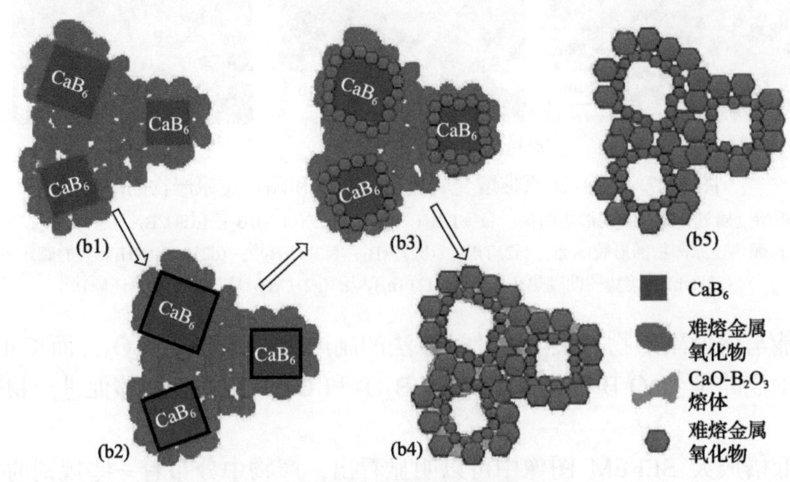

图 4-18　产品的低倍 FESEM 图像

(a1) NbB_2；(a2) TaB_2；(a3) CrB_2；(b1)～(b5) 孔洞形成机理图

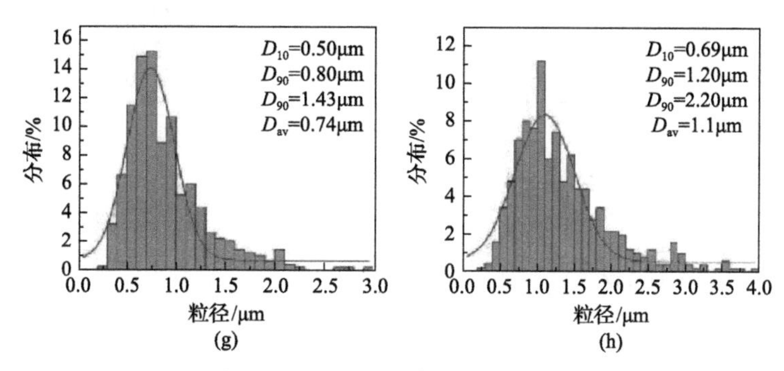

图 4-19　FESEM 图像和粒度分布图

(a)原料微米 ZrO_2；(b)原料纳米 ZrO_2；(c)原料 CaB_6；(d)使用微米 ZrO_2 制得的 ZrB_2；(e)使用纳米 ZrO_2 制得的 ZrB_2；(f)原粒 CaB_6 粒度分布图；(g)使用微米 ZrO_2 制得的 ZrB_2 粒度分布图；(h)使用纳米 ZrO_2 制得的 ZrB_2 粒度分布图

4.3.3　熔盐辅助 CaB_6 还原 ZrO_2

为了尝试制备粒度更细的二硼化物粉末，将氯盐引入反应体系来改变熔盐环境，为细粒度 ZrB_2 的制备创造条件。首先，进行了熔盐添加对 CaB_6 还原 ZrO_2 反应过程的影响研究。对添加和不添加 KCl 的样品进行不同温度的实验，反应产物的 XRD 图谱如图 4-20 所示。对于不添加 KCl 的情况(图 4-20(a))，温度为 1273K 和 1373K 时，仍然可以发现 ZrO_2 的特征峰。值得注意的是，产物中检测到四方 ZrO_2 (ZrO_2(t))，这与原料单斜 ZrO_2(ZrO_2(m))不同。四方 ZrO_2 的形成是由于还原产物 CaO 溶解到单斜 ZrO_2 中，CaO 是四方 ZrO_2 的稳定剂[9]。在加入 KCl 的实验中(图 4-20(b))，ZrO_2 在 1273K 时仍表现出微弱的特征峰，在温度升高至 1373K 后

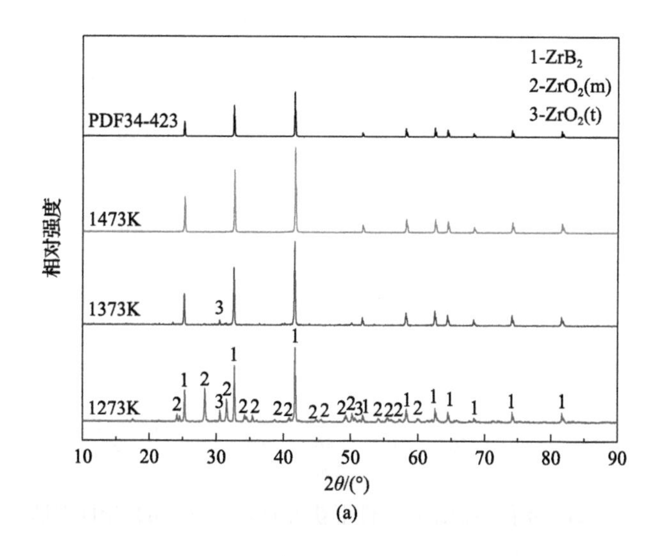

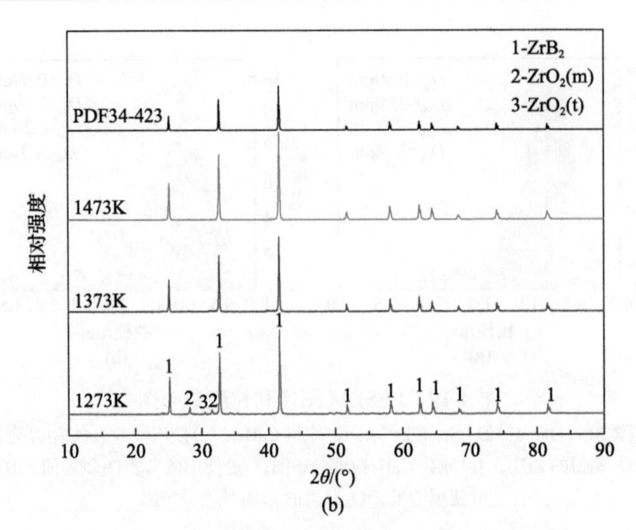

图 4-20 不同温度还原 4h 所得产物的 XRD 图谱

(a) 不添加 KCl 样品；(b) 添加 KCl 样品

则消失。此外，与不添加 KCl 的实验相比，在 1273K 时 ZrO_2 峰的相对强度明显减弱。这表明，熔盐添加能够加速 CaB_6 还原难熔金属氧化物的反应，熔融 KCl 作为液相介质改善了传质条件，加大了反应速率。在熔盐辅助 ZrO_2[10,11]的硼热还原过程中也曾发现类似的现象。

为了探求不同氯盐对还原产物颗粒形貌的影响，分别进行了添加 KCl、NaCl、$CaCl_2$ 和 $MgCl_2$ 的还原实验。在不同熔盐添加条件下得到的产物 XRD 图谱如图 4-21 所示，产物粉末均为纯相 ZrB_2。制备的 ZrB_2 的形貌如图 4-22 所示。在不添加熔盐的情况下(图 4-22(a))，制备的 ZrB_2 颗粒为不规则多面体。如图 4-22(b) 和(c)

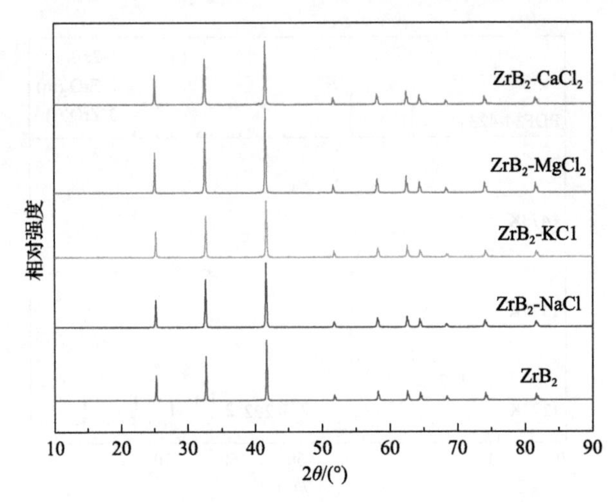

图 4-21 不同熔盐添加条件下获得的 ZrB_2 粉末的 XRD 图谱

图 4-22　不同熔盐添加获得 ZrB_2 颗粒的 FESEM 图片

(a) 无熔盐添加；(b) NaCl；(c) KCl；(d) $MgCl_2$；(e) $CaCl_2$

所示，在 NaCl 或 KCl 熔盐中获得的样品为排列整齐的棒状，棒状颗粒的直径小于 100nm，长度约 1μm。$MgCl_2$ 添加所得产物(图 4-22(d))为相互交叉的六边形板状颗粒，板状颗粒宽度为数微米，厚度为几百纳米。在添加 $CaCl_2$ 的条件下(图 4-22(e))，ZrB_2 颗粒呈现为不规则多面体。

对于图 4-22 所展示的几种规则形状的 ZrB_2 颗粒，它们所对应的晶体取向在大量的研究中已经通过透射电子显微镜(transmission electron microscope, TEM)表征证实[12-20]。在 Song 等[13]和 Liu 等[14]的工作中，证实了 ZrB_2 棒状颗粒是沿[001]晶向生长的结果。根据 Liu 等[18]的工作，ZrB_2 板状或片状颗粒是沿(001)晶面展开的。为了解释这些规则形状颗粒的形成机制，引入描述晶体生长的经典 Burton-Cabrera-Frank（BCF）理论[13,19-22]。首先，产物 ZrB_2 在液相溶质中过饱和度（σ）定义为

$$\sigma=\ln\left(c/c_0\right) \tag{4-8}$$

式中，σ 为过饱和度；c 为溶质中的实际浓度；c_0 为平衡浓度。

不同晶体生长模式下的生长速率（R）随过饱和度（σ）的变化如图 4-23 所示，R 随着 σ 的增大而不断增大。晶体生长模式有三种，对应图 4-23 中表示为（a）（b）（c）三种模式：位错驱动生长、逐层生长和枝晶生长。这些模式随着 R 的增大而改变。在本节中，ZrB_2 会从熔盐介质中结晶和生长。不同的氯盐对反应产物的形貌有显著影响，这是由于 ZrB_2 在不同盐中的过饱和程度不同。添加 NaCl 和 KCl 时，R 处于阶段（b），生长方式符合典型的逐层生长。棒状 ZrB_2 形成的原因是沿[001]方向的择优生长。在 $MgCl_2$ 添加的条件下，R 进一步增大至阶段（c），产物 ZrB_2 颗粒的生长遵循枝晶生长。产物形貌为互穿的六边形片状，符合枝晶生长的特点。在目前的实验条件下，由于熔盐环境中 σ 值相对较高，没有出现位错驱动生长的形态。

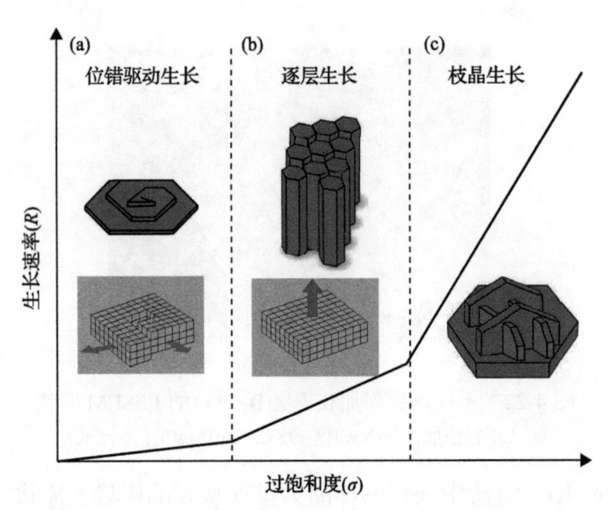

图 4-23 过饱和度（σ）和生长速率（R）与晶体生长形式之间的关系

不同的熔盐除能对 ZrB_2 颗粒结晶过程产生作用外，熔盐介质的变化还可以改变 ZrB_2 颗粒表面的界面能（γ），这也可能对 ZrB_2 的颗粒形态产生影响。Huang 等[23,24]研究了 LiCl、NaCl 和 KCl 熔盐对 $La_2Ti_2O_7$ 晶体形态的影响，并用颗粒表面 γ 的不同对颗粒形态进行解释。界面能最低的晶面因熔盐环境的不同而不同，为了保持晶体颗粒的低能稳定态，γ 最低的晶面将高度发育。本节使用 NaCl 或 KCl 的情况如图 4-24（a）所示，（100）晶面的 γ 比（001）晶面的 γ 要小得多，这使得（100）晶面占

比更大的棒状 ZrB_2 颗粒形成。在 $MgCl_2$ 熔盐中，(100)晶面的 γ 远大于(001)晶面(图 4-24(b))。因此，该产物表现为具有较发达(001)晶面的板状颗粒。此外，在添加 $CaCl_2$ 或不添加熔盐的情况下，ZrB_2 各晶面的 γ 没有明显差异，产物 ZrB_2 颗粒为无取向的多面体颗粒(图 4-24(c))。

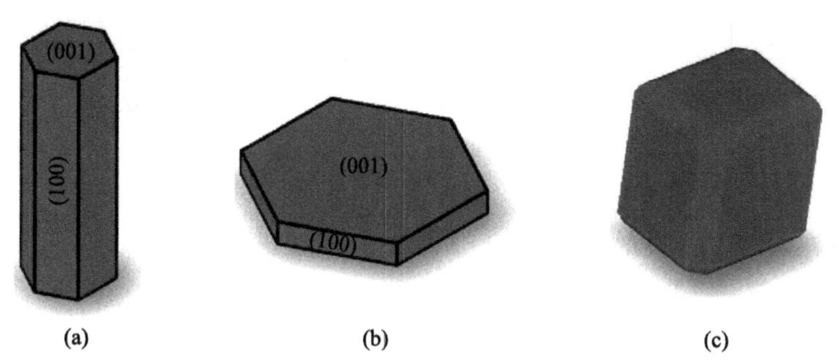

图 4-24 不同熔盐环境下不同晶体表面的界面能

(a) $\gamma_{(100)} \ll \gamma_{(001)}$；(b) $\gamma_{(100)} \gg \gamma_{(001)}$；(c)各晶面的 γ 没有明显的差异

4.3.4 金属 Ca 辅助 CaB_6 还原 ZrO_2

为了实现硼源的充分利用，进行了在 1273K 下 Ca 辅助 CaB_6 还原 ZrO_2 的实验，产物 XRD 图谱如图 4-25 所示。在反应进行 1h 后，大量的 ZrB_2 已经形成，产物中还存在 CaB_6 和 Zr_3O。由上述实验结果可知，在此温度下，CaB_6 可与 ZrO_2 直接反应生成 ZrB_2。如式(4-9)所示，Zr_3O 的生成是 Ca 还原 ZrO_2 的结果[25,26]。

$$3ZrO_2 + 5Ca = Zr_3O + 5CaO \tag{4-9}$$

还原 1h 后的产物中没有检测到 ZrO_2 的特征峰，这表明大部分的 ZrO_2 已经全部转化为 ZrB_2 和 Zr_3O。随着反应时间延长至 2h，Zr_3O 在产物中消失，并且被硼化为 ZrB_2：

$$Zr_3O + CaB_6 = 3ZrB_2 + CaO \tag{4-10}$$

此外，CaO 可以与 ZrO_2 发生式(4-11)的反应，因此还检测到 $CaZrO_3$ 的弱衍射峰。但当反应时间延长至 4h 后，$CaZrO_3$ 全部转化为 ZrB_2，见式(4-12)。

$$ZrO_2 + CaO = CaZrO_3 \tag{4-11}$$

$$3CaZrO_3 + CaB_6 + 5Ca = 3ZrB_2 + 9CaO \tag{4-12}$$

因此，在 Ca 辅助 CaB_6 还原 ZrO_2 的过程中，有三种可能的途径生成 ZrB_2。

通过 Ca 辅助 CaB_6 还原 ZrO_2 制备的 ZrB_2 微观形貌如图 4-26 所示。从图 4-26(a)可以看出，产物的形貌并不均匀。在高倍率图片中可以发现纳米薄片(图 4-26(c))

和不规则多面体(图 4-26(b))。通过与上述 $CaCl_2$ 熔盐中 CaB_6 还原 ZrO_2 的产物形貌对比,可以推测图中表现为不规则多面体的 ZrB_2 为 CaB_6 直接还原的结果,而 ZrB_2 纳米片为 Zr_3O 或 $CaZrO_3$ 还原转变的 ZrB_2。ZrB_2 的这种复杂形貌可能是由于在多组分熔体环境($Ca-CaCl_2-CaO$)中 ZrB_2 可通过多个途径生成。

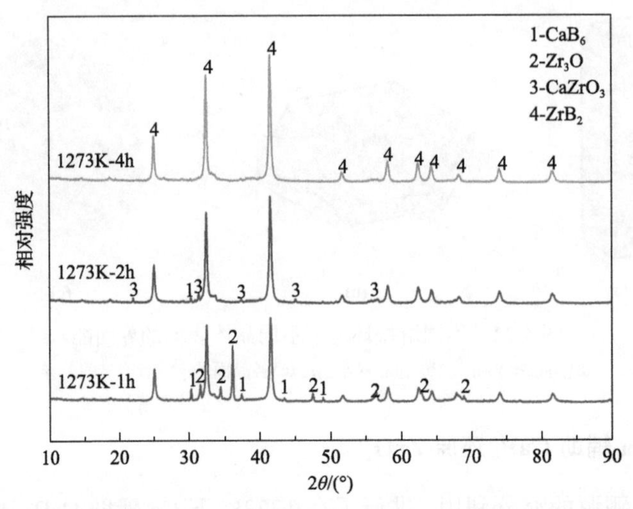

图 4-25　不同条件下 Ca 辅助 CaB_6 还原 ZrO_2 的产物 XRD 图谱

图 4-26　Ca 辅助 CaB_6 还原 ZrO_2 制得 ZrB_2 产物的 FE-SEM 图片

(a)低倍视场; (b)(c)高倍视场

参 考 文 献

[1] Zheng S Q, Min G H, Zou Z D, et al. Synthesis of calcium hexaboride powder via the reaction of calcium carbonate with boron carbide and carbon[J]. Journal of the American Ceramic Society, 2001, 84 (11): 2725-2727.

[2] Ostwald W. Über die vermeintliche isomerie des roten und gelben quecksilberoxyds und die oberflächenspannung fester körper[J]. Zeitschrift für Physikalische Chemie, 1900, 34 (1): 495-503.

[3] Zhang L, Min G H, Yu H S, et al. The size and morphology of fine CaB_6 powder synthesized by nanometer $CaCO_3$ as reactant[J]. Key Engineering Materials, 2006, 326-328: 369-372.

[4] Murthy S S N, Patel M, Reddy J J, et al. Influence of B_4C particle size on the synthesis of ZrB_2 by boro/carbothermal reduction method[J]. Transactions of the Indian Institute of Metals, 2018, 71 (1): 57-65.

[5] Wei Y N, Huang Z X, Zhou L M, et al. Novel borothermal synthesis of VB_2 powders[J]. International Journal of Materials Research, 2015, 106 (11): 1206-1208.

[6] Ran S L, Sun H F, Wei Y N, et al. Low-temperature synthesis of nanocrystalline NbB_2 powders by borothermal reduction in molten salt[J]. Journal of the American Ceramic Society, 2014, 97 (11): 3384-3387.

[7] Guo W M, Zeng L Y, Su G K, et al. Synthesis of TaB_2 powders by borothermal reduction[J]. Journal of the American Ceramic Society, 2017, 100 (6): 2368-2372.

[8] Liu Z T, Wei Y N, Meng X, et al. Synthesis of CrB_2 powders at 800℃ under ambient pressure[J]. Ceramics International, 2017, 43 (1): 1628-1631.

[9] Arai Y. Chemistry of Powder Production[M]. Berlin: Springer Science & Business Media, 1996.

[10] Velashjerdi M, Sarploolaky H, Mirhabibi A. The effect of different molten salt composition on morphology and purity of the ZrB_2 powder obtained via direct molten salt reaction method[J]. Journal of Advanced Materials and Processing, 2015, 3 (3): 25-34.

[11] Wang Y, Zhang G H, He X B, et al. Preparation of refractory metal diboride powder by reducing refractory metal oxide with calcium hexaboride[J]. Ceramics International, 2019, 45 (12): 15772-15777.

[12] Wang Y, Wu Y D, Wu K H, et al. Effect of NaCl on synthesis of ZrB_2 by a borothermal reduction reaction of ZrO_2[J]. International Journal of Minerals, Metallurgy, and Materials, 2019, 26: 831-838.

[13] Song S L, Li R, Gao L C, et al. Synthesis and growth behavior of micron-sized rod-like ZrB_2 powders[J]. Ceramics International, 2018, 44 (5): 4640-4645.

[14] Liu H T, Qiu H Y, Guo W M, et al. Synthesis of rod-like ZrB_2 powders[J]. Advances in Applied Ceramics, 2015, 114 (8): 418-422.

[15] Song S L, Xie C, Li R, et al. Atomic-scale investigation on the growth behavior of rod shape ZrB_2[J]. Ceramics International, 2019, 45 (17): 23849-23852.

[16] Yang B Y, Li J P, Zhao B, et al. Synthesis of hexagonal-prism-like ZrB_2 by a sol-gel route[J]. Powder Technology, 2014, 256: 522-528.

[17] Li R X, Lou H J, Yin S, et al. Nanocarbon-dependent synthesis of ZrB_2 in a binary ZrO_2 and boron system[J]. Journal of Alloys and Compounds, 2011, 509 (34): 8581-8583.

[18] Liu D, Chu Y H, Ye B L, et al. Spontaneous growth of hexagonal ZrB_2 nanoplates driven by a screw dislocation mechanism[J]. CrystEngComm, 2018, 20 (47): 7637-7641.

[19] Lou H J, Li R X, Zhang Y, et al. Low temperature synthesis of ZrB_2 powder synergistically by borothermal and carbothermal reduction[J]. Rare Metals, 2011, 30: 548-551.

[20] Venugopal S, Jayaseelan D D, Paul A, et al. Screw dislocation assisted spontaneous growth of HfB_2 tubes and rods[J]. Journal of the American Ceramic Society, 2015, 98(7): 2060-2064.

[21] Li X N, Wang X M, Bai X, et al. Densification mechanism during hot-pressing of single-phase zirconium boride powders with different dislocation density[J]. Ceramics International, 2022, 48(13): 19305-19313.

[22] Markov I V. Crystal Growth for Beginners: Fundamentals of Nucleation, Crystal Growth, and Epitaxy[M]. Singapore: World Scientific Publishing, 1995.

[23] Huang Z, Liu J, Huang L, et al. One-step synthesis of dandelion-like lanthanum titanate nanostructures for enhanced photocatalytic performance[J]. NPG Asia Materials, 2020, 12(1): 11.

[24] Huang Z, Liu J, Deng X, et al. Low temperature molten salt preparation of molybdenum nanoparticles[J]. International Journal of Refractory Metals and Hard Materials, 2016, 54: 315-321.

[25] Abdelkader A M, El-Kashif E. Calciothermic reduction of zirconium oxide in molten $CaCl_2$[J]. ISIJ International, 2007, 47(1): 25-31.

[26] Kikuchi T, Yoshida M, Taguchi Y, et al. Fabrication of a micro-porous Ti-Zr alloy by electroless reduction with a calcium reductant for electrolytic capacitor applications[J]. Journal of Alloys and Compounds, 2014, 586: 148-154.

第 5 章　碳热还原-钙熔体硼化法制备难熔金属硼化物粉体

第 4 章成功地使用低碳 CaB_6 还原难熔金属氧化物制备了单相的二硼化物。但由于 $CaO-B_2O_3$ 熔盐的作用，即便使用纳米 ZrO_2 为原料也无法制备出细粒度的 ZrB_2 产物。因此，避免反应过程中出现硼酸盐熔体或许有望制备出细粒度的 ZrB_2 产物。回顾 1.2.3 节中对金属硼化物制备方法的比较，碳/硼热还原法是一种低成本制备二硼化物的方法。碳/硼热还原的特点是：原料成本低，温度较高，反应无强烈热效应，方便大规模实施，但反应原料的计量不易确定，产物碳含量较高。

碳/硼热还原法的原料为难熔金属氧化物、B_4C 和碳质还原剂。难熔金属氧化物和 B_4C 之间会发生副反应从而造成 B 源的损失，因此在还原过程中需要保证高于理论化学计量比的 B_4C 和 C 以确保二硼化物产物的纯相。B_4C 和 C 超额量是难以确定的，因此产物的碳含量难以控制。本章中，将基于碳/硼热还原法提出一种“碳热还原+钙熔体硼化”的两步法。本方法的解决思路是：将碳/硼热还原过程划分为碳热还原和硼化两个阶段。在碳热还原阶段，通过难熔金属氧化物和过量碳的反应制备出碳化物和碳的混合前驱体；而硼化阶段，在钙熔体环境中使用 B_4C 对前驱体进行硼化处理，Ca 同时作为脱碳剂将碳转变为 CaC_2。如此将还原反应和硼化反应切割开来，避免副反应造成 B 源的损失。

当前超高温陶瓷的成分设计往往是复合化的，硼化物、碳化物、硅化物、氮化物多种组元的粉末按一定的比例混合后再烧结成陶瓷材料，此类复相的陶瓷的力学性能或抗烧蚀性能一般优于单相的硼化物陶瓷[1-3]。因此，难熔金属硼化物和碳化物的复合粉也是一类有价值的产品。本章还将充分发挥本工艺的优势，同时通过控制硼化过程中 B_4C 的配入量，制备出不同比例的 $ZrC-ZrB_2$ 复合粉。

5.1　实 验 部 分

本章所用的原料与第 4 章相同，故不再叙述。在第一步碳热还原过程中，为保证碳热还原有足够的碳源，假设碳热还原的气体产物仅为 CO，炭黑的添加量为反应(5-1)化学计量比的 1.2 倍。

$$RM_xO_y + (x+y)C \xlongequal{\quad} xRMC + yCO \tag{5-1}$$

式中，RM 表示难熔金属元素。

特殊的是 V_2O_5 的还原，因为 V_2O_5 很容易被 C 还原为低价氧化物，在此过程中，主要的气体产物是 CO_2 而不是 CO。根据吴跃东的研究[4]，选择化学计量比的 75%作为 V_2O_5 还原的配碳比。RM_xO_y 和 C 均匀混合，然后将混合物在氩气或真空气氛下加热至 1773K，并保温 4h。由于标准条件下 ZrO_2 和 HfO_2 的临界碳热还原温度较高，分别为 1931K 和 1949K，这两个反应在 10 Pa 的真空条件下进行，具体碳热还原实验条件如表 5-1 所示。在硼化反应阶段，碳热还原产物与 B_4C 按化学计量比混合，而 Ca 的添加量是反应(5-2)的化学计量的 2 倍。

$$2RMC + B_4C + 3/2Ca \xlongequal{\quad} 2RMB_2 + 3/2CaC_2 \tag{5-2}$$

将混合物于 1473K 或 1573K 反应 4h。硼化后的产物置于稀盐酸(质量分数 4%)中去除 CaC_2 和 Ca。残余粉末用蒸馏水冲洗后干燥处理，收集到的产物用于表征。

表 5-1 对于不同难熔金属氧化物的碳热还原条件

氧化物	C/O 摩尔比	还原温度和时间	气氛
TiO_2	1.8	1773K, 4h	Ar
ZrO_2	1.8		真空 10Pa
HfO_2	1.8		真空 10Pa
V_2O_5	1.3		Ar
Nb_2O_5	1.68		Ar
Ta_2O_5	1.68		Ar
Cr_2O_3	1.73		Ar

对于超细 ZrB_2 粉和 ZrC-ZrB_2 复合粉的制备，使用纳米 ZrO_2(纯度＞99%，粒度 50nm)为原料。为了获得粒度更细的产物颗粒，纳米 ZrO_2 的碳热还原在 10Pa 的真空条件下进行，还原温度为 1773K，还原时间为 4h。其他的实验操作与上述一致。

样品物相的鉴定使用粉末 X 射线衍射仪，测试条件为：Cu-Kα 射线(λ = 0.154178nm)，扫描范围为 $10° \leqslant 2\theta \leqslant 90°$，扫描速度为 10(°)/min。颗粒微观形貌的观察采用 FESEM。样品 TEM 表征使用的是场发射透电子显微镜(FETEM)。样品的 C 含量测定采用红外吸收法，使用仪器为碳硫分析仪。样品的 O 含量测定采用惰性气体熔融红外吸收法，使用仪器为氧氮氢分析仪。粉末的比表面积测定采用 Brunauer-Emmett-Teller(BET)方法。

5.2 热力学及可行性分析

对于碳热还原法制备难熔金属二硼化物，由于 B_2O_3 或 B_2O_2 的挥发，必须加

入过量的 B_2O_3 和 C。因此，在产物中可能存在杂质 C、B_4C 和 B_2O_3 残留，难以精确控制产物的组成和相。许多研究表明，碳/硼热还原方法存在这个问题[5,6]。在碳/硼热反应过程中，B_4C 将优先与难熔金属氧化物反应，如式(5-3)和式(5-4)所示，这可能导致硼源损失的问题。因此，碳/硼热还原方法的核心问题是 B_4C 直接与难熔金属氧化物反应导致的硼源损失。为了解决这个问题，本章提出了一种新的两步反应法，机理如图 5-1 所示。第一步，碳热还原难熔金属氧化物，B_4C 没有加入此过程以避免 B 的损失。第二步，制备的难熔金属碳化物被 B_4C 硼化，如式(5-5)所示；碳热还原后残余过量的 C 以及式(5-5)反应生成的 C 通过式(5-6)反应形成 CaC_2。最后通过酸浸去除 CaC_2 得到二硼化物粉体。

$$RM_xO_y + B_4C \longrightarrow RMB_2 + B_2O_3(l) + CO\,(g) \tag{5-3}$$

$$RM_xO_y + B_4C \longrightarrow RMB_2 + B_2O_3(l) + C \tag{5-4}$$

$$2RMC + B_4C \longrightarrow 2RMB_2 + 3C \tag{5-5}$$

$$Ca + 2C = CaC_2 \tag{5-6}$$

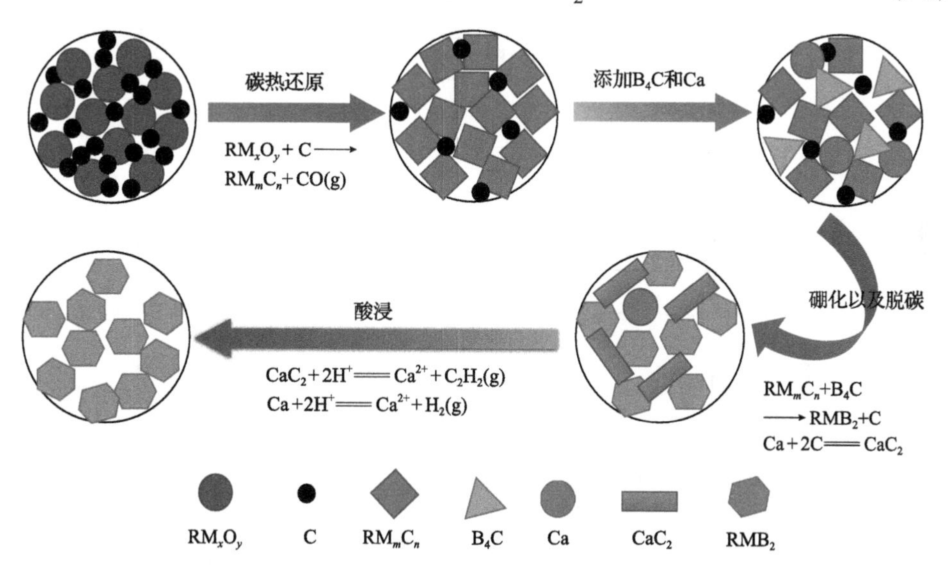

图 5-1　碳热还原+钙熔体硼化制备难熔金属硼化物的反应过程

为了验证该过程的可行性，使用 FactSage 8.2 软件计算所涉及的每个反应的标准吉布斯自由能变化($\Delta G^{\ominus}$)。计算结果如图 5-2 所示。在碳热还原阶段，除 ZrO_2 和 HfO_2 外，各种难熔金属氧化物的还原都可以在较低温下自发进行。在标准状态下，ZrO_2 和 HfO_2 的初始还原温度分别为 1931K 和 1949K。真空条件可以降低气态产物 CO 的分压，这能够有效降低碳热还原反应的温度。例如，在 10Pa 的 CO 分压下，ZrO_2 和 HfO_2 的初始反应温度可以分别降低到 1331K 和 1792K。因此，通过对不同的难熔金属氧化物调整实验条件，碳热还原过程在热力学上是可行的。每个硼化反应的标准吉布斯自由能变化如图 5-2(b)所示。硼化过程的计算结果，

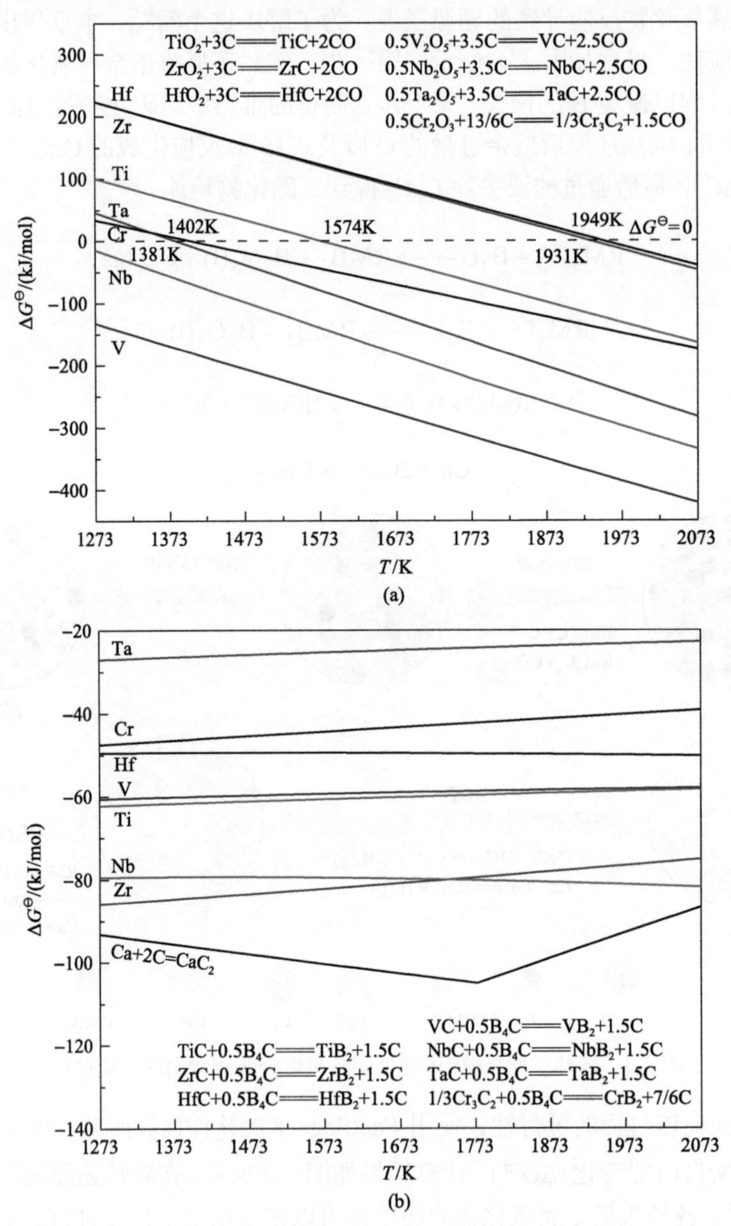

图 5-2 “碳热还原难熔金属氧化物+钙熔体硼化”制备二硼化物过程的标准吉布斯自由能变化

(a)碳热还原阶段；(b)硼化脱碳阶段

即所有碳化物向硼化物转变的标准吉布斯自由能变化均为负值。因此，每个硼化反应都可以自发进行。对于 Ca 和 C 生成 CaC_2 的脱碳反应，也很容易发生[7]。以上分析验证了“碳热还原+钙熔体硼化”过程中碳热还原、硼化和脱碳反应的热力学可行性。

5.3　结果与讨论

5.3.1　难熔金属二硼化物的制备

图 5-3 展示了碳热还原产物的 XRD 图谱。在每种元素的碳热还原产物中，除了 Zr 的产物中仍有未反应的 ZrO_2，其他产物都完成了碳热还原。从图 4-1 原料 FESEM 图像可以看出，原料 ZrO_2 的团聚比其他氧化物更严重。因此，缓慢的碳热还原速率是由于 ZrO_2 的粒径大。这种还原不充分的中间产物能否直接用于后续的渗硼脱碳处理并生成纯相的二硼化物，将在后续硼化实验中进行验证。在所有的这些碳热还原实验中，炭黑的添加量都是过量的，但由于炭黑的结晶度差，在产物的 XRD 图谱中没有发现炭黑的衍射峰。图 5-4 是碳热还原产物的 FESEM 图像。可以看出，碳化物颗粒的大小基本保持了原始氧化物的尺寸。同时，还可以观察到颗粒之间残余的炭黑。过量炭黑的存在有利于阻碍原料氧化物和产物碳化

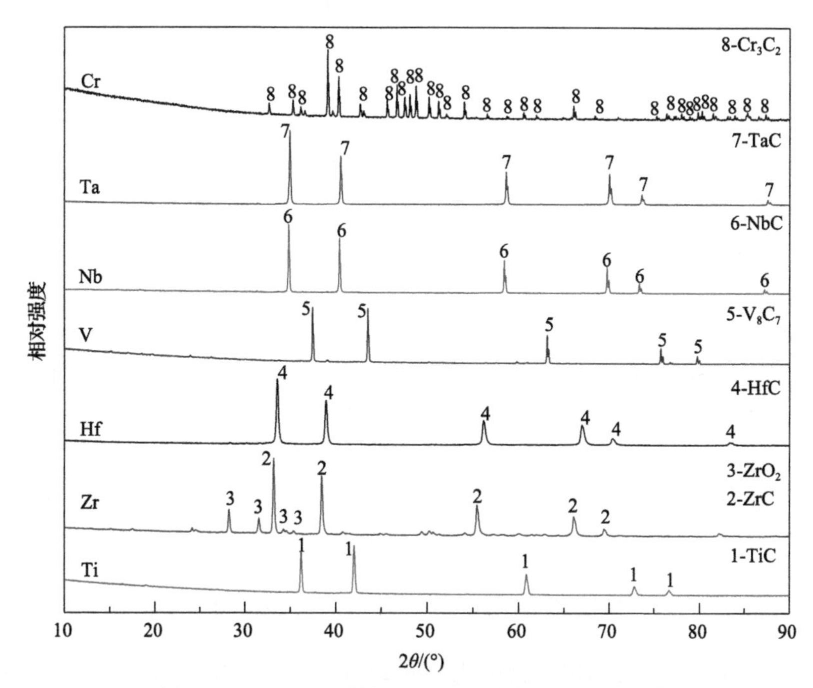

图 5-3　1773K 下碳热还原 4h 后产物的 XRD 图谱

图 5-4 不同 TM_xO_y 原料(TM 表示过渡族金属元素)在 1773K 下碳热还原 4h 后的产物的 FESEM 图像

(a) TiO_2；(b) ZrO_2；(c) HfO_2；(d) V_2O_5；(e) Nb_2O_5；(f) Ta_2O_5；(g) Cr_2O_3

物颗粒的长大，这是氧化物和碳化物颗粒尺寸相近的一个原因[8]。综上所述，经过碳热还原能够制备出含有游离碳的难熔金属碳化物，这种还原产物能够作为后续硼化反应的原料。

对碳热还原产物在 1473K 硼化和脱碳 4h 后，产物的 XRD 图谱如图 5-5 所示。除 Cr 的产物中只有 CrB 和 CaB_6 外，在不同的产物中均检测到相应的难熔金属二硼化物。值得注意的是，Zr 还原产物中少量未被还原的 ZrO_2 不会影响最终产物的物相组成。如式(5-7)所示的反应，未还原的 ZrO_2 可以与 Ca 和 B_4C 反应转化为 ZrB_2。此时 Ca 不仅是脱碳剂，还发挥了还原剂的作用。

$$ZrO_2+0.5B_4C+2.25Ca = ZrB_2+2CaO+0.25CaC_2 \tag{5-7}$$

在 Hf、Nb 和 Ta 的硼化产物中仍检测到对应金属碳化物的衍射峰，而在 V 的产物中，存在不完全硼化的产物 V_3B_4。

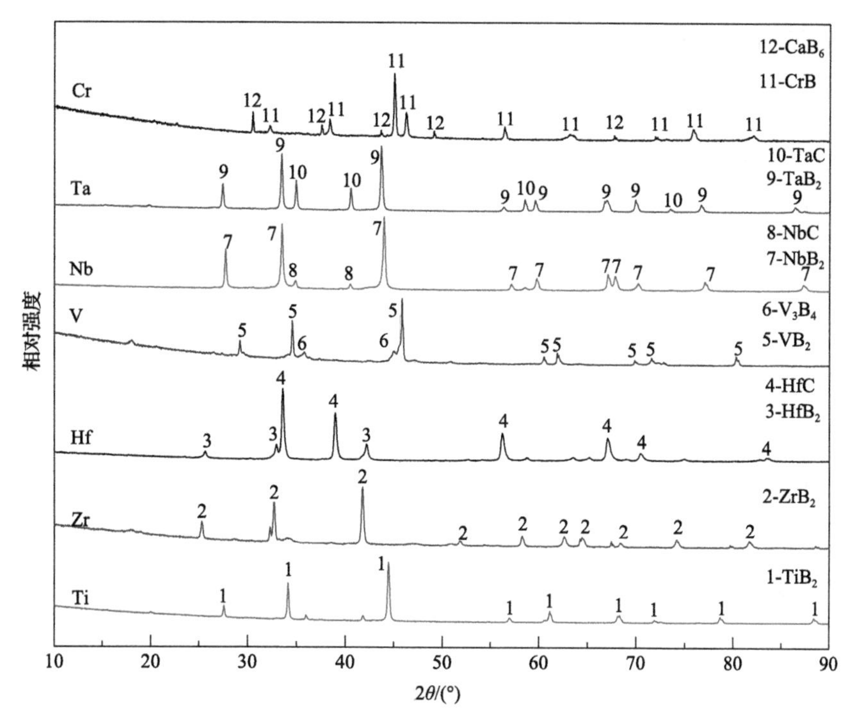

图 5-5　在 1473K 下硼化和脱碳 4h 的产物 XRD 图谱

为了得到纯相的 RMB_2，将硼化脱碳反应温度提高到 1573K，产物的 XRD 图谱如图 5-6 所示。在 Hf 产物中仍然能检测到微弱的 HfC 衍射峰；V 的产物中仍然有少量不完全硼化的 V_3B_4 存在，但其特征峰的衍射强度较 1473K 获得的产物明显降低。这样的结果表明，提高反应温度后，产物的硼化程度明显增加。可以预见，随着反应条件的进一步加强，如延长反应时间或提高反应温度，HfC 和 V_3B_4 将完全转化为 HfB_2 和 VB_2。与 1473K 获得的产物相比，Cr 对应的产物物相组成和物相特征峰强度没有显著的变化，这表明在当前实验条件下 CrB 不能进一步硼化为 CrB_2，即反应(5-8)不会自发发生。这一反应表明 CrB_2 无法稳定存在于钙熔体中，而 CrB 可以。

$$6CrB + CaB_6 = 6CrB_2 + Ca \tag{5-8}$$

由于 XRD 结果不能直接用于定量判断脱碳反应进行的程度，为了进一步表征产物的纯度，分别测定了不同温度条件下产物的碳含量，结果如表 5-2 所示。在 1473K 时，所有产物的碳含量均大于 1%(质量分数)，表明硼化和脱碳反应程度低，尤其在 Hf、V、Ta 的产物中存在一定量的碳化物。随着反应温度升高到 1573K，产物的碳含量显著降低。根据以上分析，目前提出的“碳热还原+钙熔体硼化”工艺可用于制备 Ti、Zr、Hf、V、Nb 和 Ta 的二硼化物。通过提高硼化反应的温度，可以得到残余碳含量低的二硼化物粉末。

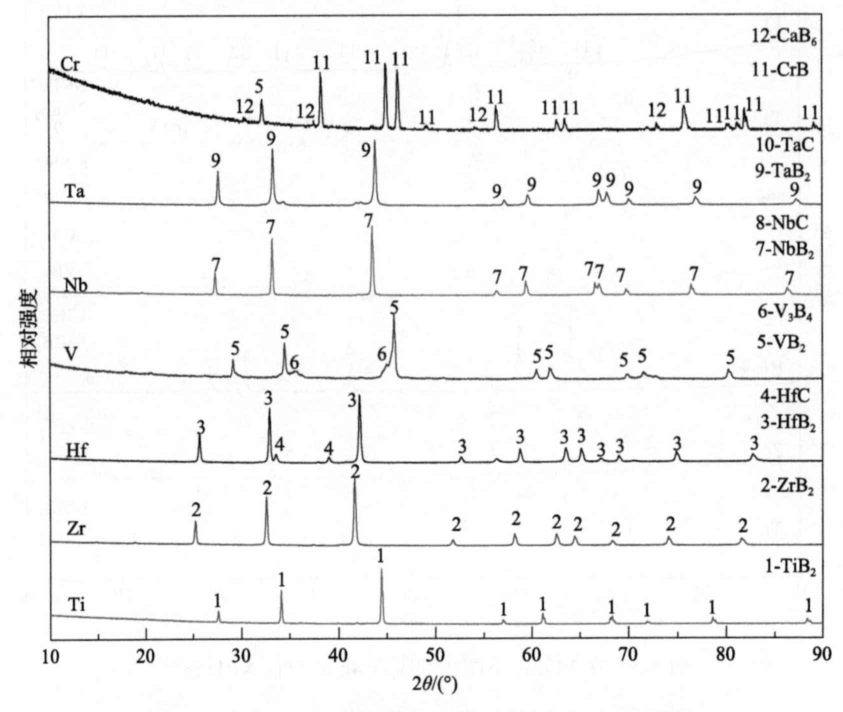

图 5-6　在 1573K 下硼化和脱碳 4h 的产物 XRD 图谱

表 5-2　硼化脱碳后产物的碳含量(质量分数)

难熔金属	Ti	Zr	Hf	V	Nb	Ta
碳化物理论碳含量/%	20.05	11.64	6.30	17.10	11.45	6.22
在 1473K 制得的产物碳含量/%	1.69	3.00	5.25	4.93	2.70	4.13
在 1573K 制得的产物碳含量/%	0.73	0.95	2.29	0.65	0.54	0.40

图 5-7 展示了硼化和脱碳 4h 产物的 FESEM 图像。对比原料、碳热还原中间产物的颗粒微观形貌可以发现，二硼化物产物、原料氧化物和中间碳化物的粒度有明显的继承关系。另外，碳热还原后颗粒表面过多的炭黑颗粒也通过式(5-6)的反应被去除。可以推测，在渗硼和脱碳过程中，B 原子逐渐渗入碳化物的晶格，而 C 原子逐渐挤出并与 Ca 反应形成 CaC_2。在此过程中，原始碳化物的颗粒形态不会被破坏，最终制备的二硼化物继承了其原始氧化物的尺寸和形貌。对于 Cr 的产物，在图 5-7(g) 中可以看到两种不同的颗粒，它们分别是近球形和立方体形。CrB 颗粒为近球形，继承了 Cr_2O_3 和 Cr_3C_2 的原始形状；立方体颗粒为 CaB_6，这是简单立方晶型的 CaB_6 颗粒的典型形貌[7]。

图 5-7　在 1573K 下硼化和脱碳 4h 后的产物 FESEM 图像

(a) Ti；(b) Zr；(c) Hf；(d) V；(e) Nb；(f) Ta；(g) Cr

5.3.2　超细 ZrB_2 的制备

5.3.1 节使用不同难熔金属氧化物通过“碳热还原+钙熔体硼化”制得了一系列的难熔金属二硼化物。通过对比原料氧化物、中间产物碳化物和最终产物二硼化物的粒度可以看出：三者的粒度存在一定的继承关系。为了制备更细的 ZrB_2 粉末，选取纳米 ZrO_2 为原料，并详细研究了“碳热还原+钙熔体硼化”制得的 ZrB_2 粉末的微观形貌和杂质含量。

图 5-8 (a) 展示了具有不同配碳比的碳热还原产物的 XRD 图谱。随着配碳比的逐渐增加，还原产物中 ZrO_2 的相对峰强度降低。然而，还原剂的量为理论比(即 1.0)的样品中仍有少量未还原的 ZrO_2。这种现象可能是剩余的 ZrO_2 和炭黑被形成的产物 ZrC 颗粒隔离开来，后续还原反应动力学条件恶化导致的。因此，过量的碳添加(1.2 倍)可以保证 ZrO_2 的充分还原。如图 5-8 (a) 所示，配碳比为 1.2 的产物中没有太多的 ZrO_2 残留。三种碳热还原产物在钙熔体中经 B_4C 渗硼后，所有渗

硼产物均为纯相的 ZrB_2，如图 5-8(b)所示。值得注意的是，因为式(5-7)反应的存在，少量未被还原的 ZrO_2 的也完全转化为 ZrB_2。以上物相分析结果表明，碳的比例对最终硼化产物的物相没有影响。

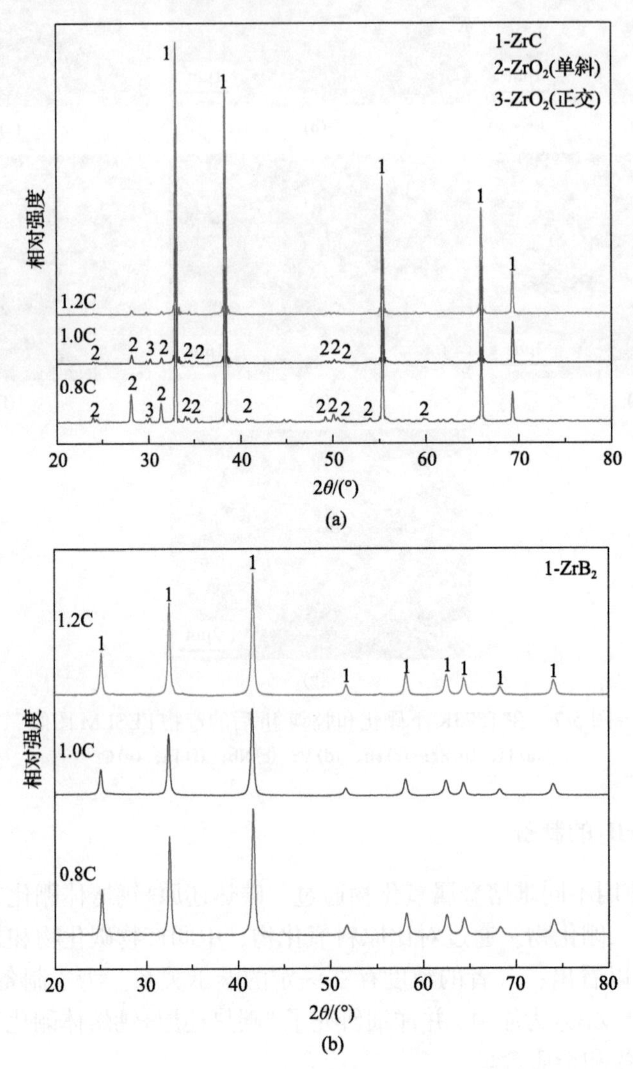

图 5-8 不同配碳比的碳热还原产物和硼化产物的 XRD 图谱

(a)碳热还原产物；(b)硼化产物

为了研究碳热还原产物的形貌规律，不同配碳比产物的微观形貌如图 5-9 所示。在配碳比为 0.8 的样品中(图 5-9(a))，观察到两种尺寸的颗粒(约 1μm 和约 200nm)。能量色散 X 射线谱(X-ray energy dispersive spectrum，EDS)分析显示大颗粒区域的 O 信号更强。结合 XRD 结果，这些大颗粒为 ZrO_2，小颗粒为 ZrC。

与原始纳米 ZrO_2 相比，这些残余 ZrO_2 的尺寸长大了十几倍。ZrO_2 颗粒的长大是由于纳米 ZrO_2 在 1223～1473K 时很容易烧结[9,10]。在还原温度前的加热阶段，一些未还原的纳米 ZrO_2 会烧结成更大的颗粒。然而，ZrC 的烧结需要 2000K 以上的高温[11,12]，这表明形成的 ZrC 颗粒在当前条件下不会继续长大。因此，超细的 ZrC 颗粒会保留在还原产物中。在配碳比为 1.0 和 1.2 的产物中(图 5-9(b)和(c))，视场中不存在大尺寸的 ZrO_2 颗粒，获得的 ZrC 颗粒尺寸约为 200nm。另外，配碳比为 1.2 的产物下，在 ZrC 颗粒周围可以发现残余的炭黑颗粒。这些残余炭黑可以起到阻碍颗粒长大的作用。

图 5-9　不同配碳比碳热还原产物的 FESEM 图像

(a) 0.8；(b) 1.0；(c) 1.2

接下来，对不同配碳比(0.8、1.0 和 2.0)的碳热还原产物在 1373K 下硼化处理 4h。浸出干燥后，产物的相应 FESEM 图像如图 5-10 所示。物相分析表明，这些产物都是纯 ZrB_2。对于配碳比为 0.8 的硼化产物(图 5-10(a)和(b))，还是能观察到两种不同尺寸的颗粒，并且与碳热还原产物相似，这是因为 ZrC 和 ZrO_2 颗粒的原始尺寸在硼化过程中被产物 ZrB_2 继承。两种类型的 ZrB_2 颗粒都不是光滑的，小颗粒是花菜状的，而大颗粒是多孔的。具有花菜状形态的 ZrB_2 的形成是由 ZrC

的硼化引起的。在这个过程中，摩尔体积从 15.47cm^3/mol(ZrC)变大到 18.49cm^3/mol (ZrB_2)，如表 5-3 所示。由于体积膨胀产生应力，原本光滑的 ZrC 颗粒转变为不光滑的 ZrB_2。但是 ZrO_2 向 ZrB_2 的转变是一个摩尔体积减小的过程，从 21.20cm^3/mol 到 18.49cm^3/mol。因此，多孔大尺寸的 ZrB_2 颗粒是体积收缩的结果。对于配碳比为 1.0 和 1.2 的硼化产物，视场中只有 200nm 大小的花菜状 ZrB_2

(a)　(b)　(c)　(d)

图 5-10　不同配碳比硼化产物的 FESEM 图像

(a)(b)0.8；(c)1.0；(d)1.2

颗粒。通过以上分析可以看出，过量的 C 添加可以保证碳热还原产物中没有异常长大的 ZrO_2 颗粒，从而使最终的硼化产物粒度细小且均匀。

表 5-3 ZrO_2、ZrC 和 ZrB_2 的摩尔体积

化合物	ZrO_2	ZrC	ZrB_2
密度/(g/cm^3)	5.813	6.675	6.104
摩尔质量/(g/mol)	123.22	103.23	112.84
摩尔体积/(cm^3/mol)	21.20	15.47	18.49

为了得到更细的 ZrB_2 粉体，采用配碳比为 1.2 的碳热还原产物进一步研究硼化过程。首先，进行不同温度下的硼化实验，产物的 XRD 图谱如图 5-11 所示。样品在 1273K 下硼化 4h 后，产物中含有 ZrC、ZrB_2 和 CaB_2C_2。在产物的 XRD 图谱中，ZrC 的特征峰最高。可以得出结论，ZrC 的硼化反应在 1273K 如此低的温度下是很缓慢的。此外，B_4C 可以与 Ca 直接反应生成 CaB_2C_2，这一现象在 Ca 还原 B_4C 制备 CaB_6 的过程中也得到了验证[7]。随着温度升高到 1373K 和 1473K，硼化产物转变为纯相的 ZrB_2。

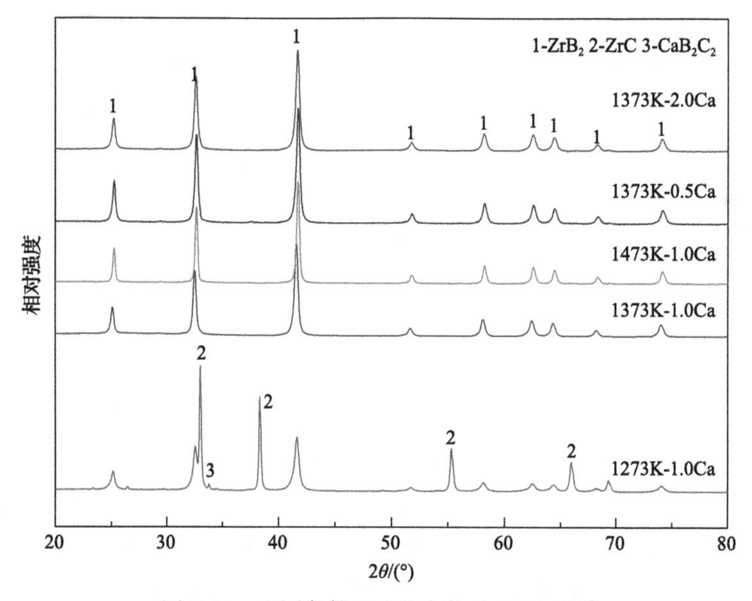

图 5-11 不同条件下硼化产物的 XRD 图谱

对比在 1273K、1373K 和 1473K 下获得的硼化产物的微观形貌，如图 5-12(a)、图 5-10(d) 和图 5-12(b) 所示。对于在 1273K 制备的产物，视场中有很多超细颗粒和少量大颗粒。EDS 分析表明，B 和 Ca 元素在较大颗粒区域富集(点 1)，由此推

测大颗粒为 CaB_2C_2。高倍视场下可见花菜状和光滑的两种颗粒，尺寸均在 200nm 左右。此外，EDS 分析(点 2 和点 3)表明，花菜状和光滑颗粒分别是 ZrB_2 和未反应的 ZrC。这一发现与上述形貌分析一致。对于在 1373K 下制备的产物(图 5-10(d))，所有的颗粒均为大小约为 200nm 的花菜状颗粒。值得注意的是，在 1473K 下制备的 ZrB_2 形貌与在较低温度下获得的形貌明显不同，ZrB_2 颗粒是光滑的多面体，尺寸小于 100nm。与低温产物相比，较高温度产物的分散性显著提高。此外，在所有硼化产物中都观察不到炭黑颗粒，这意味着多余的炭黑被钙熔体去除了。综上所述，硼化温度是影响硼化过程速率和 ZrB_2 产物颗粒微观结构的重要因素。

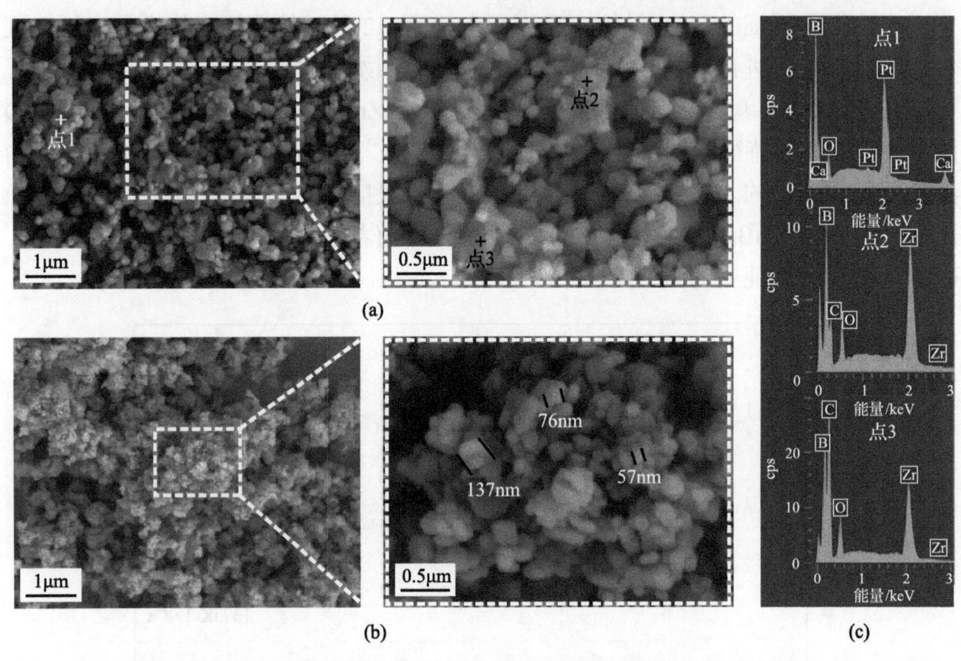

图 5-12　不同温度下硼化产物的 FESEM 图像及 EDS 分析

(a) 1273K；(b) 1473K；(c) EDS 分析

为了比较 Ca 添加量对硼化过程的影响，还在 1373K 下进行了不同 Ca 质量比的实验。物相分析表明，这些产物的成分为单相 ZrB_2，如图 5-11 所示。配钙比为 0.5、1.0 和 2.0 的产物的 SEM 图像分别如图 5-13(a)、图 5-10(d)和图 5-13(b)所示。这些产物都是在 1373K 下制备的，因此它们都是大小约为 200nm 的花菜状颗粒。此外，可以得出结论，配钙比对硼化产物的颗粒形态没有显著的影响。

为了比较两个温度(1373K 和 1473K)下制备的 ZrB_2 粉末的差异，一些相关的参数列于表 5-4。首先，使用半高宽(full wide of half maximum，FWHM)通过谢乐(Scherrer)公式计算晶粒尺寸，见式(5-9)[13]。

$$D_C = \frac{0.89\lambda}{\text{FWHM}\cos\theta} \tag{5-9}$$

式中，D_C为计算晶粒尺寸，nm；λ为 X 射线波长，0.154178nm；FWHM 为扣除仪器宽化的半高宽，rad；θ为衍射角，rad。

图 5-13　不同配钙比的渗硼产物的 FESEM 图像

(a) 0.5；(b) 2.0

表 5-4　两种温度下制备 ZrB_2 粉体的相关参数

温度 /K	形貌	FWHM[001] /rad	D_C /nm	S_g /(m^2/g)	D_E /nm	C 含量 /%(质量分数)	O 含量 /%(质量分数)	S_O /(g/m^2)
1373	花菜状	2.85×10^{-3}	49	16.65	59.1	0.69	2.53	1.52×10^{-3}
1473	光滑多面体	1.68×10^{-3}	84	10.74	89.9	0.64	1.57	1.46×10^{-3}

显然，D_C(49nm)小于图 5-10(d)中观察到的花菜状颗粒的尺寸(约 200nm)。这一现象表明，花菜状 ZrB_2 不是单晶颗粒，而是由许多纳米颗粒组成的聚集体。另外，根据式(5-10)，使用比表面积估算等效粒径。

$$D_{E}=\frac{6000}{S_{g}\rho} \tag{5-10}$$

式中，D_E为等效粒径，nm；S_g为比表面积，m^2/g；ρ 为 ZrB_2 的密度，$6.118g/cm^3$。

花菜状颗粒的 D_E 为 59.1nm，与式(5-9)计算的 D_C 值相似。对于在 1473K 下获得的产物，D_C(84nm)大于在 1373K 下制备的产物(49nm)。然而，该值大致相当于 FESEM 观察到的粒径(图 5-12(b))，这意味着光滑的多面体可能是单晶颗粒。此外，对应的 D_E 为 89.9nm，也接近 D_C 的值。对于 1473K 的硼化过程，ZrC 先被硼化为花菜状 ZrB_2 团聚体(D_C=49nm)；由于温度较高，花菜状 ZrB_2 团聚体不稳定会进一步生长为光滑的多面体(D_C=84nm)。在花菜状团聚体的生长过程中，几个小颗粒结合在一起形成了一个大小约为 80nm 的 ZrB_2 颗粒。同时，原有团聚体因晶粒长大而解体，颗粒的分散性也得到了改善。

为了进一步评估两个不同形貌 ZrB_2 样品的纯度，还测试了两个样品的 C 含量和 O 含量。两个样品的 C 含量相似，如表 5-4 所示。但是，花菜状颗粒的 O 含量明显高于多面体颗粒。这种现象可能与样品的比表面积有关。为了验证这个猜想，根据式(5-11)计算每单位表面的 O 含量。

$$S_{O}=\frac{w_{O}}{S_{g}\cdot 100} \tag{5-11}$$

式中，S_O为每单位表面的 O 含量，g/m^2；S_g为比表面积，m^2/g；w_O为 O 含量(质量分数)，%。

两个样品的 S_O 值非常相近，即样品的 O 含量确实与比表面积有关。可以认为 ZrB_2 粉末的氧集中在颗粒表面。假设粉末的全部氧杂质完全存在于球形产物颗粒表面一层薄薄的单斜 ZrO_2 中，则颗粒直径与氧含量的关系可表示为

$$\frac{w_{O}}{100}=\frac{\rho_{ZrO_2}(D^3-D_{B\text{-}O}^3)\dfrac{2M_O}{M_{ZrO_2}}}{\rho_{ZrB_2}D_{B\text{-}O}^3+\rho_{ZrO_2}({D_E}^3-D_{B\text{-}O}^3)} \tag{5-12}$$

式中，w_O 为粉末的 O 含量，%；ρ_{ZrO_2} 为单斜 ZrO_2 密度，$5.823g/cm^3$；ρ_{ZrB_2} 为 ZrB_2 密度，$6.118g/cm^3$；D_E 为等效粒径，nm；$D_{B\text{-}O}$ 为未氧化 ZrB_2 内芯直径，nm；M_O 为氧的摩尔质量，16g/mol；M_{ZrO_2} 为 ZrO_2 的摩尔质量，123.22g/mol。

表面氧化层厚度(d)可表示为

$$d=\frac{D_E-D_{B\text{-}O}}{2} \tag{5-13}$$

式中，d 为氧化层厚度，nm；D_E 为等效粒径，nm；$D_{B\text{-}O}$ 为未氧化 ZrB_2 内芯直

径，nm。

计算结果表明，两种样品的氧化层厚度分别为 1.16nm（花菜状颗粒）和 1.05nm（光滑多面体颗粒），与文献[14]中制备的 ZrB_2 颗粒接近。由于硼化过程是在充足的钙熔体中进行的，Ca 的强还原作用不会导致两个样品之间存在氧含量差异。ZrB_2 在酸性溶液中会被腐蚀[15]，因此在酸浸或干燥过程中 ZrB_2 粉末可能会被氧化，较大的比表面积将为氧化反应提供较大的界面。

为了解释纳米 ZrB_2 颗粒的形成，将这个过程分为碳热还原和硼化阶段，机理如图 5-14 所示。碳热还原的原料是纳米 ZrO_2 和炭黑的混合物。在加热过程中，在碳热还原反应开始之前，ZrO_2 颗粒将首先通过烧结长大到约 200nm。这是因为纳米 ZrO_2 的烧结可以在较低的温度（1273～1473K）下进行。随着温度的进一步升高，ZrO_2 发生碳热还原反应，形成新相 ZrC。然而，由于 ZrC 的烧结生长只能在 2000K 以上进行，形成的 ZrC 颗粒将保持 ZrO_2 颗粒的尺寸（约 200nm）。在硼化阶段，ZrC 在钙熔体中被 B_4C 硼化形成 ZrB_2。在低温（1373K）下，由于 ZrB_2 的摩

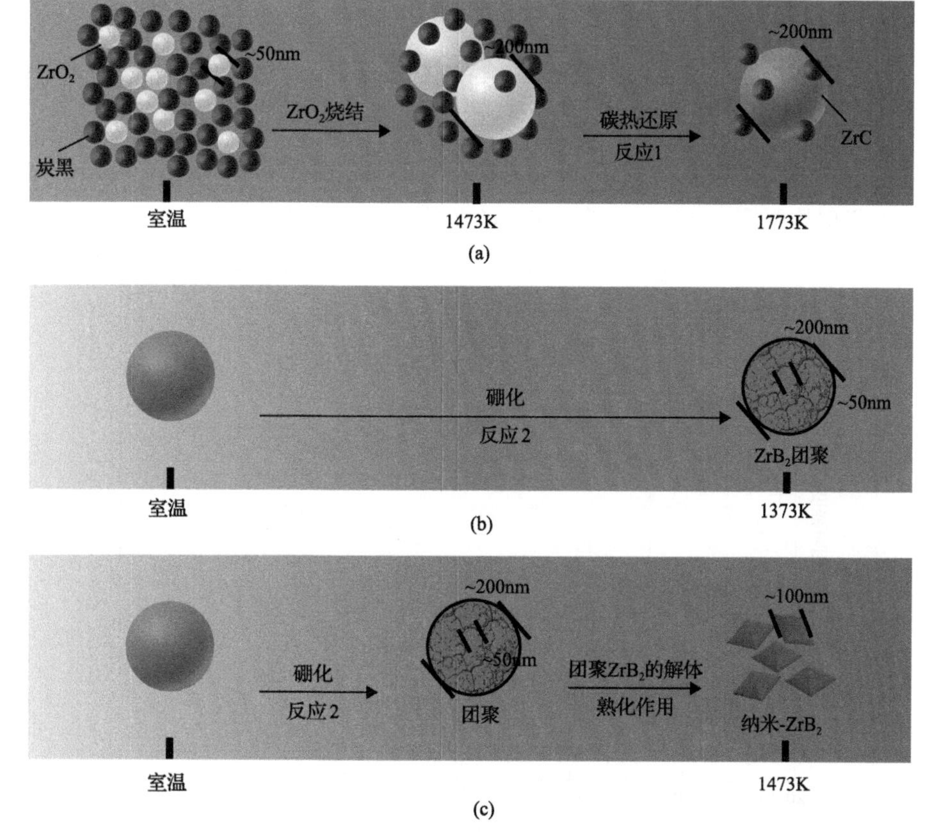

图 5-14　纳米 ZrB_2 颗粒的形成机理

(a)碳热还原过程；(b)在 1373K 下的硼化过程；(c)在 1473K 下硼化过程

尔体积比 ZrC 大，硼化产物的粒径也比 ZrC 大。渗硼过程中产生的膨胀应力导致颗粒呈花菜状。此外，每个 ZrC 颗粒在硼化反应过程中可能有多个新相成核点，这也导致硼化产物呈现为花菜状团聚颗粒。虽然团聚体的尺寸约为 200nm，但晶粒尺寸约为 50nm。在较高的温度(1473K)下，由于熟化作用，约 50nm 的 ZrB_2 晶粒将继续生长至约 80nm。此外，粒子呈现出光滑的多面体形状，这是一种低能态的表现。在这个过程中，原来的团聚体也会解体，ZrB_2 粉末的分散性也得到了改善。

5.3.3　ZrC-ZrB_2 复合粉的制备

通过控制硼化过程中 B_4C 的加入量，尝试制备不同比例的 ZrB_2-ZrC 复合粉。图 5-15 为 1473K 下硼化 4h 获得的 ZrC-ZrB_2 复合粉体的 XRD 图谱。显然，在所有图谱中，只有 ZrC 或 ZrB_2 的特征峰存在。随着 ZrB_2 摩尔分数的增加，ZrB_2 的峰值强度变强。之后拟合了 ZrC-ZrB_2 复合粉末的组成(摩尔分数)与衍射峰强度(峰高)的对应关系，结果可由式(5-14)描述。

$$\frac{x_{ZrC}}{x_{ZrB_2}}=0.542\frac{I_{ZrC(111)}}{I_{ZrB_2(101)}} \tag{5-14}$$

式中，x_{ZrC} 为 ZrC 的摩尔分数，%；x_{ZrB_2} 为 ZrB_2 的摩尔分数，%；$I_{ZrC(111)}$ 为 ZrC(111)晶面的衍射峰强度；$I_{ZrB_2(101)}$ 为 ZrB_2(101)晶面的衍射峰强度。

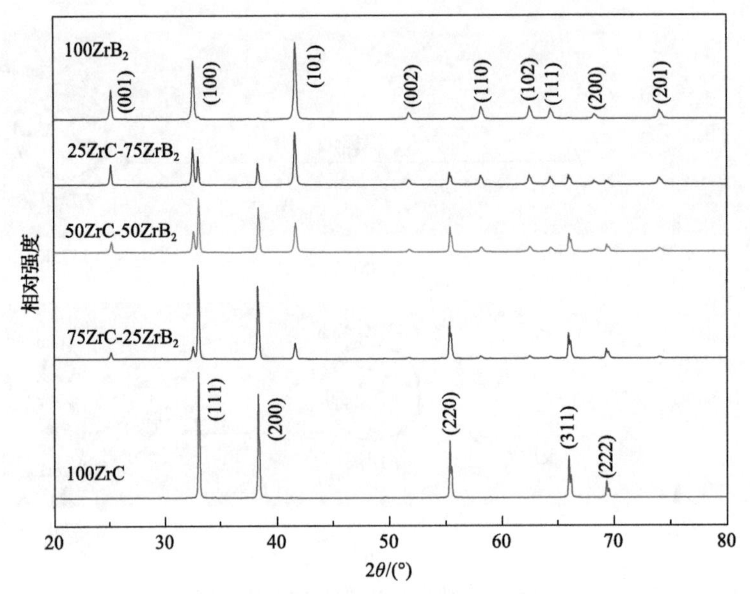

图 5-15　在 1473K 下硼化 4h 获得的不同比例的 ZrC-ZrB_2 复合粉体 XRD 图谱

拟合曲线如图 5-16 所示，图中摩尔比与衍射峰强度比呈线性关系，相关系数为 0.99。当获得 $ZrC-ZrB_2$ 复合粉体的 XRD 谱图时，可利用该方程对复合粉体的组成进行粗略的估计。

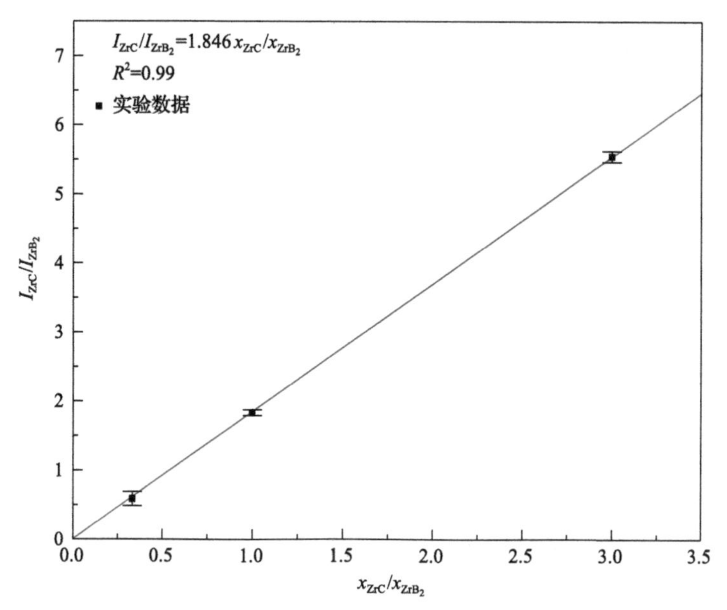

图 5-16　$ZrC-ZrB_2$ 复合粉的摩尔分数与峰值强度的拟合曲线

另外，分析不同样品的碳含量和氧含量，结果如图 5-17 所示。随着 ZrC 含量的降低，样品中碳含量呈下降趋势，这是合理的。但随着 ZrB_2 含量的增加，样品中的氧含量呈上升趋势。在渗硼和脱碳过程中，由于 Ca 的过量添加，ZrC 或 ZrB_2 颗粒中不应有过多的残余氧，但在酸浸过程中，ZrB_2 或 ZrC 颗粒可能发生氧化。有证据表明，在类似的酸性条件下，ZrB_2 比 ZrC 更容易腐蚀。因此，随着 ZrB_2 含量的增加，样品的耐酸性变差，最终样品中的氧含量也会增加。

图 5-18 为 $ZrC-ZrB_2$ 复合粉的 FESEM 图像和对应区域的 EDS 能谱面扫图像。由于硼化温度较高，颗粒均为光滑的不规则多面体颗粒。仅凭借颗粒形态和 EDS 结果难以区分 ZrC 和 ZrB_2 这两种不同物相的颗粒。为了进一步确定不同相的颗粒形态和分布，选取 $50ZrC-50ZrB_2$ 复合粉末进行 TEM 表征，表征结果如图 5-19 所示。在明场像中有两种类型的颗粒影像，一类是较亮的不规则形状，另一类是较暗的方形。根据质厚衬度原理，可以分析出这两种影像分别对应于片状(或板状)颗粒和立方颗粒。选区电子衍射(selected area electron diffraction，SAED)和高分辨率透射电子显微镜(high resolution transmission electron microscope，HRTEM)结果也表明，立方颗粒为 ZrC，片状颗粒为 ZrB_2。在 ZrC 粒子的 HRTEM 图像中，观察到 ZrC 粒子是被厚度约 1nm 的 ZrB_2 层包裹的特殊核壳结构。在碳热还原制

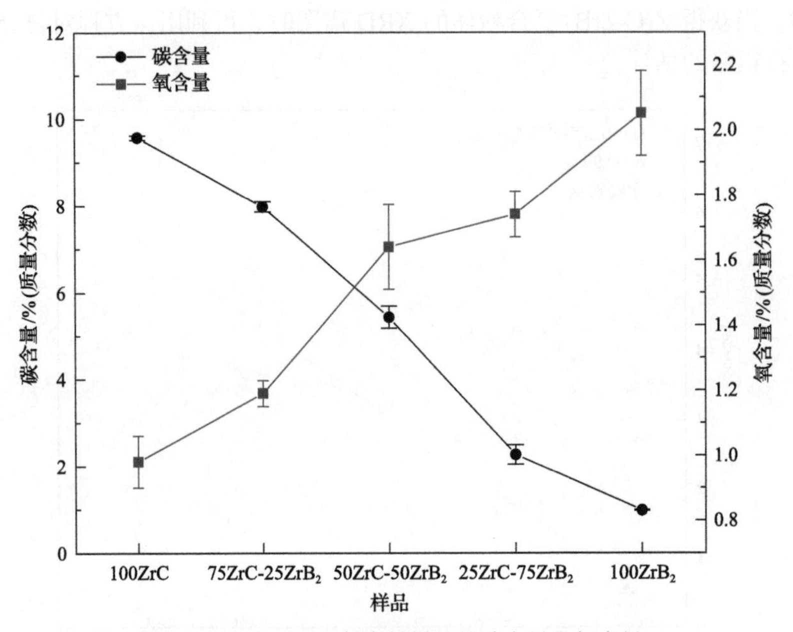

图 5-17　$ZrC-ZrB_2$ 复合粉样品的碳含量和氧含量

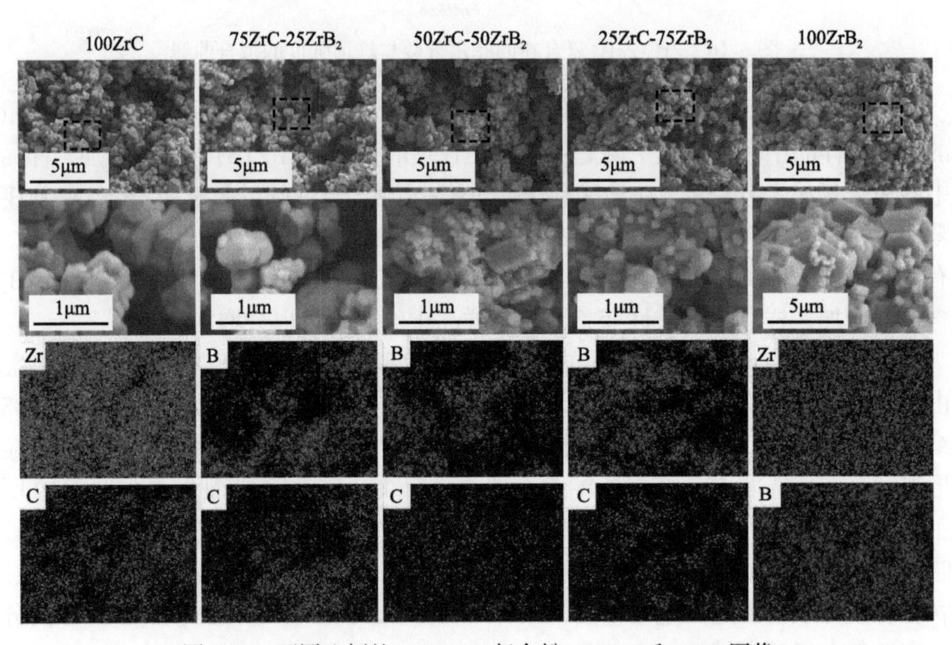

图 5-18　不同比例的 $ZrC-ZrB_2$ 复合粉 FESEM 和 EDS 图像

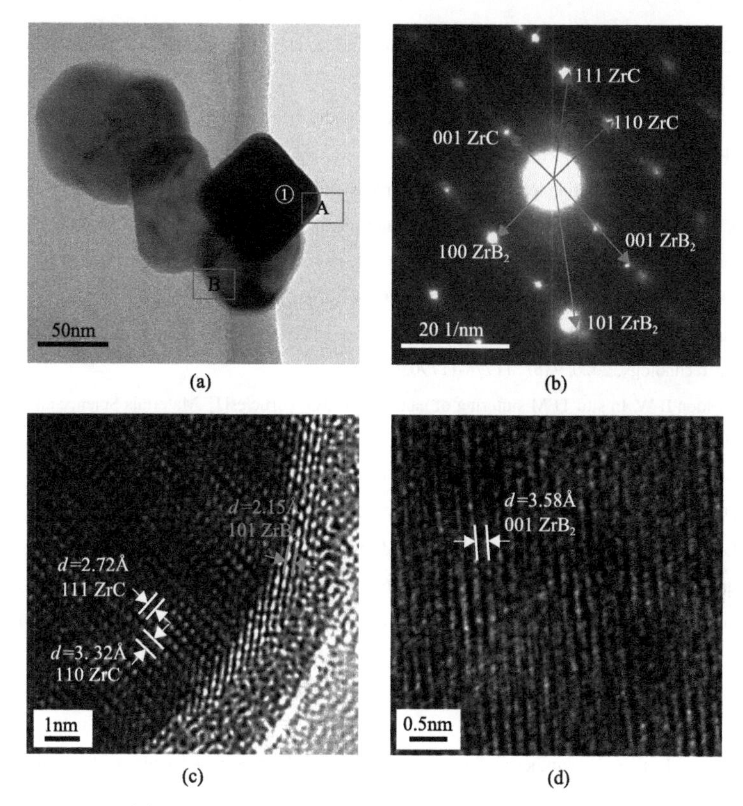

图 5-19　50ZrC-50ZrB_2 复合粉末的 FETEM 分析

(a) 明场图像；(b) SAED 衍射斑图像；(c) 图 (a) 中区域 A 的 HRTEM 图像；(d) 图 (a) 中区域 B 的 HRTEM 图像

备 ZrC-ZrB_2 复合纤维的研究中也发现有类似的结构[16]。形成这种结构的可能原因是在渗硼过程中，由于 B_4C 供应不足，部分 ZrC 颗粒没有被完全硼化。这一现象表明 ZrC 颗粒的渗硼过程是由表面逐渐向芯部进行的。通过上述分析，确定了 ZrC-ZrB_2 复合粉末的颗粒形貌。ZrC 颗粒的典型形貌为立方体，由于硼化反应不完全，ZrC 颗粒表面可能存在一层 ZrB_2。在复合粉末中，ZrB_2 的典型形貌为片状或板状。

参考文献

[1] Licheri R, Orrù R, Musa C, et al. Combination of SHS and SPS Techniques for fabrication of fully dense ZrB_2-ZrC-SiC composites[J]. Materials Letters, 2008, 62 (3): 432-435.

[2] Liu C Q, Yuan X X, Wang W T, et al. *In-situ* fabrication of ZrB_2-ZrC-SiCnws hybrid nanopowders with tuneable morphology SiCnws[J]. Ceramics International, 2022, 48 (3): 4055-4065.

[3] Sha J J, Li J, Wang S H, et al. Toughening effect of short carbon fibers in the ZrB_2-$ZrSi_2$ ceramic composites[J]. Materials & Design, 2015, 75: 160-165.

[4] Wu Y D, Zhang G H, Chou K C. A novel method to synthesize submicrometer vanadium carbide by temperature

programmed reaction from vanadium pentoxide and phenolic resin[J]. International Journal of Refractory Metals and Hard Materials, 2017, 62: 64-69.

[5] Zhao H, He Y, Jin Z Z. Preparation of zirconium boride powder[J]. Journal of the American Ceramic Society, 1995, 78(9): 2534-2536.

[6] Guo W M, Zhang G J. Reaction processes and characterization of ZrB_2 powder prepared by boro/carbothermal reduction of ZrO_2 in vacuum[J]. Journal of the American Ceramic Society, 2009, 92(1): 264-267.

[7] Wang Y, Zhang G H, Wu Y D, et al. Preparation of CaB_6 powder via calciothermic reduction of boron carbide[J]. International Journal of Minerals, Metallurgy and Materials, 2020, 27(1): 37-45.

[8] Wu K H, Jiang Y, Jiao S Q, et al. Synthesis of high purity nano-sized transition-metal carbides[J]. Journal of Materials Research and Technology, 2020, 9(5): 11778-11790.

[9] Rankin J, Sheldon B W. In situ TEM sintering of nano-sized ZrO_2 particles[J]. Materials Science and Engineering: A, 1995, 204(1-2): 48-53.

[10] Srdić V V, Winterer M, Hahn H. Sintering behavior of nanocrystalline zirconia prepared by chemical vapor synthesis[J]. Journal of the American Ceramic Society, 2000, 83(4): 729-736.

[11] Feng L, Lee S, Lee H. Nano-sized zirconium carbide powder: Synthesis and densification using a spark plasma sintering apparatus[J]. International Journal of Refractory Metals and Hard Materials, 2017, 64: 98-105.

[12] Núñez-González B, Ortiz A L, Guiberteau F, et al. Improvement of the spark-plasma-sintering kinetics of ZrC by high-energy ball-milling[J]. Journal of the American Ceramic Society, 2012, 95(2): 453-456.

[13] Patterson A L. The Scherrer formula for X-ray particle size determination[J]. Physical Review, 1939, 56(10): 978-982.

[14] Zoli L, Costa A L, Sciti D. Synthesis of nanosized zirconium diboride powder via oxide-borohydride solid-state reaction[J]. Scripta Materialia, 2015, 109: 100-103.

[15] Weimer A W. Carbide, Nitride and Boride Materials Synthesis and Processing[M]. Dordercht: Springer Netherland, 1997.

[16] Zhang D Y, Hu P, Dong S, et al. Microstructures and mechanical properties of Cf/ZrB_2-SiC composite fabricated by nano slurry brushing combined with low-temperature hot pressing[J]. Journal of Alloys and Compounds, 2019, 789: 755-761.

第6章　钨、钼硼化物粉体的制备

在 Mo(或 W)-B[1,2]二元体系中，有 5 种室温下稳定的化合物：M_2B、MB、M_2B_5、MB_4和 MB_{12}(M=Mo 或 W)，相关硼化物的一些物理参数如表 6-1 所示。这些硼化物具有高熔点、高硬度、高强度、高耐磨性和良好的导电性等，可用作超高温陶瓷(ultrahigh temperature ceramics，UHTCs)[3]、硬质材料[4]、耐磨涂层[5]和电极材料[6]。同时，一些具有特殊微观结构的硼化物有望取代贵金属作为高效催化剂[7,8]。除这些二元化合物外，Mo(或 W)还可以形成一些三元含硼化合物，如 MoAlB、Mo_2FeB_2、Mo_2NiB_2和 WCoB。与二元化合物相比，这些三元含硼化合物由于其特殊的层状原子结构而具有优异的韧性[9,10]。值得注意的是，MoAlB 具有一些特殊的特性，如抗氧化性[11]和自修复能力[12]，使其在工具[13]、高温陶瓷[14]、拉丝机零件[15]和自修复材料[16]中具有潜在应用。

表 6-1　钼和钨硼化物的一些物理参数

化合物	密度/(g/cm^3)	空间群	熔点/K	硬度/GPa
Mo_2B	9.231	I4/mcm	2545*	16.5[17]
α-MoB	8.65	$I4_1$/amd	2871	18.4[18]
Mo_2B_5	7.454	R-3m	2411*	23[19]
MoB_4	6.176	$P6_3$/mmc	2080*	40[20]
MoB_{12}	—	—	2373	—
W_2B	17.09	I4/mcm	2943	15.1[21]
α-WB	15.744	$I4_1$/amd	2938	28.9[22]
W_2B_5	12.783	$P6_3$/mmc	2638	26.1[23]
WB_4	10.158	$P6_3$/mmc	2293*	25～31[24]
WB_{12}	—	—	2713	29.9[25]
MoAlB	6.373	Cmcm	1507*	9.3～11.4[26]
Mo_2FeB_2	8.441	P4/mbm	—	23.06[26]
Mo_2NiB_2	8.836	Immm	—	21.51[26]
WCoB	13.69	Pnma	—	24.97[26]

*表示分解温度。

因为相对于其他难熔金属，钼和钨比较容易获得金属单质，所以在钼(或钨)硼化物的制备中，最常用的方法是钼(或钨)粉与硼粉的化合反应，以这种方式还可以得到各种化学计量比的化合物。此外，为了使用更便宜的原材料或制备具有特殊结构的产品，还提出了其他方法。Dai 等[27]通过 NaCl/KCl 助熔剂辅助硼氢化物还原 WO_3 获得纯相 W_2B_5。Li 等[28]通过用 KBH_4 还原 MoO_3 制备 MoB 纳米颗粒。基于镁热还原，Gostishchev 等[29]以 Mg、MoO_3 和 $Na_2B_4O_7$ 的混合物为原料，合成了 MoB 和 Mo_2B 的混合物。W_2B 和 WB 也通过 WO_3 和 KBF_4 的热还原获得[30]。此外，熔盐电解[31]、机械诱导自持反应(mechanically induced self-sustaining reaction，MSR)[32]和自蔓延高温合成(SHS)[33]也应用于制备 Mo(或 W)硼化物。然而，新的三元化合物的合成方法却鲜有报道。除了通过 MoB 和 Al 之间的反应制备 MoAlB 的工作[34]，其他三元含硼化合物通常通过直接元素合成制备[14,35]。尽管上述方法为硼化钼(或钨)的制备提供了大量途径，但仍需开发一种低成本、反应条件温和的制备单相硼化钼(或钨)的方法。

6.1 以钨和碳化硼为原料制备硼化钨粉体

由于 W 是一种易于制备的金属，利用金属和 B_4C 制备硼化钨并结合熔融钙的脱碳反应是一种可行且低成本的方法[36]。本节提出一种以钨(W)和碳化硼(B_4C)为原料合成硼化钨的新方法。首先，在高温下进行 W 与 B_4C 的硼化反应；然后，硼化产物与钙反应生成 CaC_2 进行脱碳。CaC_2 和 Ca 经酸浸后可制得纯净的硼化钨。通过考察不同比例的 W 与 B_4C 之间的反应，发现目前方法中只合成了纯的 W_2B 和 WB，而 W_2B_5 可以与 Ca 快速反应生成 WB 和 CaB_6。但在硼化后不进行脱碳处理的情况下，也可以制备出含碳 WB(w(C)=1.2%)和 W_2B_5(w(C)=3.4%)。此外，可以得出所制备的硼化钨大致保持了原料 W 的形貌和粒径，在较低的硼化反应温度下可以用超细 W 粉合成超细硼化钨。

6.1.1 实验部分

实验所用原料为 W 粉(纯度>99.8%，约 1μm)、超细 W 粉(w(C)=0.08%，w(O)= 0.5%，约 0.1μm，自制[37])、B_4C 粉(纯度>99%，2～3μm)、金属 Ca 粉(纯度>99.5%，1～5mm)。

选择 W_2B、WB、W_2B_5 和 WB_4 作为目标产物，下述的相应反应描述了它们的合成。

$$8W + B_4C = 4W_2B + C \tag{6-1}$$

$$4W + B_4C = 4WB + C \tag{6-2}$$

$$8W + 5B_4C = 4W_2B_5 + 5C \tag{6-3}$$

$$W + B_4C = WB_4 + C \tag{6-4}$$

将 W 粉和 B_4C 粉按照化学计量比进行称量，然后在玛瑙研钵中均匀混合。将混合物在 50MPa 的压力下压实成圆柱形圆盘(ϕ=10mm)(采用不锈钢模具)。然后，将坯料放置在石墨坩埚中，随后将坯料放置在以 $MoSi_2$ 棒为加热元件的电炉恒温区。硼化反应在氩气气氛中于 1673K 下进行 4h。将得到的硼化产物粉碎并与 2 倍化学计量比的 Ca 混合，置于石墨坩埚中。接着，将样品在氩气气氛中 1673K 下加热 4h，完成式(6-5)所述的脱碳反应。

$$Ca + 2C \xlongequal{} CaC_2 \tag{6-5}$$

为除去生成的 CaC_2 和未反应的 Ca，脱碳产物在盐酸(1mol/L)中浸出。用去离子水冲洗数次后，将粉末在烘箱(120℃)中干燥。然后，收集产物进行最终表征。

采用粉末 X 射线衍射分析(XRD，Cu-Kα 辐射，λ=1.54178Å)研究了产物的相组成，2θ 范围为 10°～90°，扫描速度为 10(°)/min，步长为 0.02°。利用 FESEM 对产物的形貌进行表征。采用碳硫分析仪测定 C 含量。使用 Factsage 7.0 软件计算标准吉布斯自由能的变化，但一些热力学数据来自以前的文献[2,38-40]。相关反应的标准吉布斯自由能变化如图 6-1 所示。

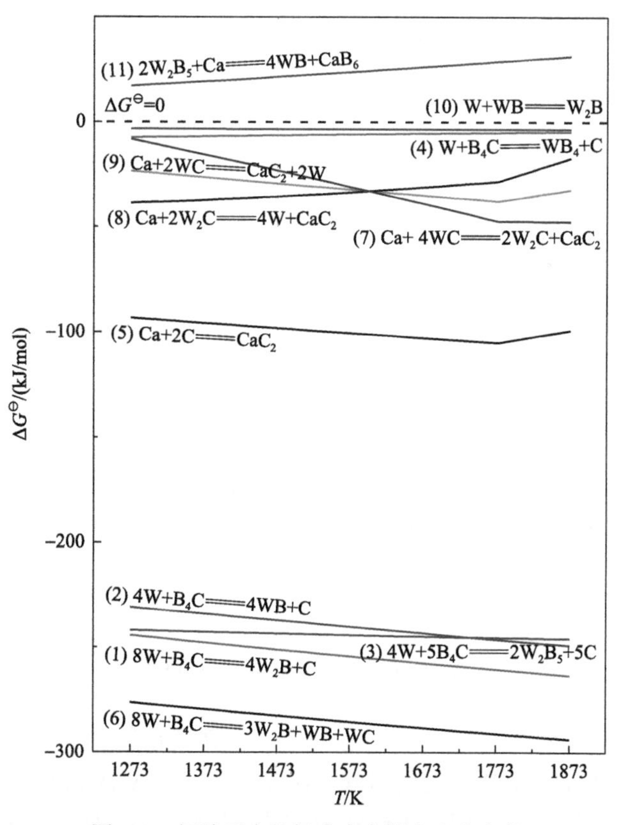

图 6-1　相关反应的标准吉布斯自由能变化

6.1.2 结果与讨论

1. *硼化反应产物*

不同化学计量比(B∶W=0.5、1.0、2.5、4.0)的产物在 1673K 下反应 4h 后的 XRD 结果如图 6-2 所示。当 B∶W=0.5、1.0 和 2.5 时，反应产物的 XRD 图谱分别为纯相 W_2B、WB 和 W_2B_5，与式(6-1)～式(6-3)的反应一致。但当 B∶W=4.0 时，未检测到 WB_4，产物为 W_2B_5。因此可以得出结论，W 可以被 B_4C 硼化生成 W_2B、WB 和 W_2B_5，而不能生成 WB_4。

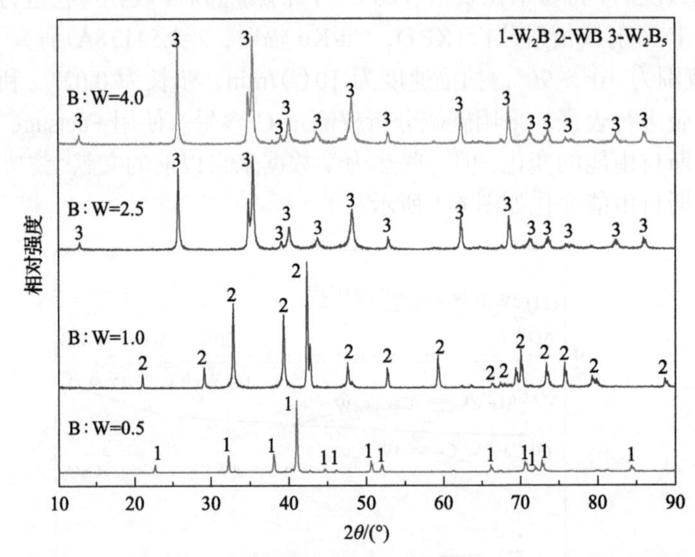

图 6-2 不同 B/W 比的渗硼产物在 1673K 下保温 4h 的 XRD 图谱

为了进一步验证式(6-4)反应的可行性，$W\text{-}B_4C$[41]的伪二元相图如图 6-3 所示。对应于式(6-4)反应的组成用虚线(a、b、c、d)标出。标记为 I、II、III 的重要相区可分别与 $WB+WC+W_2B$、WB+C、W_2B_5+C 相关联。对于式(6-1)，在当前反应温度下，反应产物的稳定相为 W_2B、WB 和 WC(相区 I)。由图 6-1 可知，式(6-6)反应的标准吉布斯自由能变化小于式(6-1)的反应。因此，实际反应方程式应为式(6-6)。

$$8W+B_4C \xlongequal{} 3W_2B+WB+WC \tag{6-6}$$

然而，B∶W=0.5 时，在当前实验条件下，W_2B 的衍射强度远高于 WB 和 WC，因此很难检测到 WB 和 WC 的衍射峰。B∶W=1.0 时，WB 和 C 为稳定产物(相区Ⅱ)，与 XRD 结果一致。但由于产物中 C 的理论含量仅为 1.5%(质量分数)，检

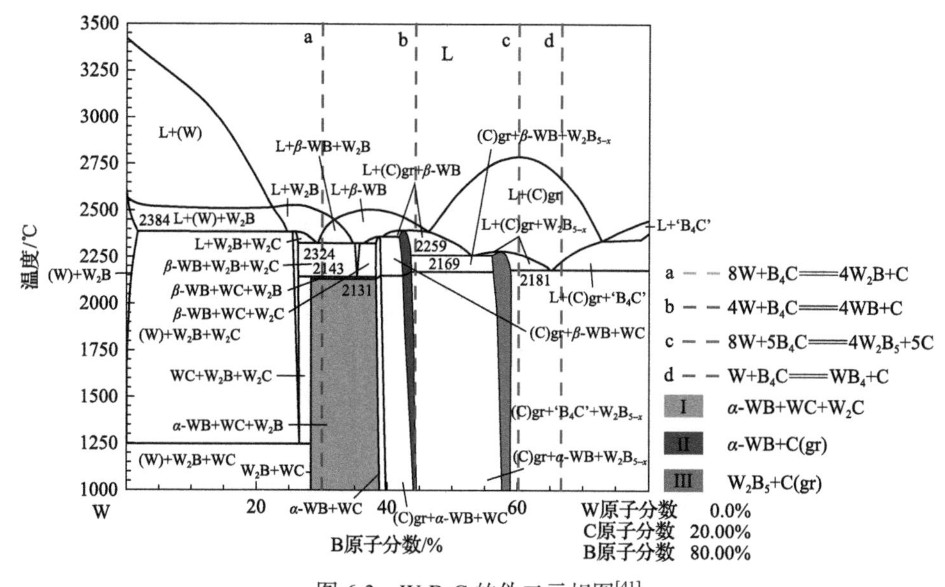

图 6-3　W-B_4C 的伪二元相图[41]

测其特征峰较为困难。当 B∶W=2.5 时，由于 W_2B_5 为非化学计量比化合物，虚线 c 与相区Ⅲ略有偏离。如图 6-2 所示，还可以制备 W_2B_5 和 C 的混合物，式(6-4)反应的相区为 W_2B_5+C+B_4C，而不是 WB_4+C。因此，B_4C 不能进一步与 W_2B_5 反应形成 WB_4。

通过 W 与 B_4C 的高温反应，可以在 B∶W=1 和 2.5 的条件下制备出 WB 或 W_2B_5(理论碳含量分别为 1.2%和 3.4%(质量分数))含碳产物。值得注意的是，这类含碳硼化钨在高温电极[42]、包覆涂层[43,44]、碳纤维复合材料[45]等领域也有潜在的应用，这些领域对硼化钨中的碳含量没有严格要求。

2. *脱碳反应产物*

为了制备无碳硼化钨，将硼化产物置于 1673K 的熔融钙中进行脱碳处理。浸出后脱碳产物的 XRD 结果如图 6-4 所示。B∶W=0.5 和 1.0，因此 XRD 图谱与脱碳前相同(图 6-2)。通过分析脱碳前后产物的碳含量，发现其分别为 0.14%和 0.09%(质量分数)，远低于脱碳前的(0.8%和 1.4%(质量分数))。在 B∶W=0.5 时，从伪二元相图中可以看出，除 W_2B 外，还会生成 WB 和 WC。但在钙处理过程中，会发生式(6-7)的反应，导致脱碳后的最终物相为 W_2B。由图 6-1 可以证明式(6-7)反应的可行性。

$$4WC+Ca \longequal 2W_2C+CaC_2 \tag{6-7}$$

$$2W_2C+Ca \longequal 4W+CaC_2 \tag{6-8}$$

$$2WC+Ca \xlongequal{\quad} 2W+CaC_2 \tag{6-9}$$

$$W+WB \xlongequal{\quad} W_2B \tag{6-10}$$

因此，在液态钙中通过更复杂的脱碳过程制备了纯相 W_2B。

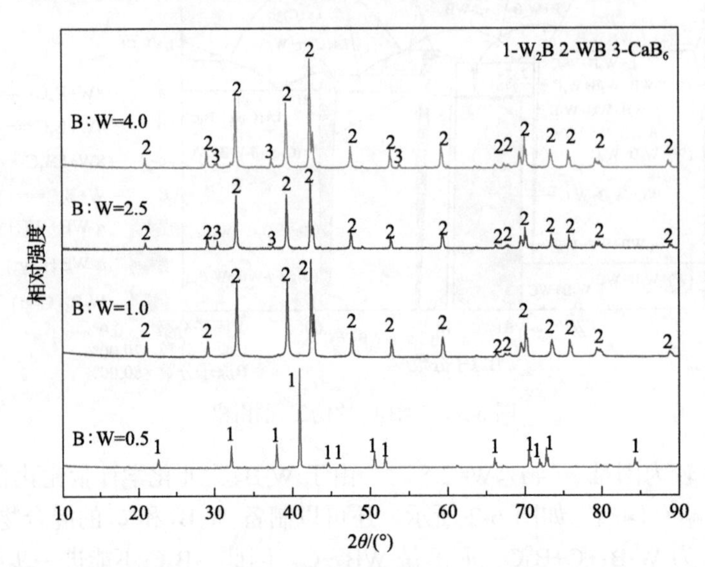

图 6-4　不同 B/W 比的脱碳产物在 1673K 下反应 4h 后的 XRD 图谱

当 B∶W=1.0 时，脱碳反应可用式(6-5)描述。而在 B∶W=2.5 和 4.0 的脱碳产物中，均未检测到 W_2B_5，且存在 WB 和 CaB_6 的特征峰。根据这些结果，W_2B_5 与 Ca 通过式(6-11)进行反应：

$$2W_2B_5 + Ca \xlongequal{\quad} 4WB + CaB_6 \tag{6-11}$$

热力学计算结果表明，式(6-11)反应的标准吉布斯自由能变化为正值，采用文献[38]中 W_2B_5 的热力学数据为 17～31kJ/mol，或采用文献[2]中的数据为 159～249kJ/mol。热力学计算结果与实验结果不一致，可能是由于 W_2B_5 的热力学数据不准确。因此，脱碳处理后只能制备出纯相的 W_2B 和 WB。

3. W 与 B_4C 之间的硼化反应生成 WB 的过程研究

为了研究 W 与 B_4C 反应生成 B∶W=1 的 WB 的过程，与式(6-2)一样，在 1273K、1373K 和 1473K 下进行了不同反应时间的等温实验。原料混合物(W 和 B_4C)的 XRD 图谱如图 6-5(a)所示，只能检测到 W 的特征峰，这可能是因为 B_4C 相对于 W 的衍射强度较弱。在 1273K 的等温实验中(图 6-5(b))，反应 1h 后没有检测到新相，而反应 2h 后观察到 WB、W_2B 和 WC 的微弱特征峰。随着反应的进行，

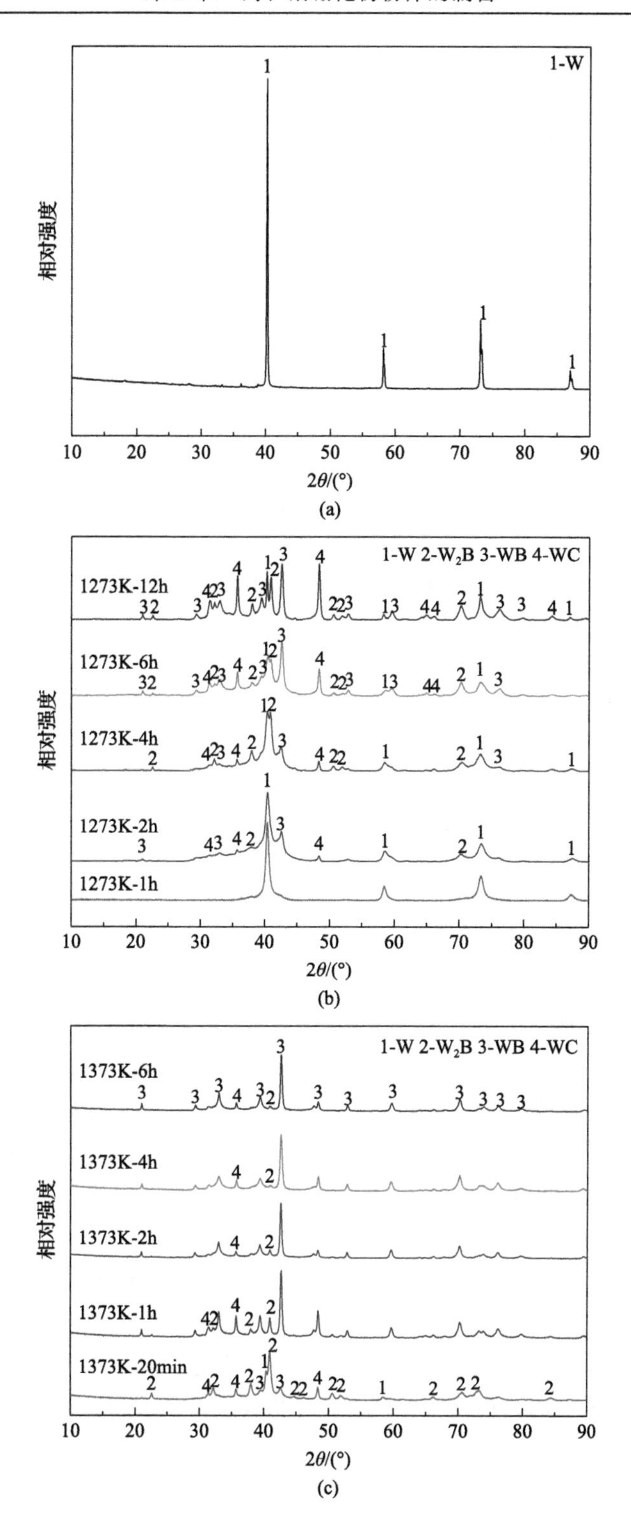
1-W
相对强度
2θ/(°)
1-W 2-W₂B 3-WB 4-WC
1273K-12h
1273K-6h
1273K-4h
1273K-2h
1273K-1h
1373K-6h
1373K-4h
1373K-2h
1373K-1h
1373K-20min
10 20 30 40 50 60 70 80 90

(a)

(b)

(c)

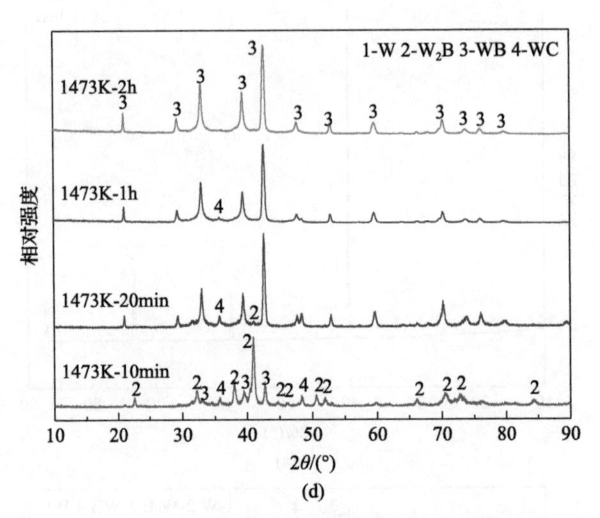

图 6-5 B/W 为 1.0 的等温渗硼实验的渗硼产物的 XRD 图谱

(a) W 和 B_4C 的原始混合物；(b) 1273K；(c) 1373K；(d) 1473K

W 的峰强度逐渐减弱，产物(WB)和中间产物(W_2B 和 WC)的峰强度逐渐增强。即使反应 12h 后，仍无法制备出单相 WB。结果表明，在 1273K 时，硼化反应速率较慢。对于 1373K 下的等温实验，不同时间下产物的 XRD 图谱如图 6-5(c)所示。20min 后已出现 W_2B、WC 和 WB 的强特征峰。反应 1h 后，产物中 W 的衍射峰消失。因此，与 1273K 相比，反应速率显著提高。进一步延长时间至 2h、4h、6h，中间产物的峰强度逐渐降低。在反应温度为 1473K 时(图 6-5(d))，中间产物与之前相同，即 W_2B 和 WC。热处理 2h 后可制备出单相 WB。

为了解渗硼反应过程中产物的形貌演变，图 6-6 为 1373K 下不同保温时间硼化产物的 FESEM 照片。对于原料(图 6-6(a))，观察到两种截然不同的形貌，即近球形的 W 颗粒和多面体的 B_4C 颗粒。B_4C 颗粒的光滑解理面清晰可见。对于反应程度较低的情况，如反应 20min 后(图 6-6(b))，球形颗粒无明显变化，而 B_4C 颗粒表面不再光滑。2h 后(图 6-6(c))，B_4C 表面变得越来越不平整。对于反应程度明显较大的样品(图 6-6(d))，没有观察到 B_4C 颗粒，几乎所有的颗粒都是类似于原料 W 的球形。

综合以上对相转变和形貌演变的分析，可以得出 WB 继承了原始金属 W 的形貌特征，在反应过程中，B_4C 的 B、C 原子逐渐渗透到 W 晶格中。WB 的产生有 3 种可能的途径，如图 6-7 所示：①W 直接转化为 WB，不产生任何中间产物；②先将 W 渗硼至 W_2B，再将 W_2B 渗硼至 WB；③W 先被碳化为 WC，WC 再转化为 WB。

图 6-6　不同保温时间硼化产物的 FESEM 图像

(a) W 和 B_4C 的原始混合物；(b) 1373K，20min；(c) 1373K，2h；(d) 1373K，6h

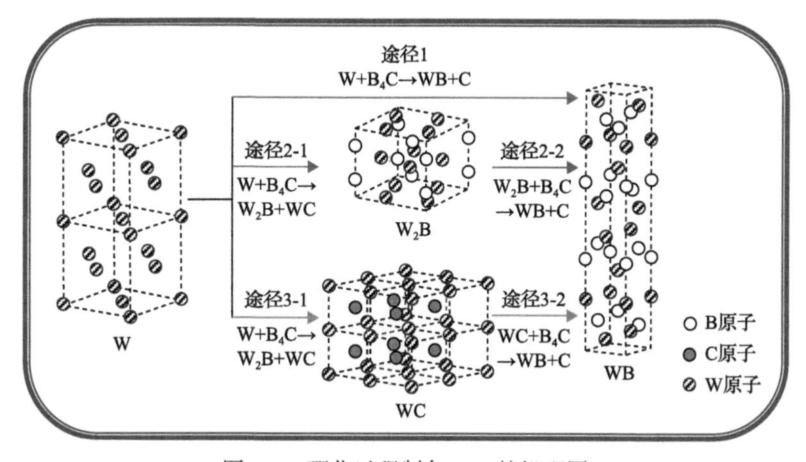

图 6-7　硼化过程制备 WB 的机理图

4. 超细 WB 的制备

由于 WB 和 W 在形貌和粒度上的遗传关系，用超细 W 粉制备超细 WB 是可能的。使用微米级 W 粉(约 1μm，图 6-8(a))在 1673K 下进行硼化反应后脱碳产物的形貌如图 6-8(c)所示。结果表明，产物(约 1μm)的粒径与原料 W 相似。然而，使用超细 W 粉(约 0.1μm，图 6-8(b))得到的 WB(约 1μm，图 6-8(d))的粒径呈珊瑚状，且粒径明显大于原料超细 W 粉。获得该形貌可能是由于超细 W 粉的强烧结活性，使 W 粉在硼化反应之前聚合生长[46]。这种珊瑚状的产物显然是细颗粒之间烧结的结果。为了防止颗粒长大，采用较低的渗硼温度(1473K)制备超细 WB 粉。渗硼产物的图像如图 6-8(e)所示，粒径(约 0.3μm)明显小于高温下制备的产物，如图 6-8(d)所示。因此，选择超细 W 粉为原料，可以在较低的硼化温度下制备超细 WB。脱碳处理后，所得 WB 的碳含量为 0.08%(质量分数)。

图 6-8　W 粉和 WB 粉的 FESEM 照片

(a)微米级 W 粉；(b)超细 W 粉；(c)微米级 W 粉在硼化反应温度为 1673K 下制备的 WB；(d)超细 W 粉在渗硼反应温度为 1673K 时制备的 WB；(e)超细 W 粉在渗硼反应温度为 1473K 时制备的 WB

6.2　以钼和碳化硼为原料制备硼化钼粉体

本节对硼化钼粉体的制备方法进行介绍，该方法与制备硼化钨原理类似。根据实验和热力学计算结果，可以成功地制备出单相MoB，而不能合成Mo_2B、Mo_2B_5和MoB_4。

6.2.1　实验部分

使用的原料是商业钼粉（纯度>99.9%，2～3μm）、超细钼粉（纯度>99.9%，0.2～0.3μm，自制[47]）、B_4C粉（纯度>99%，2～3μm）和金属Ca粉（纯度>99.5%，1～5mm）。反应过程分为三部分，由Mo的硼化、使用熔融Ca对产物脱碳和酸浸组成，如以下反应所述：

$$4Mo+xB_4C \rightleftharpoons 4MoB_x+xC \quad (x=0.5, 1.0, 2.5, 4.0) \tag{6-12}$$

$$Ca+2C \rightleftharpoons CaC_2, \quad \Delta G^{\ominus}<0\ (1273K<T<1873K) \tag{6-13}$$

$$CaC_2+2H^+(aq) \rightleftharpoons C_2H_2(g)+Ca^{2+}(aq), \quad \Delta G^{\ominus}<0\ (273K<T<323K) \tag{6-14}$$

为了分别制备Mo_2B、MoB、Mo_2B_5、MoB_4，实验中设定B∶Mo=0.5、1.0、2.5和4.0。硼化和脱碳反应的条件分别为1673K，6h和1623K，4h。

对于硼化阶段，首先称量B_4C粉和Mo粉并在玛瑙研钵中均匀混合。在约150MPa的单轴压力下将混合粉末压制成圆柱形（ϕ=25mm）。然后，将压坯转移到石墨坩埚中，随后将其置于电炉的恒温区中。混合物在流动的氩气（99.999%纯度）气氛中特定温度反应特定时间。在炉冷却至室温后，从炉中取出样品，并破碎成粉末。在之后的脱碳阶段，在氩气气氛下的钼坩埚中对硼化产物粉末进行钙处理。反应后，向冷却的脱碳产物中加入盐酸（1mol/L），浸出0.5h，并在过滤前用去离子水洗涤粉末数次。最后，将湿粉末在干燥箱中干燥。

6.2.2　结果与讨论

1. 制备不同硼化钼的可行性研究

使用Factsage 7.0软件进行热力学计算[48,40]，相关反应的标准吉布斯自由能变化如图6-9所示。同时，为了便于热力学解释，图6-10给出了Rogl等[49]绘制的Mo-B-C三元相图（1573和2073K下的等温截面）。在三元相图中，原料组分点（Mo和B_4C）和预测产物（不同的硼化钼和C）之间用辅助线连接。交点（点1、点2、点3和点4）对应于硼化产物分别为Mo_2B、MoB、Mo_2B_5、MoB_4的热力学平衡点。

对于本节涉及的点 1～点 4，两个等温截面之间的主要差异是在 2073K 下新化合

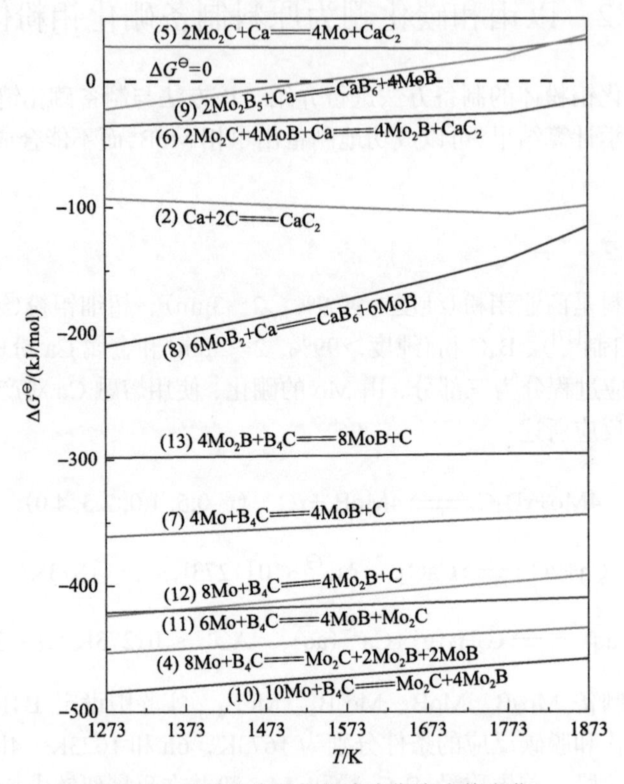

图 6-9 相关反应的标准吉布斯自由能变化

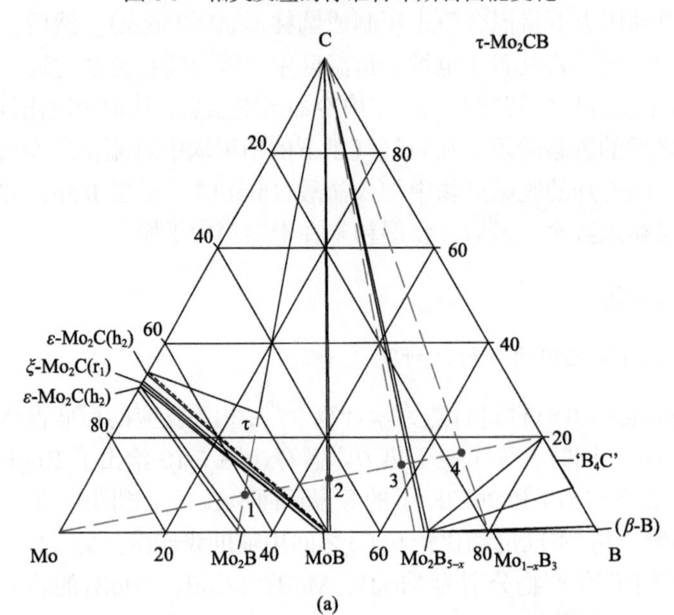

(a)

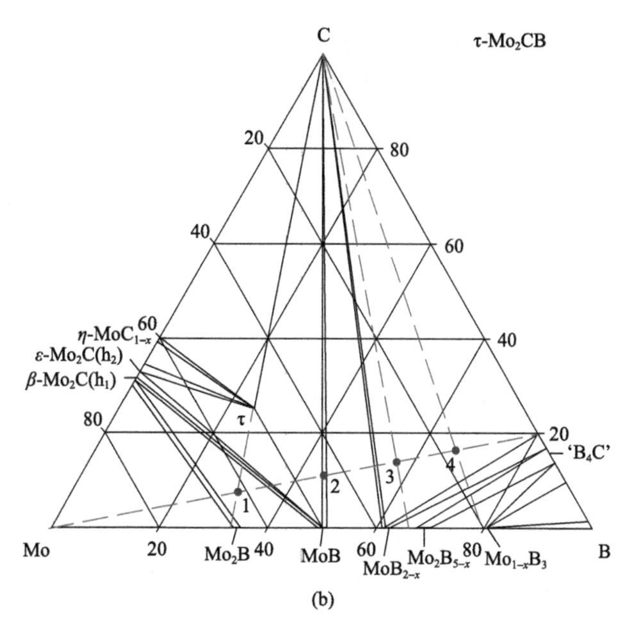

图 6-10　Mo-B-C 系在 1573K(a)和 2073K(b)的等温截面

物 MoB_2 的存在。然而，MoB_2 在 1790～2648K 的温度范围内在高温下是稳定的相[1]。本节选择的反应温度为 1673K，低于该温度范围。因此，推测 MoB_2 将不存在于 1673K 的等温截面中。因此，1573K 的等温截面将近似地用于解释 1673K 时点 1～点 4 的平衡相组成。

具有不同 B/Mo 比的产物在硼化、脱碳和酸浸产物之后的 XRD 图谱见图 6-11。对于 B∶Mo=0.5，在三个不同阶段的产物的相组成都是 Mo_2C、Mo_2B 和 MoB，这与图 6-10(a)中所示的组成点 1 一致。硼化产物中碳含量较低且为无定形状态，因此未检测到碳的特征峰。脱碳产物中生成的 CaC_2 含量也很小，同时，CaC_2 很容易与空气中的水反应，因此在脱碳产物的 XRD 图谱中，没有检测到 CaC_2。上述原因导致了三个不同阶段产物的衍射峰没有明显差异。因此，B∶Mo=0.5 时的反应方程式可描述为

$$8Mo+B_4C \rightleftharpoons Mo_2C+2Mo_2B+2MoB, \quad \Delta G^{\ominus}<0\,(1273K<T<1873K) \tag{6-15}$$

此外，根据热力学分析，Mo_2C 不能在宽的温度范围内与 Ca 反应，如式(6-16)和式(6-17)所述。

$$2Mo_2C+Ca \rightleftharpoons 4Mo+CaC_2, \quad \Delta G^{\ominus}>0\,(1273K<T<1873K) \tag{6-16}$$

$$2Mo_2C+4MoB+Ca \rightleftharpoons 4Mo_2B+CaC_2, \quad \Delta G^{\ominus}<0\,(1273K<T<1873K) \tag{6-17}$$

即使式(6-17)的标准吉布斯自由能的变化为负值，脱碳产物中 MoB 的特征峰也没有减弱。式(6-16)可能是式(6-17)的中间步骤，对于式(6-16)，标准吉布斯自由能的变化是正的，不能进行。因此，式(6-17)的反应不会发生。研究结果也表明，单相 Mo_2B 不能通过当前方法制备。

在 B∶Mo=1.0 的情况下，反应后的产物中仅检测到 MoB 的特征峰。硼化阶段的反应方程为

$$4Mo+B_4C \rightleftharpoons 4MoB+C, \quad \Delta G^{\ominus}<0\,(1273K<T<1873K) \qquad (6\text{-}18)$$

MoB 和 C 组成的产物与图 6-10(a)中点 2 的组成一致。由于产物中碳含量低(理论值为 2.74%(质量分数))，在产物中未检测到碳的特征峰。需要指出的是，在脱碳处理后的产物中也没有检测到 CaC_2 的特征峰(图 6-11(b))。

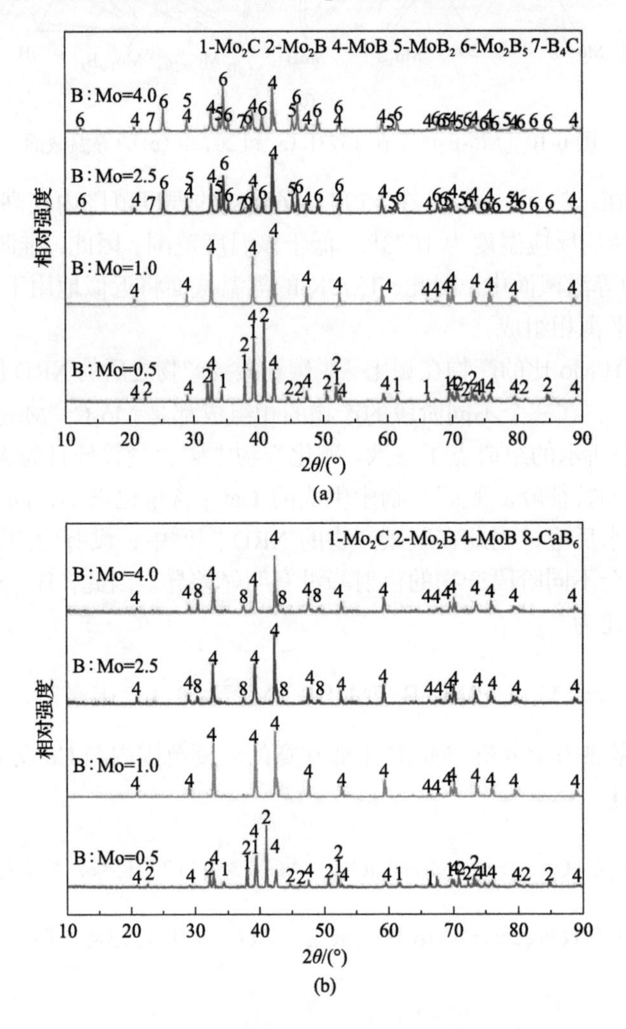

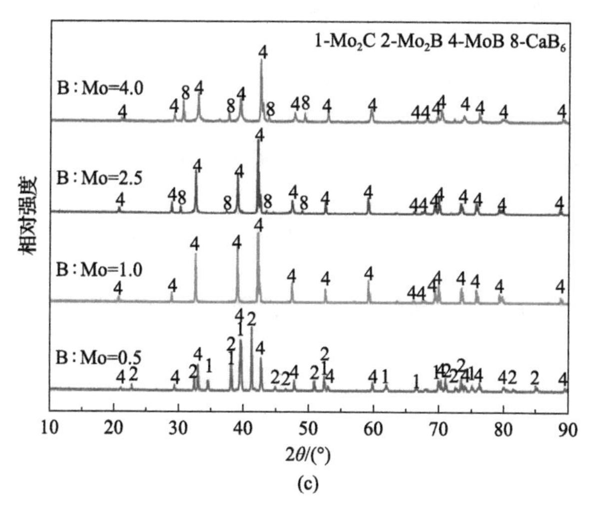

(c)

图 6-11　不同 B/Mo 比产物的 XRD 图谱

(a)在 1673K 下硼化 6h；(b)在 1623K 下脱碳 4h；(c)酸浸脱碳产物

对于 B∶Mo=2.5 和 4.0，硼化反应后的相组成为 MoB、MoB_2、Mo_2B_5 和 B_4C，其不同于图 6-10(a)中点 3 和点 4 的相组成，这可能是由于在当前温度下将更多的 B 原子扩散到 Mo 晶格中大的扩散阻力导致的缓慢反应动力学[50]。在脱碳过程之后，产物由 MoB 和 CaB_6 组成，而不是 Mo_2B_5 或 MoB_4。原因可能是 MoB_2 和 Mo_2B_5 将与 Ca 反应，如式(6-19)和式(6-20)所述。

$$6MoB_2+Ca \rightleftharpoons CaB_6+6MoB,\quad \Delta G^{\ominus}<0\,(1273K<T<1873K) \tag{6-19}$$

$$2Mo_2B_5+Ca \rightleftharpoons CaB_6+4MoB,\quad \Delta G^{\ominus}<0\,(1273K<T<1538K) \tag{6-20}$$

基于上述分析，只有 MoB 可以使用当前工艺合成。

2. Mo 与 B_4C 反应生成 MoB 过程中的相演变

基于上述实验结果，本工艺只能制备单相 MoB。为了详细验证合成 MoB 粉末的硼化过程(式(6-18))，制备了在不同温度下反应不同时间后的产物，相应产物的 XRD 图谱如图 6-12 所示。图 6-13 中还显示了一些典型的 FESEM 图像。在反应过程中，生成了 Mo_2B、Mo_2C 和 Mo_2BC 等化合物，这些化合物也出现在 B_4C 与钼箔 1773K 反应后的扩散层中[51]。由于 B_4C 的衍射峰强度较弱，在 Mo 和 B_4C 的混合物中也没有检测到 B_4C 的特征峰。在 1273K 反应不同时间后得到的产物中检测到 Mo、Mo_2C 和 Mo_2B 的特征峰。尽管在产物中未检测到 B_4C，但在图 6-13(b)中观察到与原始 B_4C(图 6-13(a))相同的多面体颗粒。Mo_2BC 仅在热处理 12h 后检测到。反应过程中涉及多种化合物，因此可能发生以下反应。

$$10Mo+B_4C \rightleftharpoons 4Mo_2B+Mo_2C, \quad \Delta G^{\ominus}<0\,(1273K<T<1873K) \tag{6-21}$$

$$6Mo+B_4C \rightleftharpoons 4MoB+Mo_2C, \quad \Delta G^{\ominus}<0\,(1273K<T<1873K) \tag{6-22}$$

$$8Mo+B_4C \rightleftharpoons 4Mo_2B+C, \quad \Delta G^{\ominus}<0\,(1273K<T<1873K) \tag{6-23}$$

$$4Mo_2B+B_4C \rightleftharpoons 8MoB+C, \quad \Delta G^{\ominus}<0\,(1273K<T<1873K) \tag{6-24}$$

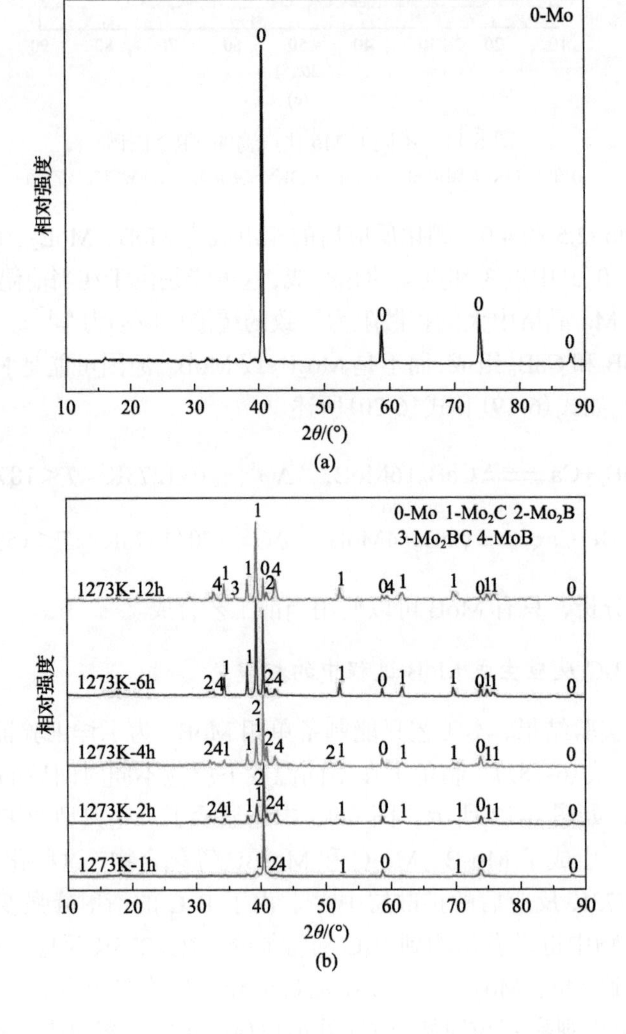

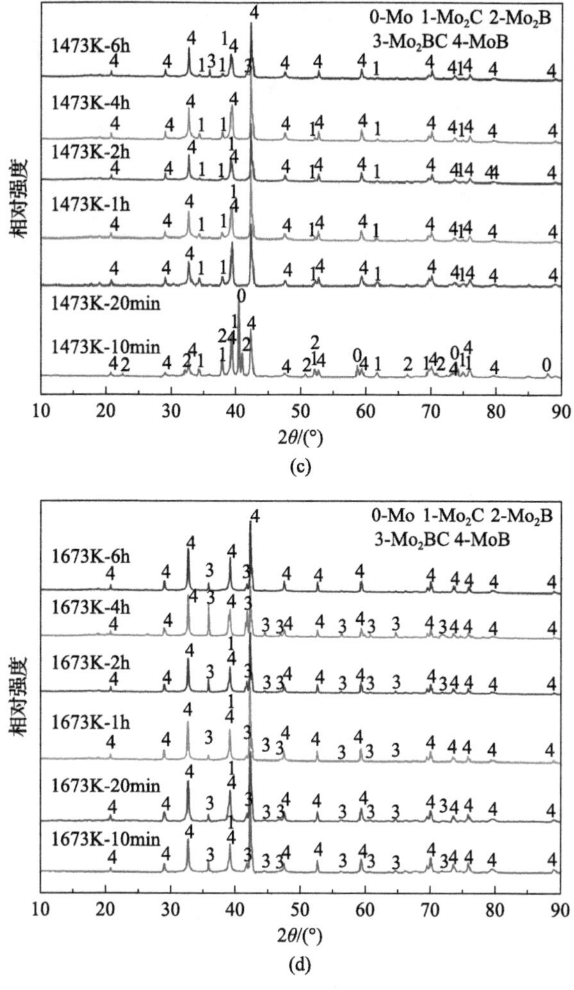

图 6-12　B/Mo 比为 1.0 的等温实验的渗硼产物的 XRD 图

(a) Mo 和 B_4C 的原始混合物；(b) 1273K；(c) 1473K；(d) 1673K

(a)　　(b)

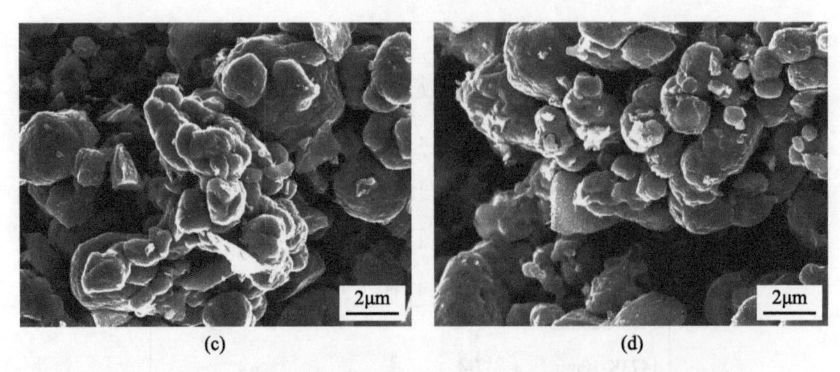

图 6-13　在不同温度和持续时间下获得的产物的 FESEM 图像

(a) Mo 和 B_4C 的原始混合物；(b) 1273K 持续 6h；(c) 1473K 持续 6h；(d) 1673K 持续 6h

在 1473K 下获得的产物 XRD 图谱见图 6-12(c)。由于式(6-21)～式(6-24)的反应可能以大的速率发生，Mo 和 Mo_2B 仅能在 10min 内检测到。即使反应时间为 20min，产物也仅由 Mo_2C 和 MoB 组成。然而，在反应 6h 后，检测到 Mo_2BC，其可能由式(6-25)的反应产生。相对于图 6-13(b)，由于反应程度大，多面体 B_4C 颗粒的数量大大减少。

$$4Mo_2C+B_4C \rightleftharpoons 4Mo_2BC+C \tag{6-25}$$

在 1673K 下，从图 6-12(d)所示的产物 XRD 图谱来看，主要组分是 MoB、Mo_2BC 和 Mo_2C。值得注意的是，随着反应时间的延长，Mo_2BC 的衍射峰强度先增强后减弱，表明存在产生 Mo_2BC 的式(6-25)的反应和消耗 Mo_2BC 的另一反应式(6-26)。

$$4Mo_2BC+ B_4C \rightleftharpoons 8MoB+C \tag{6-26}$$

在图 6-13(d)中，产物的颗粒接近球形并且类似于原始 Mo。可以推测，整个反应过程是 B 逐渐扩散到 Mo 晶格中的过程，从而使产物保持了 Mo 的形貌。

3. *原料钼粉粒度的影响*

本节研究原始钼粉粒度对产物的影响，钼粉和所制备的 MoB 的 FESEM 图像见图 6-14。对于商业微米级钼粉(粗)，所生产的 MoB 的粒度基本上保持了钼原料的粒度。但是，颗粒形貌不如原始钼粉光滑，这意味着 MoB 团簇由二次颗粒组成。这可能是由于在新化合物形成过程中的膨胀和开裂[52]使得在每个钼颗粒上形成了多个新颗粒。以超细钼粉为原料，制备的 MoB 粒径约为 1μm，明显大于超细钼粉。MoB 相对于 Mo 的较大粒度可能是 Mo ($9.4cm^3/mol$) 到 MoB ($12.4cm^3/mol$) 的晶格膨胀所致。超细钼粉硼化产物的粒度约为超细钼粉的 5～10 倍。但从 Mo ($9.4cm^3/mol$) 到 MoB ($12.4cm^3/mol$) 的晶格膨胀仅为 1.3 倍。因此，MoB 相对于 Mo 粒度较大的原因可能是由于超细钼粉在反应过程中的烧结和生长[46]。这两个原因可能导致产物显著粗化。

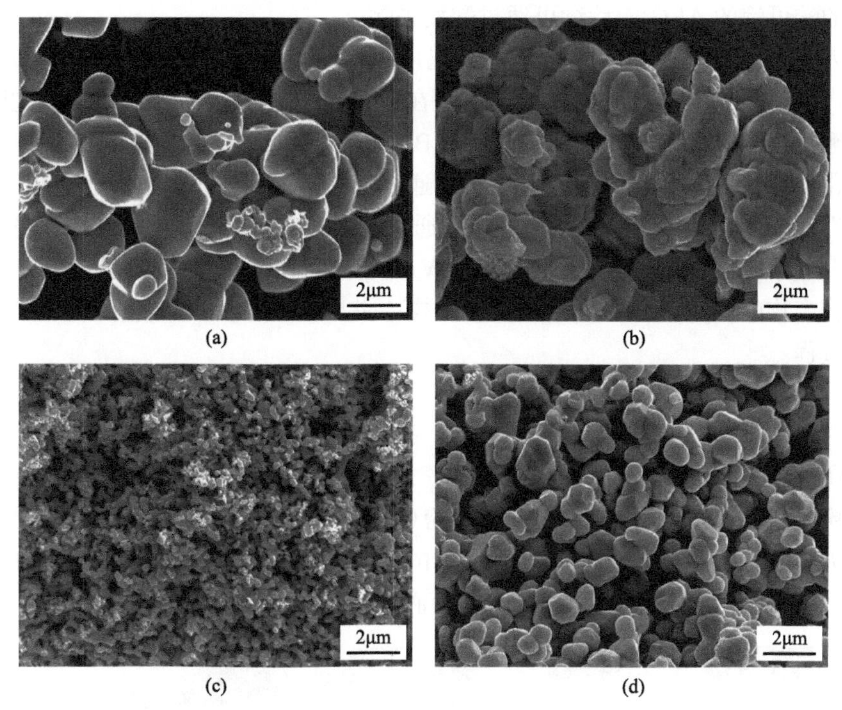

图 6-14　原材料和产物的 FESEM 图像

(a)商业钼粉；(b)由商业钼粉合成的 MoB；(c)超细钼粉；(d)由超细钼粉合成的 MoB

4. 残余碳含量分析

经 1623K 钙脱碳 4h 和酸浸处理后，硼化产物(使用商品钼粉)的碳含量从理论值 2.74%降至 0.38%(质量分数)。提高处理温度和延长处理时间有利于脱碳反应，特别是在较高温度下，金属钙具有较高的蒸气压[53]，这促进了金属钙与残余碳的接触。强化钙处理条件至 1673K 保温 8h 后，产物的碳含量可降至 0.10%(质量分数)。对于以超细钼粉为原料的硼化产物，由于超细钼粉具有更细的粒度和更好的动力学条件，在 1623K 下钙处理 4h 后，碳含量可降至 0.11%(质量分数)。因此，高温、长反应时间和细钼粉可以显著降低最终产物的残余碳含量。

6.3　钼粉、钨粉与碳化硼粉在铝熔体中的硼化反应

在前两节内容中，为了制备 MoB 和 WB，使用 B_4C 对钼粉或钨粉进行硼化，并使用金属 Ca 作为脱碳剂。然而，该方法的缺点是 Mo_2B_5(或 W_2B_5)将与 Ca 反

应形成 CaB_6，因此不能获得 Mo_2B_5(或 W_2B_5)。此外，Ca 的沸点只有 1757K，在高温下会大量蒸发。然而，Al 的沸点高达 2600K，并且 Al 也会与 C 反应以形成稳定的酸可溶的 Al_4C_3，后续可通过酸浸去除。

因此，本节研究不同配比的钼(或钨)与 B_4C 粉在铝熔体中的反应，合成不同化学计量比的 Mo 或 W 硼化物。反应是在铝熔体环境中进行的，因此也可以制备三元硼化物、MoAlB 和 WAlB。本节以 B_4C 为硼源，在铝熔体中对钼粉或钨粉进行硼化处理，制备了 Mo 或 W 硼化物。通过热力学计算，评价制备各种硼化物的可行性及硼化物在铝熔体中的稳定性。通过 1523K 的高温反应和随后的酸浸，成功地合成单相 MoAlB、W_2B_5、WB 和 W_2B_5 粉末。由于铝熔体的脱碳作用，各种硼化物产物的碳含量均低于 1%(质量分数)。此外，还揭示了合成阶段各种产物的相变过程。

6.3.1　实验部分

所用原料为钼粉(纯度＞99.9%，2～3μm)、钨粉(纯度＞99.8%，2～3μm)、B_4C 粉(纯度＞98%，2～10μm)以及铝粉(纯度＞99%，200 目)。所有原料的微观形态如图 6-15 所示。其中，钼粉和钨粉的颗粒尺寸约为几微米；B_4C 粉为几微米的多面体颗粒，而铝粉为约 100μm 的液滴状颗粒。

图 6-15　钼粉、钨粉和 B_4C 粉在铝熔体中的硼化实验所用原料的 FESEM 图像

(a) Mo；(b) W；(c) B_4C；(d) Al

首先，基于化学计量比称量钼(或钨)和 B_4C，同时铝粉的量为理论量的 2.0 倍。由于铝的颗粒尺寸较大，钼(或钨)和 B_4C 粉末在玛瑙研钵中混合均匀。然后，搅拌混合物和铝粉直至均匀。将均匀混合的原料置于 Al_2O_3 坩埚中。接着，在氩气气氛下，将坩埚加热至 1523K 并在管式炉中保持 4h。在炉冷却至室温后，取出样品并研磨成粉末。将粉碎的样品浸入稀硫酸(16%(质量分数))中，然后产物用去离子水洗涤。最后，将产物在 80℃下干燥并用于其他表征。为了研究各种产物的形成过程，对不同温度下制备的产物的相组成进行分析。

采用 Factsage 7.2 软件进行热力学计算。通过使用 X 射线衍射分析(XRD，Cu-Kα 辐射，λ=1.54178Å)在 10°～60°的 2θ 范围内以 30(°)/min 的扫描速度和 0.01°的步长检测产物粉末的相组成。使用 FESEM 观察产物的形态。使用碳硫分析仪分析 C 含量。

6.3.2　热力学分析

为了考察该方法制备不同硼化物的可行性，计算式(6-27)在 973～2073K 温度范围内的标准吉布斯自由能$\left(\Delta G^{\ominus}\right)$的变化，并将计算结果显示在图 6-16(a)和(b)中。

$$\mathrm{Mo(或W)+B_4C+Al\longrightarrow Mo(或W)_{\mathit{x}}B_{\mathit{y}}+Al_4C_3} \tag{6-27}$$

Factsage 7.2 软件中缺乏关于 W 硼化物的数据，因此从报道的文献中收集了化合物的缺失热力学数据[38,54]。所选择的温度范围为 Al 的熔点(933K)和沸点(2600K)之间，因此 Al 处于液态。在如此大的温度范围内，Mo 和 W 的硼化物将自发生成。但是在 1273K 下的 Mo-Al-B 三元相图截面中(图 6-17)[55]，只有 Mo_2B_5 可以稳定地存在于铝熔体中。为了保证脱碳过程的彻底进行，在实际操作中加入过量的 Al。因此，考虑了不同温度下硼化物与铝熔体反应的 $\Delta G^{\ominus}$，如图 6-16(c)

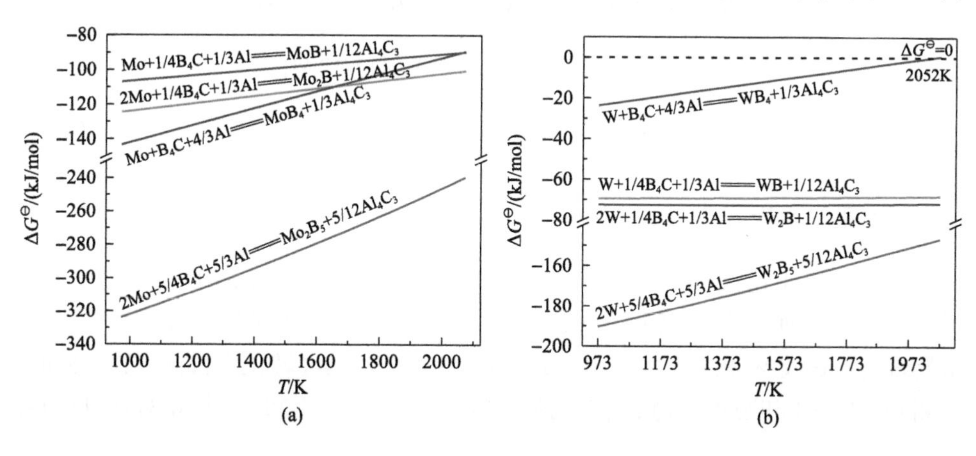

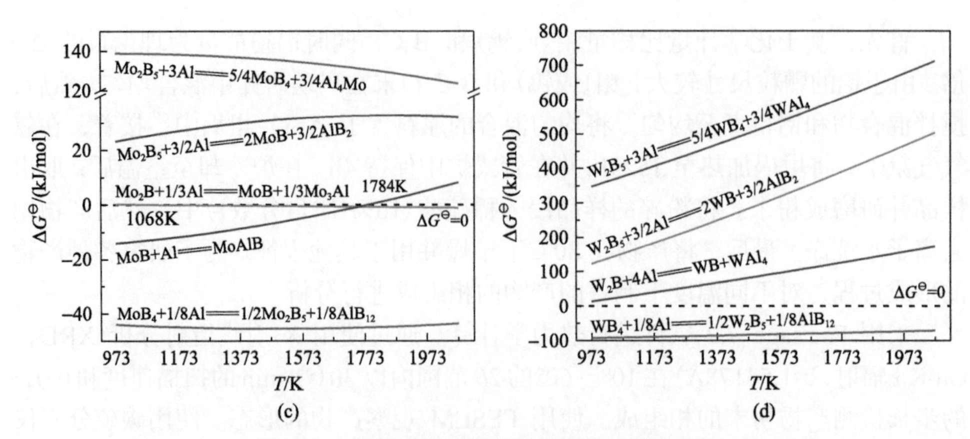

图 6-16 相关反应的标准吉布斯自由能的变化

(a)形成钼硼化物；(b)形成钨硼化物；(c)钼硼化物与铝反应；(d)钨硼化物与铝反应

和(d)所示。其中，MoAlB、Mo-Al 和 W-Al 金属间化合物的一些数据引自文献[56]和[57]。由图 6-16(c)可知，当温度高于 1068K 时，Mo_2B 将不能稳定地存在于铝熔体中。MoB 在铝熔体中也不稳定，因为 MoB 在低于 1784K 的温度下会与 Al 反应生成 MoAlB。而 Mo_2B_5 不能与 Al 反应生成 Al-B 和 Al-Mo 二元系中 Al 含量最高的化合物：AlB_2 和 AlMo。MoB_4 可以与 Al 反应生成 AlB_{12} 和 Mo_2B_5，这表明该方法不适合制备 MoB_4。在制备硼化钨时，W_2B 不与 Al 发生相互作用。此外，由于 WAlB 的数据未知，将不评估 WB 在铝熔体中的稳定性。与 Mo_2B_5 和 MoB_4 相似，W_2B_5 能稳定存在于铝熔体中，而 WB_4 不能。在上述热力学分析的基础上，选择 MoAlB、Mo_2B_5、WB 和 W_2B_5 作为目标产物，所涉及的反应方程式如式(6-28)～式(6-31)所示。

$$Mo + 1/4B_4C + 4/3Al ═══ MoAlB + 1/12Al_4C_3 \tag{6-28}$$

$$2Mo + 5/4B_4C + 5/3Al ═══ Mo_2B_5 + 5/12Al_4C_3 \tag{6-29}$$

$$W + 1/4B_4C + 1/3Al ═══ WB + 1/12Al_4C_3 \tag{6-30}$$

$$2W + 5/4B_4C + 5/3Al ═══ W_2B_5 + 5/12Al_4C_3 \tag{6-31}$$

6.3.3 结果与讨论

在 1523K 下退火 4h 后，具有不同 B/Mo(或 W)比样品的 XRD 图谱如图 6-18 所示。在浸出前，目标产物 MoAlB、Mo_2B_5、WB 和 W_2B_5 的特征峰均被检测到，未发现与 Mo 或 W 相关的特征峰。这表明 Mo 或 W 已经转化为目标产物。同时，检测到残留 Al 和脱碳产物 Al_4C_3 的特征峰。因此，式(6-28)～式(6-31)的反应在目前的条件下已经完全发生。浸出后，Al 和脱碳产物 Al_4C_3 被去除，仅保留目标产物。因此，B_4C 与铝熔体中的 Mo 或 W 反应可制备 MoAlB、Mo_2B_5、WB 或 W_2B_5 单相。同时，为了评价铝熔体的脱碳效果，测量了样品的 C 含量，并在表 6-2 中示出。结果表明，所有产物的 C 含量都降低到 1%(质量分数)以下。

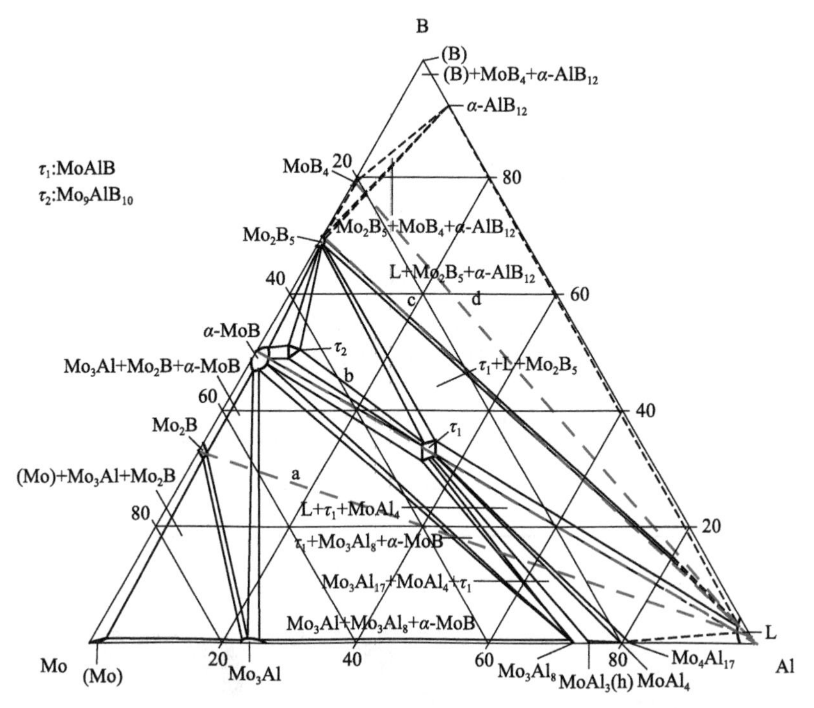

图 6-17　Mo-Al-B 系统在 1273K 时的等温截面[55]

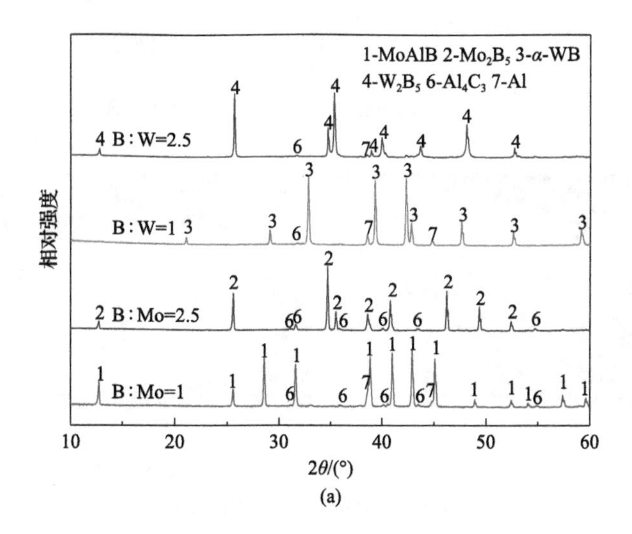

(a)

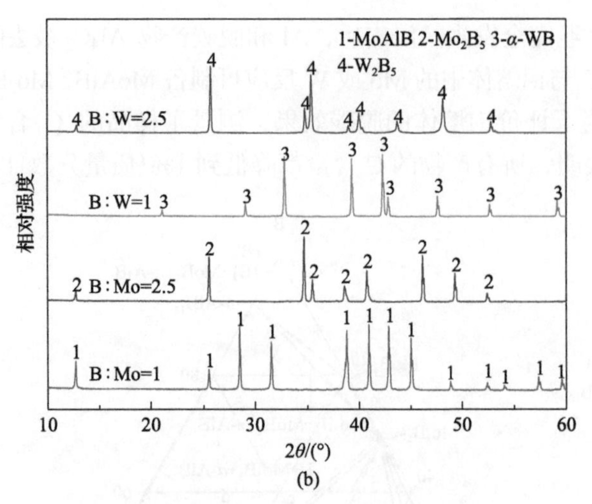

图 6-18　不同 B/Mo（或 W）比样品的 XRD 图谱

(a)浸出前的产物；(b)浸出后的产物

表 6-2　各种产物的 C 含量

产物	MoAlB	Mo_2B_5	WB	W_2B_5
产物 C 含量/%(质量分数)	0.69	0.78	0.47	0.81

上述产物的微观形貌如图 6-19 所示。MoAlB 颗粒为短棒状，长约 10μm。具

图 6-19　1523K 下退火 4h 产物的 FESEM 图像

(a) MoAlB；(b) Mo_2B_5；(c) WB；(d) W_2B_5

有这种形态的颗粒已经在其他工作中发现[58,59]。MoAlB 的形貌与原始钼颗粒没有直接关系，可能是产物在铝熔体中的再生长所致。经进一步硼化处理后，Mo_2B_5 的形貌可能继承了 MoAlB 的形貌，但仍存在短棒状。WB 的颗粒尺寸为几微米，基本上保持了原始 W 颗粒的形貌。然而，W_2B_5 是尺寸大于 10μm 的颗粒，在图 6-19(d)中可清楚地观察到明显的台阶和 120°的晶面角。它们是六方晶系化合物的典型特征。Al 助熔剂法制备的 W_2B_5 单晶也显示出类似的特征[60]，这种大尺寸片状颗粒是铝熔体作用的结果。

从上述结果来看，WB 不与铝熔体反应生成 WAlB 似乎是不正常的。在其他文献中也发现了类似的现象[61-64]。在表 6-3 中，收集了与制备 WAlB 相关的一些实验参数。在成功获得 WAlB 单晶的工作中，有 3 个共同的特点：①极低的 WB 含量(摩尔分数小于 1%)；②高温退火数小时；③速度小于 1K/min 的缓慢冷却过程。为了验证这一推论，通过式(6-33)计算在 WB 的溶解过程(式(6-32))中[W]和[B]的平衡摩尔分数。

$$\mathrm{WB(s)} = [\mathrm{W}] + [\mathrm{B}] \tag{6-32}$$

$$\Delta G_{\mathrm{sol}}^{\ominus} = RT\ln\left(a_{[\mathrm{W}]} \cdot a_{[\mathrm{B}]}\right) \tag{6-33}$$

式中，$\Delta G_{\mathrm{sol}}^{\ominus}$ 为采用拉乌尔定律标准状态下溶解过程的标准吉布斯自由能变化；R 为气体常数，8.314J/(K·mol)；T 为热力学温度；$a_{[\mathrm{W}]}$和 $a_{[\mathrm{B}]}$为[W]和[B]([ ]表示溶解态)的平衡活度。

表 6-3　与制备 WAlB 相关的实验参数

原料	WB 的质量分数/%	WB 的摩尔分数/%	退火温度/K	退火时间/h	冷却速度/(K/min)	产物的相组成	参考文献
WB, Al	0.66	0.09	1773	10	—	WAlB	[61]
W, B, Al	6.25	0.90	1773～1923	5	0.83	WAlB	[62]
W, B, Al	1.32～6.25	0.20～0.90	1823	24	0.03	WAlB	[63]
WB, Al	87.83	50	1273～1673	20	5	WB, Al, WAl_4, WAl_5	[64]
			1673～1873			WB, Al, WAl_{12}	

有关物质的热力学数据引自文献[38]。由于缺乏相关的活度系数数据，为了简化计算，将组分的活度近似地用相应的摩尔分数代替。计算结果表明，[W]和[B]在 1800K 时的摩尔分数为 8.1%，WB 在铝熔体中的饱和浓度约为 8.8%(摩尔分数)(或 41.1%(质量分数))。估算的溶解度远高于文献中 WB 的摩尔分数。因此，在这些文献工作中，冷却过程中从熔体中析出 WAlB，这种低速冷却过程可视为

准平衡过程。从而可以推测，WAlB 在 W-Al-B 体系中是一种稳定的化合物，WB 和 Al 可以结合形成 WAlB。式(6-34)负的自由能变化(密度泛函理论(density functional theory，DFT)计算结果)[64]也证明了该假设。

$$\alpha\text{-WB} + \text{Al} = \text{WAlB} \tag{6-34}$$

在当前的工作中，未能产生 WAlB 可能是由于动力学条件不足。此外，Richardson 等[64]推测 α-WB(低温相)很难转化为 WAlB，但 β-WB(高温相)可以与 Al 反应生成 WAlB。因此，在工作中，由于反应温度(1523K)远低于 WB 的相变温度(2383～2443K)[2]，在产物中生成的 α-WB(图 6-18)难以转化为 WAlB。

为了揭示各种硼化物产物的形成机理，研究几种产物在加热过程中的相变。样品在不同阶段的 XRD 图谱如图 6-20 所示。对于 B∶Mo=1.0 的样品，在 1023K

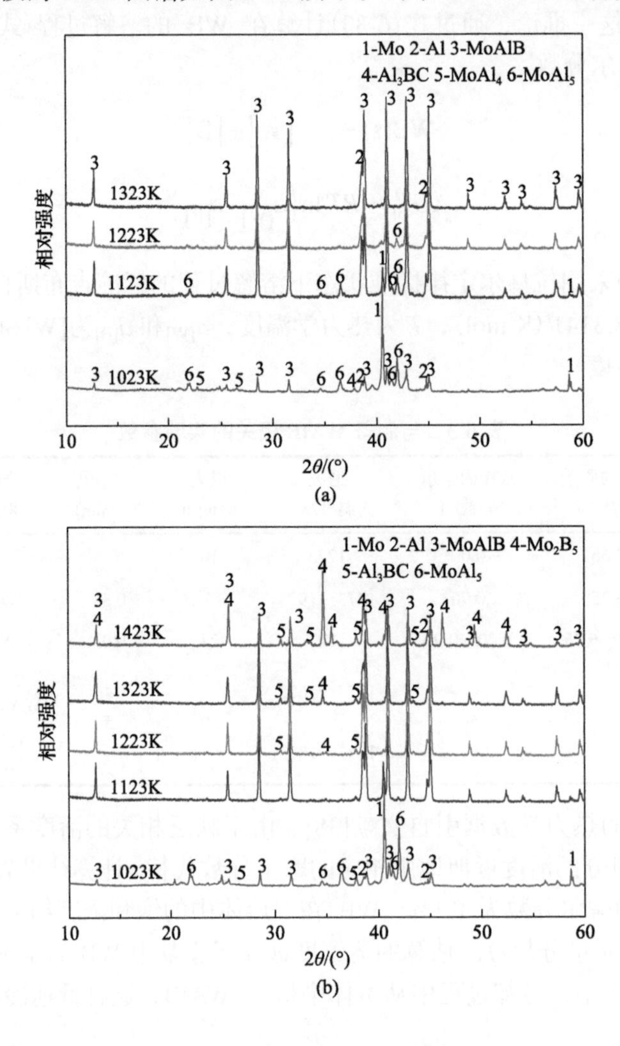

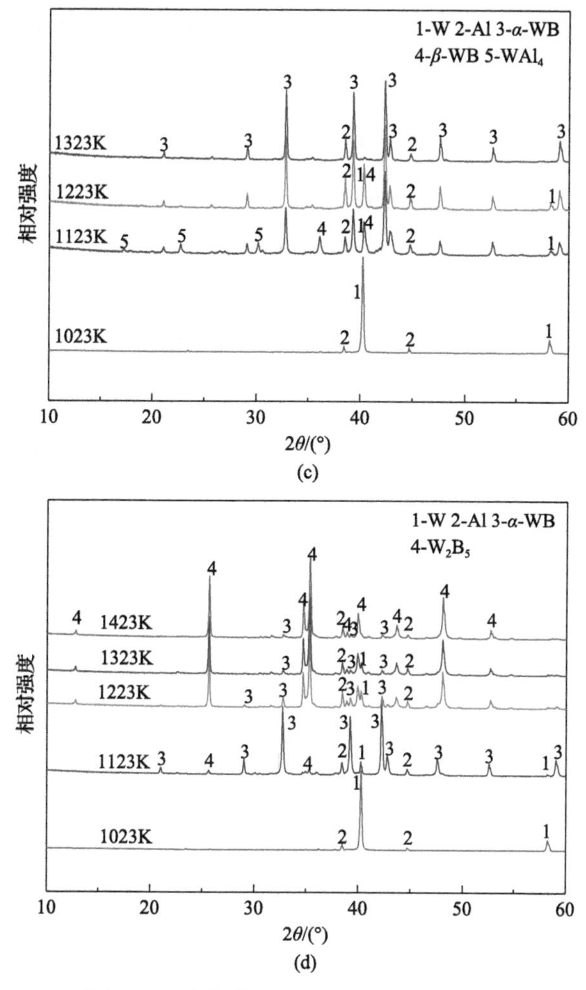

图 6-20　在加热过程中产物的 XRD 图谱

(a) B∶Mo=1.0；(b) B∶Mo=2.5；(c) B∶W=1.0；(d) B∶W=2.5

时，发现了 Al_3BC、$MoAl_4$ 和 $MoAl_5$ 等中间产物，这些化合物分别是 Mo 或 B_4C 与 Al 反应生成的。随着温度逐渐升高到 1123K，中间相逐渐减少，MoAlB 产物逐渐增多。对于 B∶Mo=2.5 的样品，在 1023K 下产物的组成为 Mo、Al、Al_3BC、MoAlB 和 $MoAl_5$。当温度从 1123K 逐渐升高到 1423K 时，MoAlB 和 Al_3BC 的相对强度变弱，Mo_2B_5 的相对强度逐渐增加。这表明 Mo_2B_5 是 MoAlB 的进一步硼化产物，这与形貌分析结果一致(图 6-19)。对于 W 的产物，在 1023K 退火的样品中没有检测到新相。在 B∶W=1.0 的实验中，随着温度从 1123K 升高到 1323K，W 和 WAl_4 逐渐转变为 α-WB。对于 B∶W=2.5 的样品，在 1123K 下大部分 W 转化为 α-WB。此外，随着温度升高到 1423K，WB 和 W 都变为 W_2B_5。通过对上述反应过程的分析，可以看出 MoAlB 和 WB 是直接生成的，而 Mo_2B_5 和 W_2B_5 是通过 MoAlB 和 WB 的进一步硼化生成的。

参 考 文 献

[1] Spear K E, Liao P K. The B-Mo (boron-molybdenum) system[J]. Bullutin of Alloy Phase Diagrams, 1988, 9 (4): 457-466.

[2] Duschanek H, Rogl P. Critical assessment and thermodynamic calculation of the binary system boron-tungsten (B-W) [J]. Journal of Phase Equilibria, 1995, 16 (2): 150-161.

[3] Moscicki T, Radziejewska J, Hoffman J, et al. WB_2 to WB_3 phase change during reactive spark plasma sintering and pulsed laser ablation/deposition processes[J]. Ceramics International, 2015, 41 (7): 8273-8281.

[4] Lech A T, Turner C L, Mohammadi R, et al. Structure of superhard tungsten tetraboride: A missing link between MB_2 and MB_{12} higher borides[J]. Proceedings of the National Academy of Sciences of the United States of America, 2015, 112 (11): 3223-3228.

[5] Wang Y, Wang D Z, Yan J H. Preparation and characterization of $MoSi_2$/MoB composite coating on Mo substrate[J]. Journal of Alloys and Compounds, 2014, 589: 384-388.

[6] Alfintseva R A, Bodrova L G, Verkhoturov A D. The application of refractory metal borides as electrodes in electrospark machining[J]. Journal of the Less Common Metals, 1979, 67 (2): 443-448.

[7] Sun H M, Meng J, Jiao L F, et al. A review of transition-metal boride/phosphide-based materials for catalytic hydrogen generation from hydrolysis of boron-hydrides[J]. Inorganic Chemistry Frontiers, 2018, 5 (4): 760-772.

[8] Wang X F, Tai G A, Wu Z H, et al. Ultrathin molybdenum boride films for highly efficient catalysis of the hydrogen evolution reaction[J]. Journal of Materials Chemistry A, 2017, 5 (45): 23471-23475.

[9] Wang S, Xu Y J, Yu Z G, et al. Synthesis, microstructure and mechanical properties of a MoAlB ceramic prepared by spark plasma sintering from elemental powders[J]. Ceramics International, 2019, 45 (17): 23515-23521.

[10] Bai Y L, Sun D D, Li N, et al. High-temperature mechanical properties and thermal shock behavior of ternary-layered MAB phases Fe_2AlB_2[J]. International Journal of Refractory Metals and Hard Materials, 2019, 80: 151-160.

[11] Gong Y C, Guo B D, Wang X, et al. Preparation of fine-grained MoAlB with preferable mechanical properties and oxidation resistance[J]. International Journal of Refractory Metals and Hard Materials, 2020, 93: 105345.

[12] Lu X G, Li S B, Zhang W W, et al. Crack healing behavior of a MAB phase: MoAlB[J]. Journal of the European Ceramic Society, 2019, 39 (14): 4023-4028.

[13] Zhang J J, Zheng Y, Chen J X, et al. Microstructures and mechanical properties of Mo_2FeB_2-based cermets prepared by two-step sintering technique[J]. International Journal of Refractory Metals and Hard Materials, 2018, 72: 56-62.

[14] Su X J, Hu B T, Quan Y, et al. Ablation behavior and mechanism of bulk MoAlB ceramic at ～1670-2550℃ in air plasma flame[J]. Journal of the European Ceramic Society, 2021, 41 (11): 5474-5483.

[15] Xu H, Sun J S, Jin J, et al. Comparison of structure and properties of Mo_2FeB_2-based cermets prepared by welding metallurgy and vacuum sintering[J]. Materials, 2021, 14 (1): 46.

[16] Lu X G, Li S B, Zhang W W, et al. Thermal shock behavior of a nanolaminated ternary boride: MoAlB[J]. Ceramics International, 2019, 45 (7): 9386-9389.

[17] Ge Y F, Bao K, Ma T, et al. Revealing the unusual boron-pinned layered substructure in superconducting hard molybdenum semiboride[J]. ACS Omega, 2021, 6 (33): 21436-21443.

[18] Tao Q, Chen Y, Lian M, et al. Modulating hardness in molybdenum monoborides by adjusting an array of boron

zigzag chains[J]. Chemistry of Materials, 2018, 31 (1): 200-206.

[19] Chen H, Suzuki M, Sodeoka S, et al. New approach to $MoSi_2$/SiC intermetallic-ceramic composite with B_4C[J]. Journal of Materials Science, 2001, 36 (24): 5773-5777.

[20] Pan Y, Wang X H, Li S X, et al. DFT prediction of a novel molybdenum tetraboride superhard material[J]. RSC Advances, 2018, 8 (32): 18008-18015.

[21] Qin Z, Gong W G, Song X Q, et al. Effect of pressure on the structural, electronic and mechanical properties of ultraincompressible W_2B[J]. RSC Advances, 2018, 8 (62): 35664-35671.

[22] Chen Y, He D W, Qin J Q, et al. Ultrasonic and hardness measurements for ultrahigh pressure prepared WB ceramics[J]. International Journal of Refractory Metals and Hard Materials, 2011, 29 (2): 329-331.

[23] Dash T, Nayak B B. Preparation of multi-phase composite of tungsten carbide, tungsten boride and carbon by arc plasma melting: Characterization of melt-cast product[J]. Ceramics International, 2016, 42 (1): 445-459.

[24] Mohammadi R, Turner C L, Xie M, et al. Enhancing the hardness of superhard transition-metal borides: Molybdenum-doped tungsten tetraboride[J]. Chemistry of Materials, 2016, 28 (2): 632-637.

[25] Pan Y, Jia Y L. First-principles study of structure and mechanical properties of TMB_{12} (TM=W and Ti) superhard material under pressure[J]. Journal of Materials Research, 2019, 34 (20): 3554-3562.

[26] Shi Z T, Yin H Q, Xu Z F, et al. Microscopic theory of hardness and optimized hardness model of MX_1B and $M_2X_2B_2$ (M=W, Mo; X_1=Fe, Co, X_2=Fe, Co, Ni) transition-metal ternary borides by the first-principles calculations and experimental verification[J]. Intermetallics, 2019, 114: 106573.

[27] Dai B, Ding X, Deng X G, et al. Synthesis of W_2B_5 powders by the reaction between WO_3 and amorphous B in NaCl/KCl flux[J]. Ceramics International, 2020, 46 (10): 14469-14473.

[28] Li Y Z, Fan Y N, Chen Y. A novel route to nanosized molybdenum boride and carbide and/or metallic molybdenum by thermo-synthesis method from MoO_3, KBH_4, and CCl_4[J]. Journal of Solid State Chemistry, 2003, 170 (1): 135-141.

[29] Gostishchev V V, Dorofeev S V. Metallothermic synthesis of boride-containing powder of chromium and molybdenum in ionic melts[J]. Russian Journal of Non-Ferrous Metals, 2014, 55 (1): 73-76.

[30] Gostishchev V V, Boiko V F, Pinegina N D. Magnesiothermal synthesis of W-WB powders in ionic melts[J]. Theoretical Foundations of Chemical Engineering, 2009, 43 (4): 468-472.

[31] Kushkhov K B, Malyshev V V, Tishchenko A A, et al. Electrochemical synthesis of tungsten and molybdenum borides in a dispersed condition[J]. Powder Metallurgy and Metal Ceramics, 1993, 32 (1): 7-10.

[32] Bahrami-Karkevandi M, Ebrahimi-Kahrizsangi R, Nasiri-Tabrizi B. Formation and stability of tungsten boride nanocomposites in WO_3-B_2O_3-Mg ternary system: Mechanochemical effects[J]. International Journal of Refractory Metals and Hard Materials, 2014, 46: 117-124.

[33] Yazici S, Derin B. Production of tungsten boride from $CaWO_4$ by self-propagating high-temperature synthesis followed by HCl leaching[J]. International Journal of Refractory Metals and Hard Materials, 2011, 29 (1): 90-95.

[34] Kota S, Zapata-Solvas E, Ly A, et al. Synthesis and characterization of an alumina forming nanolaminated boride: MoAlB[J]. Scientific Reports UK, 2016, 6 (1): 1-11.

[35] Su X J, Dong J, Chu L S, et al. Synthesis, microstructure and properties of MoAlB ceramics prepared by *in situ* reactive spark plasma sintering[J]. Ceramic International, 2020, 46 (10): 15214-15221.

[36] Wang Y, Zhang G H, Wu Y D, et al. Preparation of CaB_6 powder via calciothermic reduction of boron carbide[J]. International Journal of Minerals, Metallurgy and Materials, 2020, 27: 37-45.

[37] Sun G D, Wang K F, Song C M, et al. A low-cost, efficient, and industrially feasible pathway for large scale

preparation of tungsten nanopowders[J]. International Journal of Refractory Metals and Hard Materials, 2019, 78: 100-106.

[38] Scientific Group Thermodata Europe(SGTE). Thermodynamic Properties of Inorganic Material[M]. Berlin-Heidelberg: Springer-Verlag, 1999.

[39] Kaufman L, Uhrenius B, Birnie D, et al. Coupled pair potential, thermochemical and phase diagram data for transition metal binary systems-Ⅶ[J]. Calphad, 1984, 8: 25-66.

[40] Blinder A V, Gordienko S P, Marek É V, et al. Thermodynamic properties of calcium hexaboride[J]. Powder Metallurgy and Metal Ceramics, 1997, 36(7): 409-412.

[41] Rogl P. Refractory Metal Systems[M]. Berlin-Heidelberg: Springer-Verlag, 2009.

[42] Wen G, Lv Y, Lei T Q. Reaction-formed W_2B_5/C composites with high performance[J]. Carbon, 2006, 44(5): 1005-1012.

[43] Lv Y, Wen G, Lei T Q. Tribological behavior of W_2B_5 particulate reinforced carbon matrix composites[J]. Materials Letters, 2006, 60(4): 541-545.

[44] Lv Y, Wen G, Song L, et al. Wear performance of C-W_2B_5 composite sliding against bearing steel[J]. Wear, 2007, 262(5-6): 592-599.

[45] 唐竹兴. 树脂分散硼化钨碳化硅-碳纤维摩擦材料的制备方法: 中国, CN105481444B[P]. 2018.

[46] Sun G D, Zhang G H, Chou K C. An industrially feasible pathway for preparation of Mo nanopowder and its sintering behavior[J]. International Journal of Refractory Metals and Hard Materials, 2019, 84: 105039.

[47] Sun G D, Zhang G H, Ji X P, et al. Size-controlled synthesis of nano Mo powders via reduction of commercial MoO_3 with carbon black and hydrogen[J]. International Journal of Refractory Metals & Hard Materials, 2019, 80: 11-22.

[48] Bale C W, Bélisle E, Chartrand P, et al. FactSage thermochemical software and databases—Recent developments[J]. Calphad, 2009, 33(2): 295-311.

[49] Rogl P, Korniyenko K, Velikanova T. Ternary Alloy Systems[M]. Berlin-Heidelberg: Springer-Verlag, 2009.

[50] Maier H, Rasinski M, von Toussaint U, et al. Kinetics of carbide formation in the molybdenum-tungsten coatings used in the ITER-like wall[J]. Physical Scripta, 2016, (T167): 014048.

[51] Cockeram B V. The diffusion bonding of silicon carbide and boron carbide using refractory metals[R]. West Mifflin: Bettis Atomic Power Lab, 1999.

[52] Wang X R, Tan D Q, Zhu H B, et al. Effect mechanism of arsenic on the growth of ultrafine tungsten carbide powder[J]. Advance Powder Technology, 2018, 29(6): 1348-1356.

[53] ASM. Properties and Selection: Nonferrous Alloys and Special-Purpose Materials[M]. Materials Park: ASM International, 1990.

[54] Franke P, Neuschütz D. Binary Systems. Part 2: Elements and Binary Systems from B-C to Cr-Zr[M]. Berlin-Heidelberg: Springer-Verlag, 2004.

[55] Effenberg G. Refractory metal systems Selected Systems from Al-B-C to B-Hf-W[M]. Berlin-Heidelberg: Springer-Verlag, 2009.

[56] Kota S, Agne M, Zapata-Solvas E, et al. Elastic properties, thermal stability, and thermodynamic parameters of MoAlB[J]. Physical Review B, 2017, 95(14): 144108.

[57] Hüttenkunde L F T. Binary Systems. Part 1: Elements and Binary Systems from Ag-Al to Au-Tl[M]. Berlin-Heidelberg: Springer-Verlag, 2002.

[58] Liu C, Hou Z P, Jia Q L, et al. Low temperature synthesis of phase pure MoAlB powder in molten NaCl[J]. Materials, 2020, 13(3): 785.

[59] Shi O L, Xu L D, Jiang A N, et al. Synthesis and oxidation resistance of MoAlB single crystals[J]. Ceramics International, 2019, 45(2): 2446-2450.

[60] Okada S, Sato M, Atoda T. Preparation of α-WB and W_2B_5 single crystals using molten aluminum flux[J]. Nippon Kagaku Kaishi, 1985, (4): 685-691.

[61] Zhang Y J, Okada S, Atoda T, et al. Synthesis of a new compound WAlB by the use of aluminium flux[J]. Journal of the Ceramic Association, Japan, 1987, 95(4): 374-380.

[62] Okada S, Iizumi K, Kudaka K, et al. Single crystal growth of $(Mo_xCr_{1-x})AlB$ and $(Mo_xW_{1-x})AlB$ by metal Al solutions and properties of the crystals[J]. Journal of Solid State Chemistry, 1997, 133(1): 36-43.

[63] Ade M, Hillebrecht H. Ternary borides Cr_2AlB_2, Cr_3AlB_4, and Cr_4AlB_6: The first members of the series $(CrB_2)_nCrAl$ with n= 1, 2, 3 and a unifying concept for ternary borides as MAB-phases[J]. Inorganic Chemistry, 2015, 54(13): 6122-6135.

[64] Richardson P J, Keast V J, Cuskelly D T, et al. Theoretical and experimental investigation of the W-Al-B and Mo-Al-B systems to approach bulk WAlB synthesis[J]. Journal of the European Ceramic Society, 2021, 41(3): 1859-1868.

第7章　稀土硼化物粉体的制备

在金属硼化物中，除难熔金属二硼化物用于超高温陶瓷外，稀土(RE)六硼化物也是一类重要的材料。在众多稀土硼化物中，LaB_6和CeB_6是使用最广的材料。特殊的化学键使LaB_6和CeB_6具有一些不寻常的性质，如高熔点、较高硬度和极低的电子发射功。LaB_6和CeB_6已被用作电子显微镜、真空电子管、电子束焊机、X射线源的高亮度阴极。本章将尝试使用Ca或Al还原La_2O_3(或CeO_2)和B_4C的混合物制备稀土六硼化物粉末。

使用Ca为还原剂的优点是：Ca既可以作为脱碳剂又可作为脱氧剂，副产物是可通过酸浸去除的CaO和CaC_2。这将方便产物后续的浸出分离。但Ca作为碱土金属与稀土金属的性质较为相似，稀土六硼化物可能与熔融金属Ca交换成分，产物六硼化物可能是Ca掺杂的稀土六硼化物。同时，LaB_6和CeB_6的硼势相近，Ca有可能使LaB_6和CeB_6脱硼。本章将验证Ca作为还原剂的可行性。

使用Al为还原剂优点是金属Al价格更加低廉且易于存储，同样也可以作为脱碳剂和脱氧剂，还原和脱碳产物是Al_2O_3和Al_4C_3。虽然高温还原生产的α-Al_2O_3难以在浸出过程中去除，但在高温下Al_2O_3和Al_4C_3有可能结合为Al_4O_4C或Al_2CO，Al的碳氧化物是能够在NaOH热浸出过程中溶解的。因此，本章还研究了铝热还原La_2O_3(或CeO_2)和B_4C的混合物制备稀土六硼化物粉末的方法。在使用稀土六硼化物的电子器件中，为了获得高亮度和发射功，会使用特定取向的单晶材料，本章还将在Al熔剂中进行单晶的制备。

7.1　钙热还原稀土氧化物和B_4C

7.1.1　实验部分

本节使用的稀土氧化物为La_2O_3、CeO_2，纯度高于99.9%。将稀土氧化物和B_4C粉末按RE和B摩尔比为6.0均匀混合，反应方程式如式(7-1)和式(7-2)所示。

$$La_2O_3 + 3B_4C + 9/2Ca = 2LaB_6 + 3CaO + 3/2CaC_2 \quad (7\text{-}1)$$

$$CeO_2 + 3/2B_4C + 11/4Ca = CeB_6 + 2CaO + 3/4CaC_2 \quad (7\text{-}2)$$

考虑到高温反应过程中可能发生Ca的挥发，向混合物中加入2倍化学计量比的Ca。同时，过量添加Ca可以确保产物不会受到石墨坩埚的影响。将混合物放置在石墨坩埚中，在氩气(99.999%)气氛中加热至 1573K，保温时间为 4h。将样品在电炉中冷却至室温后，取出样品。然后，将产物在盐酸(1mol/L)中浸出以去除 CaC_2、CaO 和残余 Ca。在酸浸后，用去离子水冲洗产物粉末并干燥以进行后续表征。

样品物相的鉴定采用粉末 X 射线衍射仪，测试条件为：Cu-Kα 射线(λ = 0.154178nm)，扫描范围在 10°≤2θ≤90°内，扫描速度为 10(°)/min。颗粒微观形貌的观察使用 FESEM。

7.1.2　结果与讨论

图 7-1 展示了钙热还原制得产物的 XRD 图谱。La 的产物为单相的六硼化物，但 Ce 的产物是四硼化物与 CaB_6 的混合物。目标产物 CeB_6 并未在产物中发现，稀土硼化物是以四硼化物的形式存在的。因此，CeB_6 在钙熔体中的稳定性是值得怀疑的，Ca 或许可以使稀土六硼化物脱硼。为了验证这一猜想，构造了反应式(7-3)，并且计算了几种稀土六硼化物与钙反应的标准吉布斯自由能变化，如图 7-2 所示。

$$3REB_6 + Ca \xlongequal{} 3REB_4 + CaB_6 \quad (7\text{-}3)$$

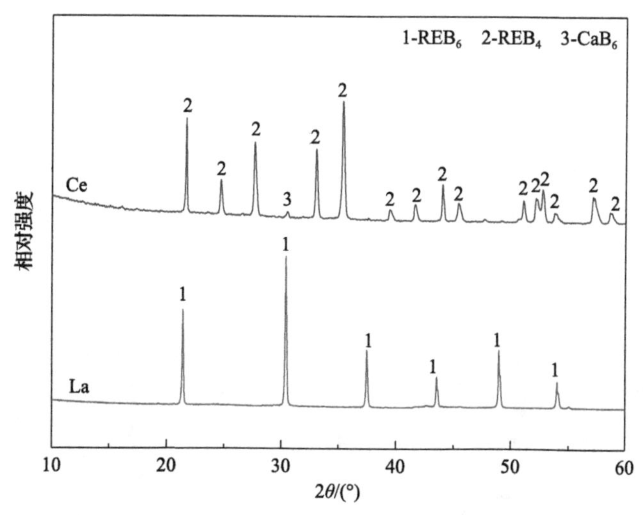

图 7-1　La 和 Ce 钙热还原制得产物的 XRD 图谱

从图 7-2 可以看出，NdB_6、DyB_6 和 HoB_6 可以自发地与 Ca 反应生成相应的四硼化物，LaB_6 在低于 1800K 的温度下均不能与 Ca 发生反应，实验温度为 1673K，并不能使 LaB_6 自发地与钙熔体反应。但对于 Ce，计算结果表明，CeB_6 在 1688～1915K 的温度范围内能够与 Ca 反应发生脱硼。而本节中钙热还原温度为 1573K，反应实际温度略低于计算温度。这种热力学计算与实验结果不符的现象可以归因于 Ce 硼化物热力学数据的不准确。

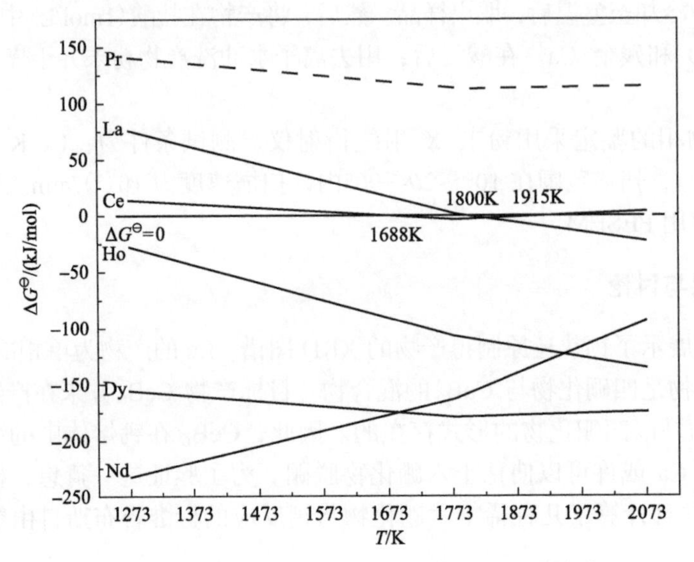

图 7-2 REB_6 与 Ca 反应的标准吉布斯自由能变化

由于碱土金属元素的化学性质与稀土元素相似，并且 CaB_6 与 REB_6 的晶型和晶格参数都极为相近，钙还原制得稀土硼化物产物极有可能掺杂了 Ca。为了进一步表征产物的元素组成，使用 FESEM 和 EDS 分析钙还原产物，表征结果如图 7-3 所示。Ca/(RE+Ca) 摩尔分数用于评估 Ca 的掺杂程度。La 产物的粒径约为 2μm。EDS 分析结果表明，得到的 LaB_6 中掺杂了 Ca。Ce 的产物为微米级颗粒。EDS 结果表明，Ce 的产物中也掺杂了 Ca。Ca 的掺杂表明，在金属熔体和稀土硼化物之间存在 Ca 和稀土原子的扩散和平衡。

点1	Ca/(La+Ca)摩尔分数	28%
点2	Ca/(Ce+Ca)摩尔分数	6%

图 7-3 钙热还原产物的形貌和 EDS 分析

虽然钙热还原产物仅能制备出单相的 LaB_6，并且产物中掺杂了一定量的 Ca，但这一结果并不意味着这些产物没有价值。Bao 等[1]的研究表明，Ca 掺杂的 LaB_6 在电子发射性能方面优于未掺杂的 LaB_6。电子发射性能的改善是由于元素掺杂引起的晶格畸变，晶格畸变能导致电子更容易从材料中激发。

7.2　铝热还原稀土氧化物和碳化硼制备稀土硼化物

7.2.1　实验部分

在本节中，原料为 La_2O_3(纯度＞99.95%)、CeO_2(纯度＞99.95%)、B_4C(纯度＞98%，2～10μm)和 Al(纯度＞99%，200 目)。为了避免原料中水分的影响，La_2O_3 和 CeO_2 在 873K 下干燥处理 2h。所有原料的微观结构如图 7-4 所示。La_2O_3、CeO_2 和 B_4C 颗粒的尺寸为数微米，Al 为数十微米的熔滴形颗粒。

图 7-4　铝热还原制备稀土硼化物原料的 FESEM 图像

(a) La_2O_3；(b) CeO_2；(c) B_4C；(d) Al

选择 LaB_6、$La_{0.75}Ce_{0.25}B_6$、$La_{0.5}Ce_{0.5}B_6$、$La_{0.25}Ce_{0.75}B_6$ 和 CeB_6 作为目标产物。根据反应式(7-4)和式(7-5)的化学计量比，计算 La_2O_3、CeO_2、B_4C 和 Al 粉末的量。

$$1/2La_2O_3 + 3/2B_4C + 3Al = LaB_6 + 1/2Al_2O_3 + 1/2Al_4C_3 \tag{7-4}$$

$$CeO_2 + 3/2B_4C + 10/3Al \xlongequal{\quad} CeB_6 + 2/3Al_2O_3 + 1/2Al_4C_3 \tag{7-5}$$

值得注意的是，铝的添加量是理论值的 1.2 倍，以确保足够的还原剂。称重并均匀混合每种原料后，在 250MPa 单轴压力下将混合粉末压成圆片(直径为 20mm)。如图 7-5 所示，由于金属 Al 的存在，压片呈现银白色金属光泽。接下来，将原料压片放置在石墨坩埚中，加热至预定温度，并在电炉($MoSi_2$ 加热元件)中保持 4h。冷却至室温后，从炉中取出样品。然后，将还原产物用玛瑙研钵磨成粉末并过筛(约 100 目)，用于后续浸出。研磨后的粉末首先在 90℃的 NaOH 溶液(20%(质量分数))中浸泡 3h。为了避免 AlO(OH)的沉淀，用 NaOH 溶液洗涤残余固体两次。接下来，使用 H_2SO_4 溶液(9.8%(质量分数))中和残余碱液，然后用去离子水进一步洗涤粉末。最后，过滤和干燥后收集产物粉末。原料压片、还原产物和浸出产物的宏观照片如图 7-5 所示。

图 7-5　原料压片、还原产物和浸出产物的宏观照片

样品物相的鉴定使用粉末 X 射线衍射仪，测试条件为：Cu-Kα 射线(λ = 0.154178nm)，扫描范围为 $10° \leqslant 2\theta \leqslant 90°$，扫描速度为 10(°)/min。颗粒微观形貌的观察采用 FESEM。样品 TEM 表征使用的是 FETEM。C 含量测定采用红外吸收法，使用仪器为碳硫分析仪。粉末的粒度分布测试使用的是激光粒度分析仪，分散介质为无水乙醇。

7.2.2　热力学及可行性分析

为了验证铝热还原法的可行性，计算了式(7-4)和式(7-5)在 1273～2073K 的标准吉布斯自由能变化$\left(\Delta G^{\ominus}\right)$，计算结果如图 7-6 所示。由于软件中缺乏关于 LaB_6 的数据，从文献[2]中提取 LaB_6 的热力学数据。很明显，式(7-4)和式(7-5)的 $\Delta G^{\ominus}$ 值在此温度范围内均为负值，这表明这些反应均能自发进行。此外，值得考虑的是，在高温下，还原产生的 Al_2O_3 将转变为稳定的 α-Al_2O_3 相，并且 α-Al_2O_3 难以在 NaOH 溶液中溶解，这使得后续 Al_2O_3 分离困难。在式(7-4)和式(7-5)的反应过程中，Al 也会起到脱碳剂的作用，形成 Al_4C_3。在 Al_2O_3-Al_4C_3[3]的伪二元系中，有两种三元化合物，Al_4O_4C 和 Al_2OC，相应的反应如下：

$$4Al_2O_3 + Al_4C_3 \xlongequal{\quad} 3Al_4O_4C \tag{7-6}$$

$$Al_2O_3 + Al_4C_3 \xlongequal{\quad} 3Al_2OC \tag{7-7}$$

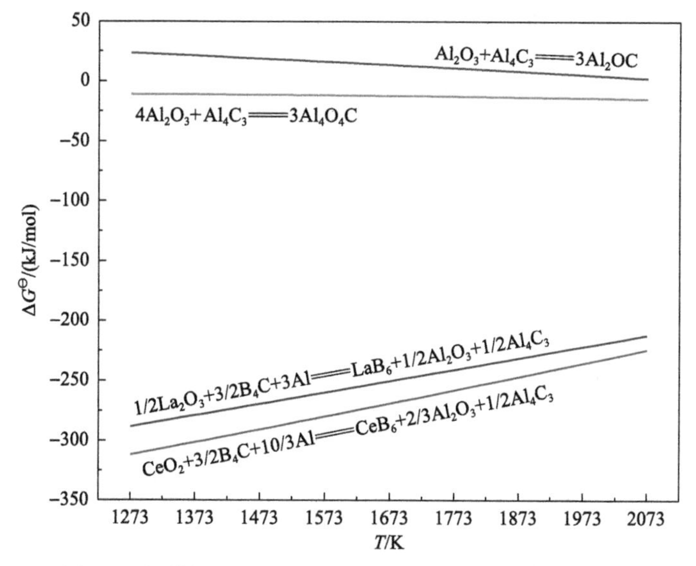

图 7-6　铝热还原过程涉及反应的标准吉布斯自由能变化

在关于 Al_2O_3-Al_4C_3 系的研究中，已经表明 Al_4O_4C 和 Al_2OC 可以溶解在热的 NaOH 溶液中[3]。当 Al_2O_3 与 Al_4C_3 的摩尔比小于 4∶1 时，Al_2O_3 将完全转化为可溶解的碳氧化铝三元化合物。在本节中，式(7-4)和式(7-5)均满足此条件。基于上述分析，证实了铝热还原制备稀土硼化物的可行性，还原产生的 Al_2O_3 可能进一步转化为 Al_4O_4C 或 Al_2OC，易于浸出和分离。

验证铝热还原法的热力学自发性，并分析反应过程的热效应。在反应过程中，过高的反应焓会使反应系统的温度急剧升高。在这种情况下，通常需要通过控制反应物料的总量、添加稀释剂或使用特殊设备来确保反应过程的安全。为了定量分析反应的热效应，计算制备 LaB_6 或 CeB_6 几种常见反应的反应焓变(ΔH_{298})和绝热温度(T_{ad298})，结果如表 7-1 所示。ΔH_{298} 和 T_{ad298} 分别用于评估反应过程的放热量和放热强度。为了进行比较，所有反应都是根据生成 1mol 六硼化物计算的。在列出的方法中，元素直接合成法制备 1molLaB_6 或 CeB_6 的 ΔH_{298} 最低，但其 T_{ad298} 高达 2490K 或 2326K。当用 B_2O_3 作 B 源，Mg 或 Al 作为还原剂时，其 ΔH_{298} 值极大；T_{ad298} 超过 2000K，甚至超过 3000K。值得注意的是，本方法的 ΔH_{298} 仅为−719.64kJ/mol 和−784.97kJ/mol；T_{ad298} 最低，仅为 1522K 和 1519K。通常认为自蔓延高温合成的绝热温度临界值为 1800K[4]。因此，本方法的高温反应热效应不强，过程可控。

表 7-1　几种制备稀土六硼化物方法的反应方程式、焓变和绝热温度

方法	反应方程式	ΔH_{298} /(kJ/mol)	T_{ad298} /K
直接元素合成	$La+6B═LaB_6$	−400.41	2490
	$Ce+6B═CeB_6$	−351.46	2326
镁热还原稀土氧化物和 B_2O_3	$0.5La_2O_3+3B_2O_3+10.5Mg═LaB_6+10.5MgO$	−3886.59	2821
	$CeO_2+3B_2O_3+11Mg═CeB_6+11MgO$	−4124.65	3020
铝热还原稀土氧化物和 B_2O_3	$0.5La_2O_3+3B_2O_3+7Al═LaB_6+3.5Al_2O_3$	−3105.70	2327
	$CeO_2+3B_2O_3+22/3Al═CeB_6+11/3Al_2O_3$	−3180.11	2327
铝热还原稀土氧化物和 B_4C	$0.5La_2O_3+1.5B_4C+3Al═LaB_6+0.5Al_2O_3+0.5Al_4C_3$	−719.64	1522
	$CeO_2+1.5B_4C+10/3Al═CeB_6+2/3Al_2O_3+0.5Al_4C_3$	−784.97	1519

高温反应后，必须去除残留的 Al、副产物 Al_2O_3 和 Al_4C_3。本节使用 NaOH 溶液溶解 Al 或含 Al 化合物。该过程中涉及的溶解反应如下所示：

$$Al+H_2O+OH^-(aq) ═ AlO_2^-(aq)+3/2H_2(g) \tag{7-8}$$

$$Al_2O_3+2OH^-(aq) ═ 2AlO_2^-(aq)+H_2O \tag{7-9}$$

$$Al_4C_3+4H_2O+4OH^-(aq) ═ 4AlO_2^-(aq)+3CH_4(g) \tag{7-10}$$

从反应式中可以看出，溶液中存在的所有铝均以 AlO^{2-}的形式存在。因此，任何含铝化合物都可以等效为 Al_2O_3 进行统一处理。为了提高浸出效率，分析了 Al_2O_3-Na_2O-H_2O 溶解度曲线。Al_2O_3 在不同温度下的溶解度曲线如图 7-7 所示。在所有温度下，随着 Na_2O 质量分数的增加，Al_2O_3 的溶解度先增大后减小。此外，最大溶解度随温度的升高而增大。在图中所标记 Na_2O 质量分数为 15%～25%的区间中 Al_2O_3 的溶解度较高。根据上述分析，后续浸出过程将使用 20%(质量分数)的 NaOH 溶液。

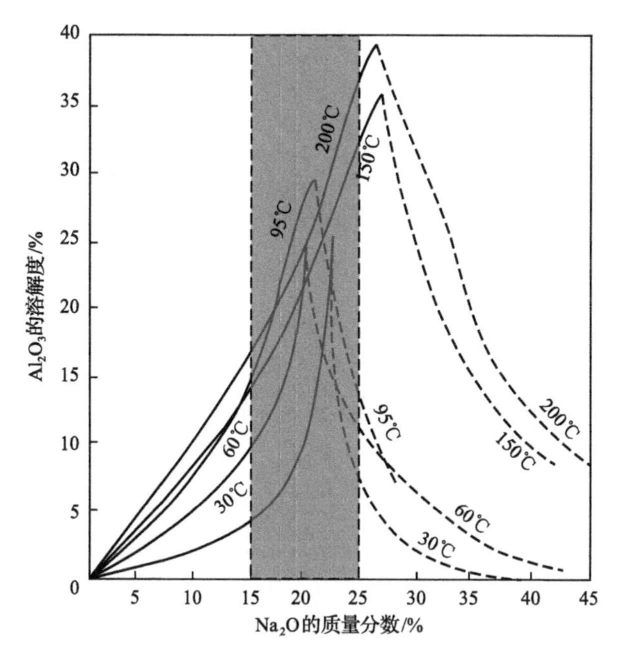

图 7-7　Al_2O_3-Na_2O-H_2O 三元系溶解度曲线[5]

7.2.3　结果与讨论

图 7-8(a)所示为 373～1473K 范围内样品加热的差热分析(differential thermal analysis，DTA)曲线。La 和 Ce 样品的 DTA 曲线中都有一个强吸热峰和一个强放热峰。933K 处的吸热峰是由 Al 熔化引起的(Al 熔点：933.45K)。而位于 1131K 和 1278K 的强放热峰可能是由 LaB_6 和 CeB_6 大量形成造成的。除这些峰外，两条 DTA 曲线上没有其他明显的热信号。

为了研究铝热还原机理，选取在加热过程中的几个样品(如 DTA 曲线上所标注)用于物相分析，XRD 图谱如图 7-8(b)和(c)所示。对于 La 的样品，点 1 的相组成为 La_2O_3、$La(OH)_3$、B_4C、Al、Al_3BC、Al_4La、α-Al_2O_3 和 $LaAlO_3$。其中，$La(OH)_3$、Al_3BC、Al_4La、α-Al_2O_3 和 $LaAlO_3$ 是新生成的相，$La(OH)_3$ 的形成是由产物在存放过程中 La_2O_3 的水化合反应引起的，如式(7-11)所示。

$$La_2O_3+3H_2O = 2La(OH)_3 \tag{7-11}$$

此外，La_2O_3 与 B_4C 分别和 Al 之间的反应形成了其他新相，如式(7-12)～式(7-14)所示，这些反应的热效应都较弱。因此，在点 1 之前 Al 的熔化吸热是唯一的峰。

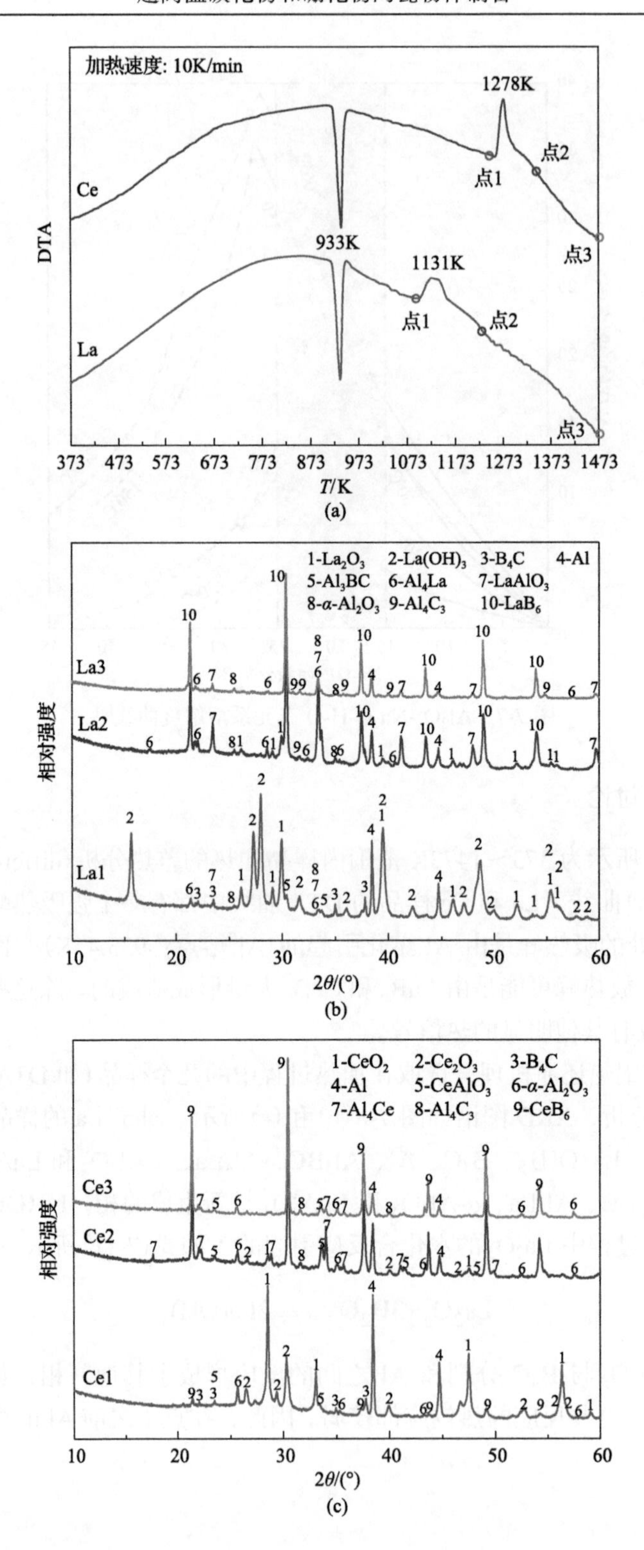

加热速度: 10K/min
1278K
点1
点2
点3
Ce
DTA
933K
1131K
La
373 473 573 673 773 873 973 1073 1173 1273 1373 1473
T/K
(a)
1-La2O3 2-La(OH)3 3-B4C 4-Al
5-Al3BC 6-Al4La 7-LaAlO3
8-α-Al2O3 9-Al4C3 10-LaB6
La3
La2
La1
相对强度
2θ/(°)
(b)
1-CeO2 2-Ce2O3 3-B4C
4-Al 5-CeAlO3 6-α-Al2O3
7-Al4Ce 8-Al4C3 9-CeB6
Ce3
Ce2
Ce1
2θ/(°)
(c)

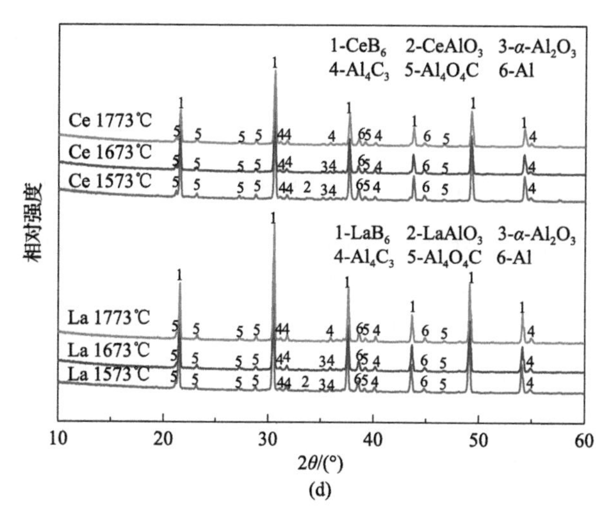

(d)

图 7-8　铝热还原过程的表征

(a)在 373～1473K 范围内的 DTA 曲线；(b)La 产物在加热过程中的 XRD 图谱；(c)Ce 产物在加热过程中的 XRD 图谱；(d)在预定温度下反应 4h 后，La 和 Ce 产物的 XRD 图谱

$$1/2La_2O_3 + 5Al \xlongequal{\quad} Al_4La + 1/2Al_2O_3, \quad \Delta H_{298}=+21.52kJ/mol \tag{7-12}$$

$$1/2La_2O_3 + 1/2Al_2O_3 \xlongequal{\quad} LaAlO_3, \quad \Delta H_{298}=-40.39kJ/mol \tag{7-13}$$

$$B_4C+9/2Al \xlongequal{\quad} Al_3BC+3/2AlB_2 \tag{7-14}$$

La 样品点 2 的物相有 La_2O_3、Al、Al_4La、$LaAlO_3$、α-Al_2O_3、Al_4C_3 和 LaB_6。LaB_6 是衍射强度最高的物相。这一现象表明，放热峰(位于 1131K)对应式(7-4)的反应。随着温度上升到 1473K(点 3)，Al_4La 和 $LaAlO_3$ 的峰强度降低，因为这些化合物通过式(7-15)和式(7-16)反应转化为 LaB_6。即使式(7-15)和式(7-16)反应的焓变约为–300kJ/mol，在点 2 和点 3 之间的 DTA 曲线上也没有显示热信号。这是因为 Al_4La 和 $LaAlO_3$ 含量低或这些反应的速率较慢，使得热信号难以被仪器探测到。

$$Al_4La + 3/2B_4C \xlongequal{\quad} LaB_6 + 1/2Al_4C_3 + 2Al, \quad \Delta H_{298}=-372.17kJ/mol \tag{7-15}$$

$$LaAlO_3 + 3/2B_4C+3Al \xlongequal{\quad} LaB_6 + 1/2Al_4C_3 + Al_2O_3, \quad \Delta H_{298}=-314.84kJ/mol \tag{7-16}$$

对于 Ce 的样品，不同阶段产物的相组成如图 7-8(c)所示。样品点 1 中的物相有 CeO_2、Ce_2O_3、B_4C、Al、$CeAlO_3$、α-Al_2O_3 和 CeB_6，这表明式(7-17)～式(7-19)的反应在点 1 之前发生。这些反应的焓变较弱，因此未检测到相应的热信号。同时，在点 1 的样品中形成了少量 CeB_6。

$$CeO_2 + 1/3Al = 1/2Ce_2O_3 + 1/6Al_2O_3,\quad \Delta H_{298} = -87.45\text{kJ/mol} \tag{7-17}$$

$$1/2Ce_2O_3 + 5Al = Al_4Ce + 1/2Al_2O_3,\quad \Delta H_{298} = -115.48\text{kJ/mol} \tag{7-18}$$

$$1/2Ce_2O_3 + 1/2Al_2O_3 = CeAlO_3,\quad \Delta H_{298} = -27.82\text{kJ/mol} \tag{7-19}$$

随着温度升高到点 2，样品中存在 CeO_2、Ce_2O_3、Al、$CeAlO_3$、α-Al_2O_3、Al_4Ce、Al_4C_3 和 CeB_6，CeB_6 的峰强度高于其他相。因此，可以推测 CeB_6 的形成主要发生在点 1 和点 2 之间。在该区间内，强放热峰可能对应于反应(7-5)。对于标记为点 3 的样品，Ce 氧化物已消失，并且在 XRD 图谱中检测到微弱的 $CeAlO_3$、α-Al_2O_3、Al_4Ce 和 Al_4C_3 的特征峰。在点 2 和点 3 之间的区间内，$CeAlO_3$ 和 Al_4Ce 通过式(7-20)和式(7-21)的反应缓慢转化为 CeB_6。

$$Al_4Ce + 3/2B_4C = CeB_6 + 1/2Al_4C_3 + 2Al,\quad \Delta H_{298} = -189.56\text{kJ/mol} \tag{7-20}$$

$$CeAlO_3 + 3/2B_4C + 3Al = CeB_6 + 1/2Al_4C_3 + Al_2O_3,\quad \Delta H_{298} = -277.22\text{kJ/mol} \tag{7-21}$$

基于差热分析和物相分析，确定了加热过程中的物相演变。但 La 和 Ce 产物的组成与式(7-4)和式(7-5)反应的目标产物不一致。一些以 Al_4RE 或 $REAlO_3$ 形式存在的 La(或 Ce)元素没有转化为 REB_6，因为所用的差热分析仪器可以工作的最高温度只有 1473K。接下来，将 La 和 Ce 样品加热到更高温度(1573K、1673K、1773K)并保温 4h，这些产物的 XRD 图谱如图 7-8(d)所示。当样品在 1573K 下加热时，Al_4RE 的特征峰消失，这表明 Al_4RE 已通过式(7-15)和式(7-20)的反应完全转化为 REB_6。此外，由于 α-Al_2O_3 和 Al_4C_3 之间的化合反应，发现了 Al_4O_4C 的特征峰。但是，$REAlO_3$ 仍然存在于样品中。随着温度上升到 1673K 和 1773K，$REAlO_3$ 逐渐还原为 REB_6，α-Al_2O_3 也消失了。至此，最终铝热还原产物与式(7-4)和式(7-5)反应的目标产物一致。

上述分析揭示了制备 REB_6 的铝热还原过程。对于 La 和 Ce 样品，REB_6 的形成主要分别发生在 1131K 和 1278K 左右。在形成 REB_6 之前，Al 可以与 La_2O_3(CeO_2)和 B_4C 反应生成一系列新相，如 Ce_2O_3、Al_4RE、$REAlO_3$、α-Al_2O_3 和 Al_3BC。即使温度上升到 1473K，样品中仍然存在 Al_4RE 和 $REAlO_3$。当样品在 1573K 下加热时，Al_4RE 完全转化为 REB_6。随着温度进一步提高到 1773K，$REAlO_3$ 完全还原为 REB_6，所有 α-Al_2O_3 会转化为易溶解的 Al_4O_4C。虽然在 1573K 下反应 4h 大量生成了 REB_6，但这还不足以完成铝热还原。为了提高稀土元素的转化率，保证还原产物中不存在难溶解的 α-Al_2O_3，有必要选择更高的温度，如 1773K。

还原产物(1773K，4h)和浸出产物的宏观照片如图 7-5 所示。还原产物的形状与压片保持一致，还原产物表面没有液态铝渗出。这一现象表明，毛细作用会使液态铝均匀地填充在固体颗粒之间。LaB_6 和 CeB_6 的还原产物分别呈红紫色和蓝紫色。这些颜色是 LaB_6 和 CeB_6 的特征。此外，随着 Ce 含量的增加，样品的颜色逐渐从紫红色变为蓝紫色。浸出粉末的颜色变化也表现出相同的规律。

还原和浸出产物的 XRD 图谱如图 7-9 所示。在 1673K 下还原 4h(图 7-9(a))后，除了 REB_6、Al_4C_3 和 Al_4O_4C 之外，产物中仍然存在少量 α-Al_2O_3。随着温度上升到 1773K，不再能检测到 α-Al_2O_3 的特征峰(图 7-9(b))。这一现象表明，在 1773K 下还原 4h 后，α-Al_2O_3 已完全转化为 Al_4O_4C。经过浸出处理(图 7-8(c)和(d))后，在 1673K 下还原后的浸出产物中仍然存在 α-Al_2O_3，而在 1773K 下还原后的浸出产物均为单相 REB_6。这样的结果意味着 α-Al_2O_3 不能通过浸出去除。此

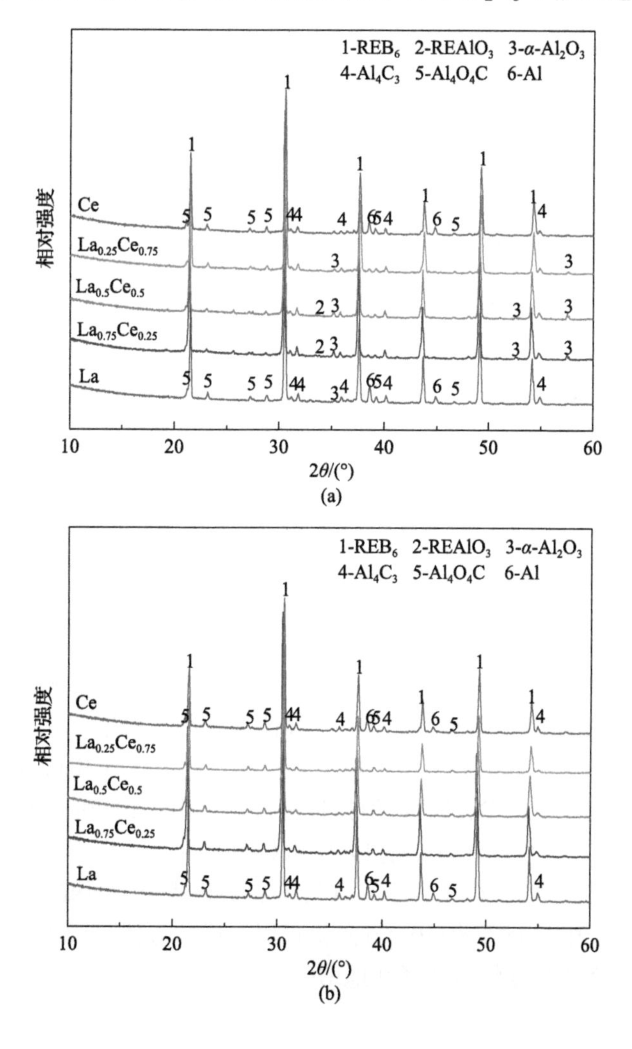

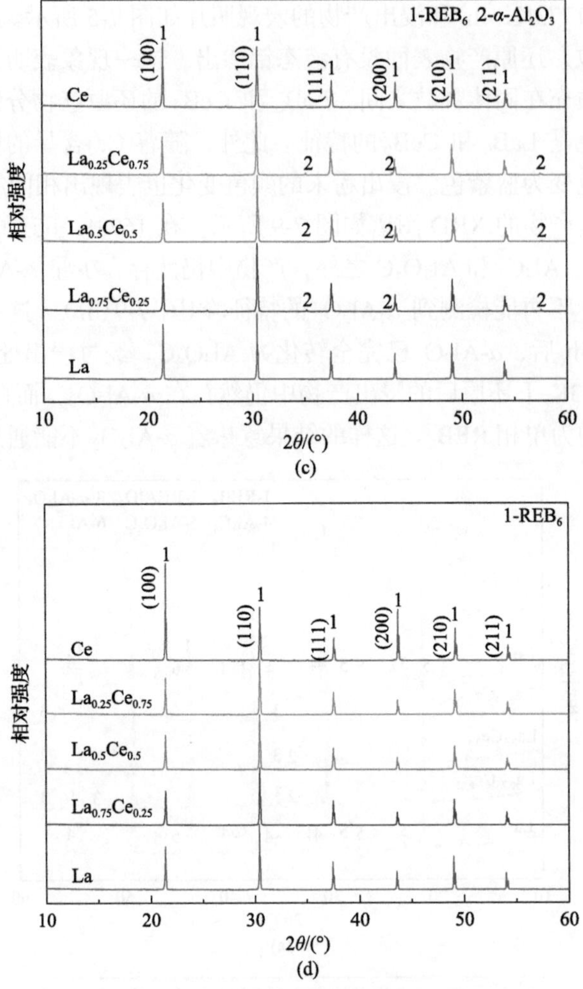

图 7-9　还原和浸出产物的 XRD 图谱

(a)在 1673K 下还原的产物；(b)在 1773K 下还原的产物；
(c)在 1673K 还原后的浸出产物；(d)1773K 还原后的浸出产物

外，值得注意的是，在浸出产物中，LaB_6 和 CeB_6 的(100)特征峰高于取代固溶体的特征峰。表 7-2 列出了(100)与(110)的峰值强度比。根据 PDF 34-427(LaB_6)和 PDF 38-1445(CeB_6)，(100)和(110)的峰值强度比分别为 0.54 和 0.58。$La_{0.75}Ce_{0.25}B_6$、$La_{0.5}Ce_{0.5}B_6$ 和 $La_{0.25}Ce_{0.75}B_6$ 的相应值接近标准值，而 LaB_6 和 CeB_6 相应的数值远高于 0.54 和 0.58。这种现象可能是 LaB_6 和 CeB_6 的粒径较大所致。粒径较大的粉末在 XRD 样品槽中的随机性较小，这将增加某些特定晶面被检测到的可能性。此外，LaB_6 和 CeB_6 倾向于沿[100]方向生长以形成立方体[6]。因此，LaB_6 和 CeB_6 产物(100)特征峰的强度将被选择性地增强。

表 7-2 不同条件下六硼化物产物(100)与(110)的峰值强度比

产物	还原条件	
	1673K, 4h	1773K, 4h
LaB_6	0.84	0.72
$La_{0.75}Ce_{0.25}B_6$	0.58	0.6
$La_{0.5}Ce_{0.5}B_6$	0.6	0.63
$La_{0.25}Ce_{0.75}B_6$	0.59	0.67
CeB_6	1.07	1.8

对于在 1673K 或 1773K 下还原获得的样品，在取代固溶体的 XRD 光谱中未观察到分叉峰。这一现象表明产物可能是成分均匀的固溶体。进一步，计算了每个 REB_6 的晶格常数，结果如图 7-10 所示。REB_6 具有简单立方晶格，LaB_6 和 CeB_6 的晶格常数分别为 4.1569Å 和 4.1412Å。对于具有相同晶体结构的相所结合形成的固溶体，其晶格常数将遵循费伽德定律(Vegard's law)，即对于连续置换固溶体，晶格常数应随成分线性变化[7]。因此，将计算的晶格常数通过线性拟合求解。拟合结果表明，在 1773K 下获得的样品线性优于 1673K。这一结果表明，在较高温度下获得的样品的固溶程度更充分。此外，在 1773K 下获得的取代六硼化物固溶体的 EDS 元素面扫图片如图 7-11 所示，表明 La 和 Ce 元素在每个粒子中的分布非常均匀。通过 EDS 分析获得了每种产物的元素组成，结果如表 7-3 所示。测得的 La/Ce 摩尔比与目标值吻合。因此，能谱结果也证实了在 1773K 下获得的每个固溶体粉体成分的均匀性。

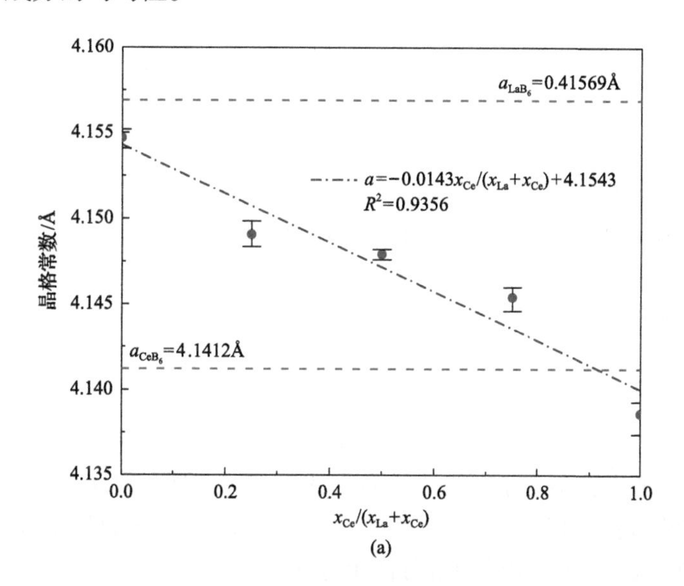

(a)

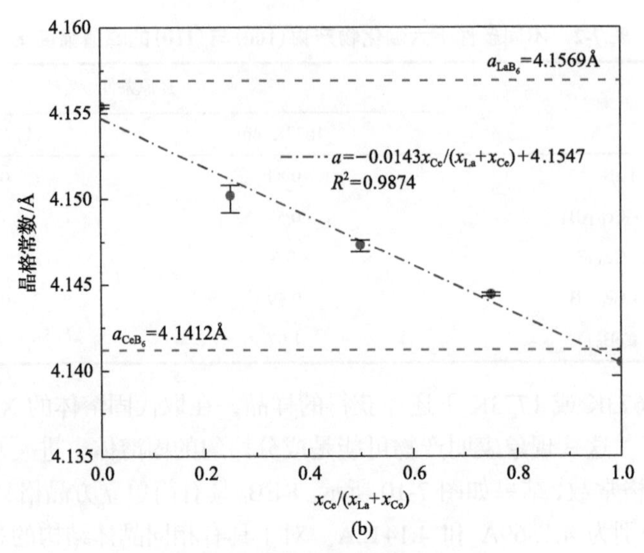

图 7-10　晶格常数随成分的变化

(a) 1673K 下获得的产物；(b) 1773K 下获得的产物

为了表征每种产物颗粒的结晶度和成分均匀性，还使用 TEM 对 1773K 下得到的 5 个样品进行了表征。不同产物颗粒的明场像、EDS 元素面扫、SAED 花样和 HRTEM 图像如图 7-12 所示。在明场像中，粒子的图像多为方形，说明 REB_6 颗粒的形状为立方体。几种取代固溶体的 EDS 元素面扫表明，在颗粒内部 La 和 Ce 的分布是均匀的。同时，在明场像中分别用圆圈和方框标记了 SAED 和 HRTEM 分析区域。每个 SAED 图像都是一套衍射斑，这是单晶的特征，因此制备的立方 REB_6 颗粒为单晶。此外，每个 HRTEM 图像中都出现了整齐的条纹或格子，这表明产物的结晶度高。从 XRD 图谱（图 7-9 (d)）的窄衍射峰也可以得到同样的结论。此外，在 REB_6 颗粒表面发现了厚度约为 2nm 的非晶层，这是由颗粒表面氧化引起的。其他方法制备的 REB_6 粉末也存在类似现象[8,9]。

六硼化物粉体的微观形态如图 7-11 所示。所有产物的粒径都在 10μm 以下。此外，可以观察到，单一元素的 LaB_6 和 CeB_6 的粒径（>5μm）大于置换固溶体的粒径（<5μm）。为了定量描述这一规律，测试了几种产物的激光粒度分布，结果如图 7-13 所示。从几个特征粒度值（D_{10} 和 D_{50}）可以看出，随着 Ce 含量的逐渐增加，产物的粒径总体呈现先减小后增大的趋势，在 La/Ce 摩尔比为 1.0 时达到最小值。因此，元素的固溶掺杂能导致产物颗粒的细化。在二硼化物[10,11]、高熵碳化物[12]和 $Ti(C_{1-x}N_x)$[13]的制备中也发现了类似现象。元素替代会导致晶体中的缺陷增加和应力增大，不利于颗粒维持较大的尺寸。此外，对所有产物的碳含量进行分析，结果如表 7-4 所示。每种产物的碳含量都低于 0.5%（质量分数），这意味着 Al_4O_4C 在热碱浸过程中的溶解分离十分充分。

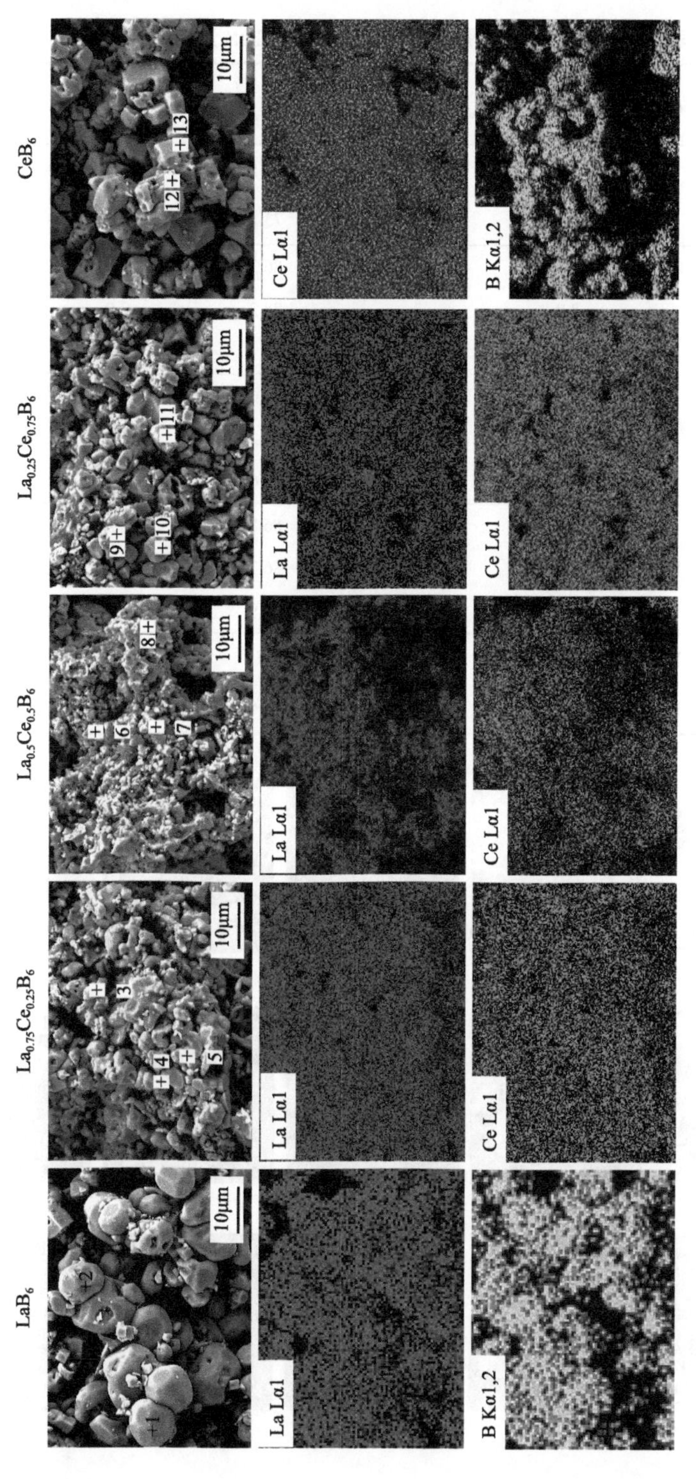

图7-11 1773K下获得的六硼化物产物的SEM图像和EDS元素面分布

表 7-3　1773K 下获得的六硼化物产物的 EDS 元素点分析结果

产物	位置	La 含量/%(原子分数)	Ce 含量/%(原子分数)	B 含量/%(原子分数)	La/Ce 摩尔比	目标 La/Ce 摩尔比
LaB_6	1	18.5	—	81.5	—	—
	2	26.9	—	73.1	—	
$La_{0.75}Ce_{0.25}B_6$	3	10.2	3.5	86.3	2.9	3.0
	4	8.8	3	88.2	2.9	
	5	9.7	3.2	87.1	3.0	
$La_{0.5}Ce_{0.5}B_6$	6	5.9	5.5	88.6	1.0	1.0
	7	6.9	5.9	87.2	1.2	
	8	5.9	5.5	88.6	1.1	
$La_{0.25}Ce_{0.75}B_6$	9	3.2	10	86.8	0.32	0.33
	10	3.5	9.8	86.7	0.36	
	11	3.1	9	87.9	0.34	
CeB_6	12	13	—	87	—	—
	13	13.4	—	86.6	—	

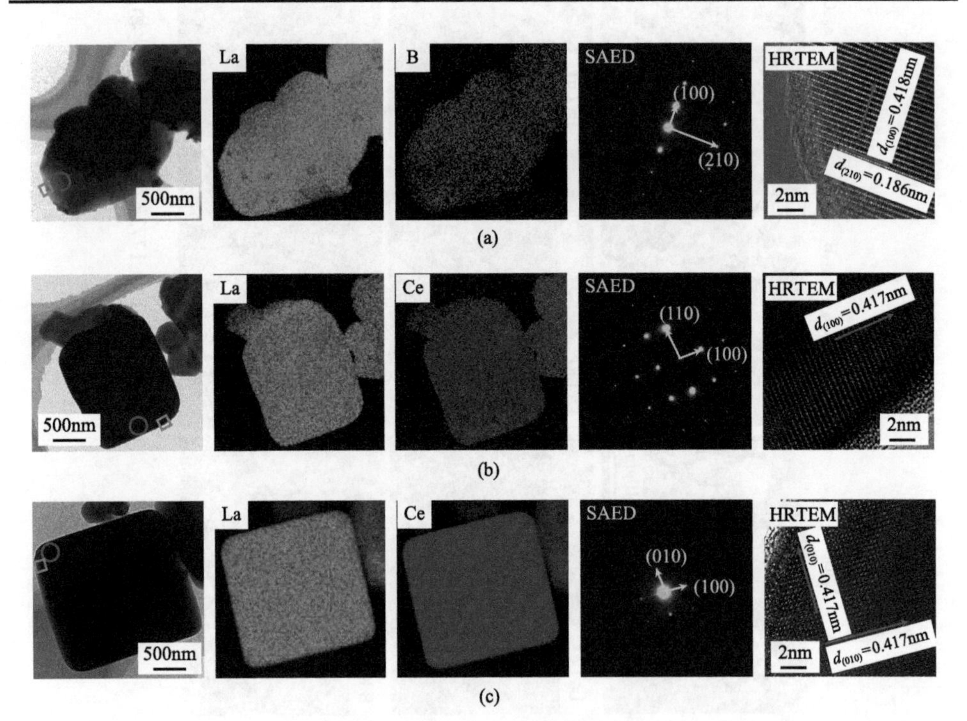

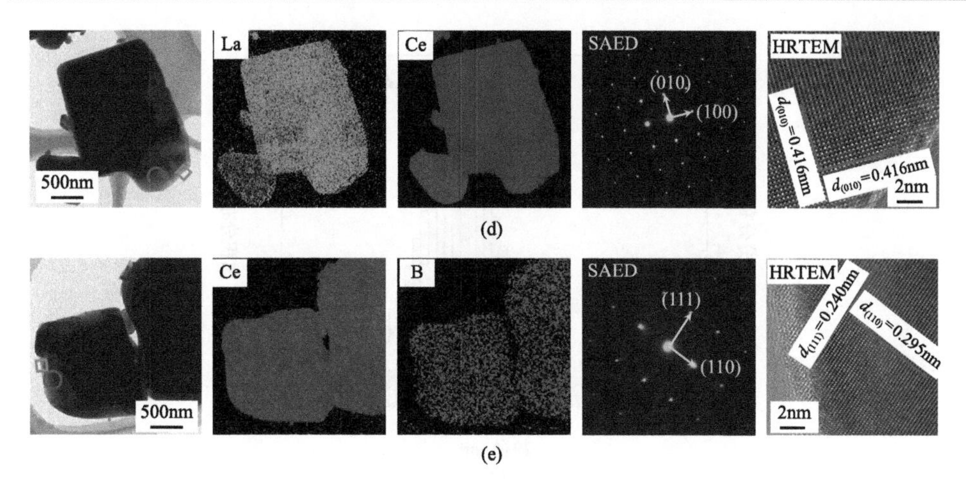

图 7-12　在 1773K 下获得的六硼化物产物的 TEM 图像、EDS 元素面扫、SAED 花样和 HRTEM 图像

(a) LaB_6；(b) $La_{0.75}Ce_{0.25}B_6$；(c) $La_{0.5}Ce_{0.5}B_6$；(d) $La_{0.25}Ce_{0.75}B_6$；(e) CeB_6

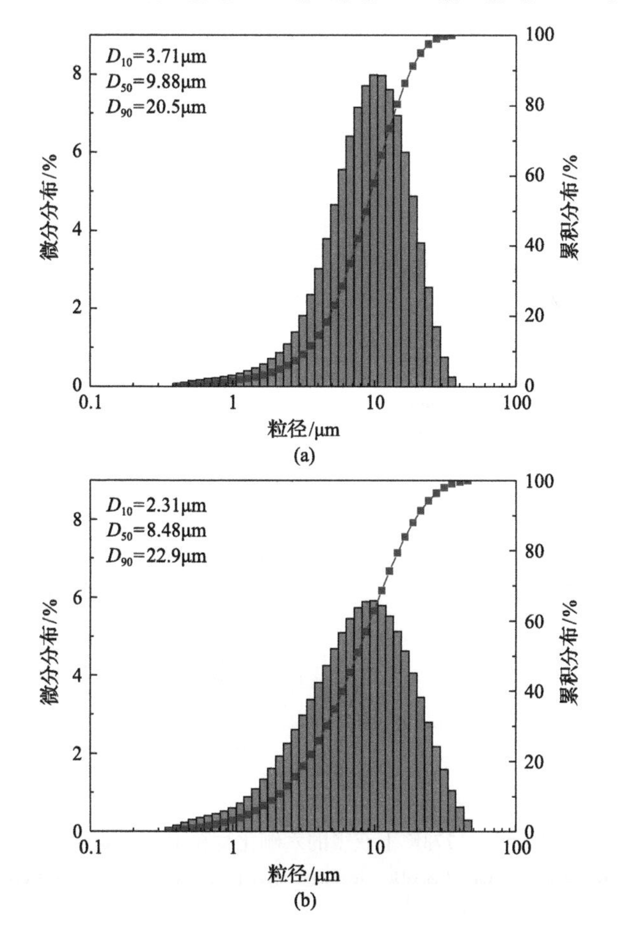

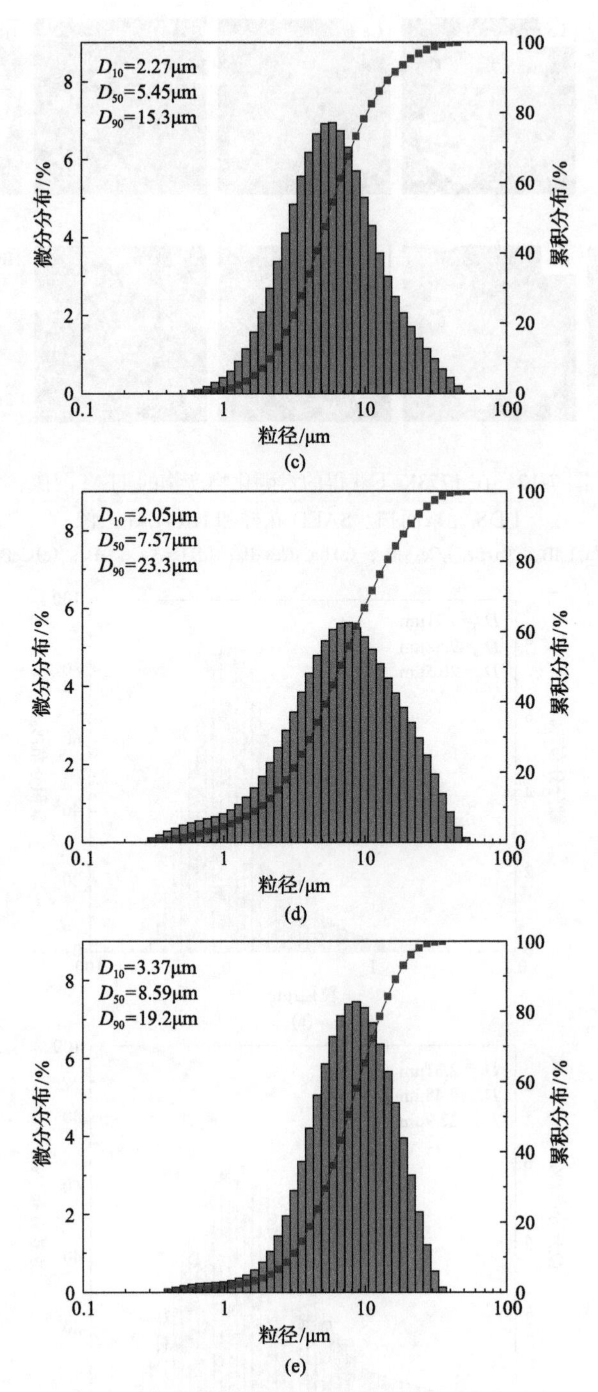

图 7-13　1773K 下获得的六硼化物粉末的粒度分布

(a) LaB_6；(b) $La_{0.75}Ce_{0.25}B_6$；(c) $La_{0.5}Ce_{0.5}B_6$；(d) $La_{0.25}Ce_{0.75}B_6$；(e) CeB_6

表 7-4　镧和铈固溶六硼化物的碳含量

产物	LaB_6	$La_{0.75}Ce_{0.25}B_6$	$La_{0.5}Ce_{0.5}B_6$	$La_{0.25}Ce_{0.75}B_6$	CeB_6
碳含量/%(质量分数)	0.27	0.28	0.31	0.32	0.25

7.3　$La_{1-x}Ce_xB_6$置换固溶单晶材料制备

7.3.1　实验部分

由于稀土六硼化物的单晶材料是其重要的应用形式，本节尝试进行$La_{1-x}Ce_xB_6$置换固溶单晶材料制备。LaB_6和CeB_6在高温下可溶解在铝液中，因此采用 Al 作为熔剂。首先，将制备好的LaB_6或CeB_6粉末与铝块(纯度为 99.6%)按 1∶30[14]的质量比称量，将两者置于刚玉坩埚中。物料在管式炉(氩气气氛)中加热至 1773K 保温 8h，然后以 30K/h 的冷却速度冷却到 873K。炉内自然冷却至室温后，将样品放入 NaOH 溶液(20%(质量分数))中去除助熔剂 Al。从残留物中选取单晶块。用稀硫酸(9.8%(质量分数))和去离子水洗涤后，单晶块用于其他表征。

单晶样品的结晶取向判断使用粉末 X 射线衍射仪，测试条件为：Cu-Kα 射线($\lambda = 0.154178$nm)，扫描范围为 $10° \leqslant 2\theta \leqslant 90°$，扫描速度为 10(°)/min。单晶样品微观形貌的观察采用 FESEM 和光学金相显微镜。

7.3.2　结果与讨论

LaB_6和CeB_6单晶块的宏观形貌如图 7-14(a)和(d)所示。LaB_6单晶的宏观形貌为紫红色立方体或长方体，尺寸为几毫米。如图 7-14(b)和(c)所示，在光学显微镜下分别观察到LaB_6的立方和长方体单晶。在图 7-14(c)中可以清晰地显示出制备的LaB_6单晶右侧破碎的表面。缺陷位于单晶的一侧，而单晶的另一侧相对完美。这种现象可能是由于LaB_6在结晶初期溶质浓度较高，每个位置都有足够的溶质析出。随着结晶过程的进行，熔体中LaB_6含量逐渐降低，溶质难以向晶体中心迁移。因此，表面的增长速度会快于中心，从而形成缺陷。CeB_6单晶形貌为蓝紫色的针状和棒状块体，单晶长度最长可达 8mm。图 7-14(e)和(f)为CeB_6单晶的光学显微图像，能够观察到针状和棒状CeB_6单晶。与LaB_6单晶不同的是，针状单晶的表面没有明显的孔缺陷。由于CeB_6单晶轴向尺寸(3～8mm)极大，而径向尺寸(约 100μm)较小，在晶体生长过程中单晶中心也会像表面一样容易获得溶质。因此，在生长过程中，中心和表面的生长速度相似。这种条件不会使针状CeB_6单晶产生缺陷。而对于大尺寸棒状CeB_6，也可观察到破碎表面，如图 7-14(f)所示。这种现象也是由于单晶尺寸较大(径向尺寸约为 500μm)，使得晶体表面和中心的生长速度不同。

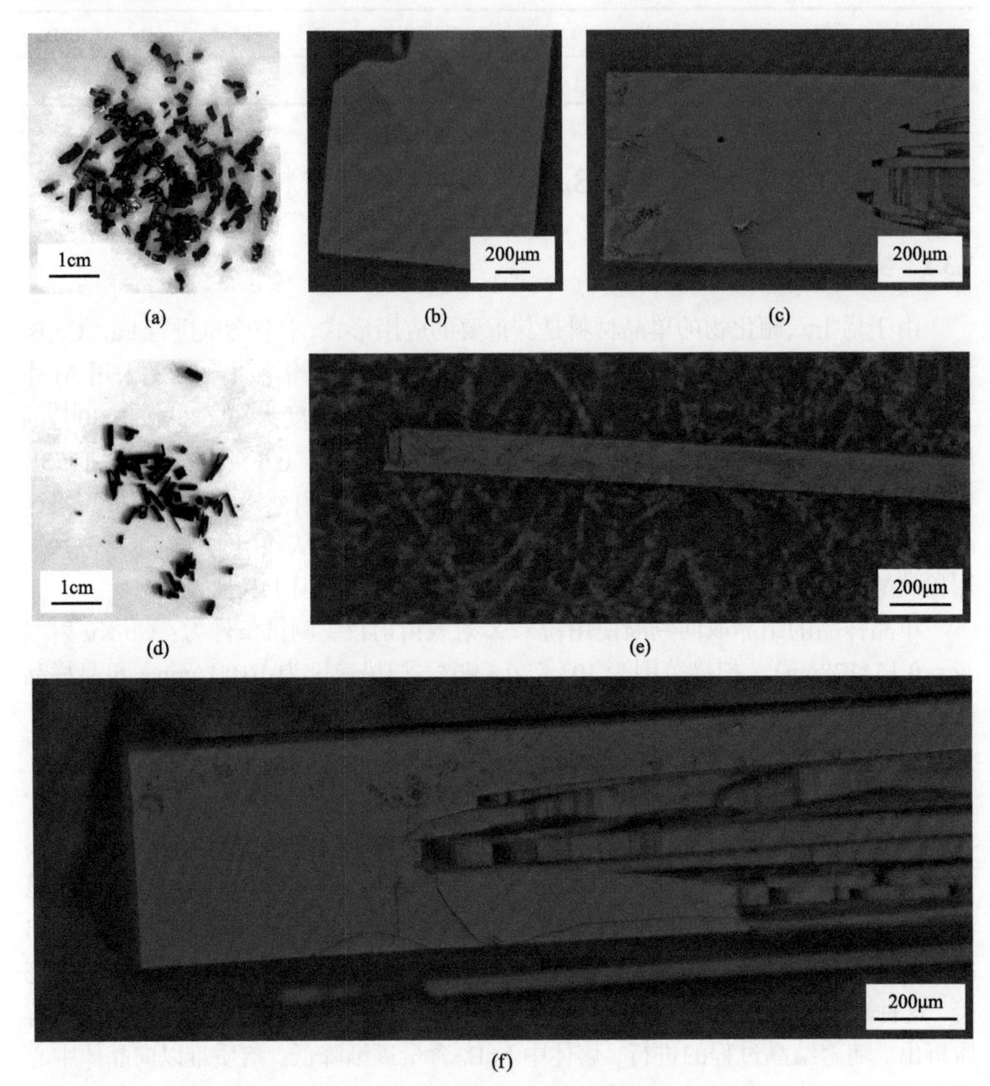

图 7-14　单晶块宏观和微观形貌

(a) LaB_6 宏观形貌；(b) (c) LaB_6 微观形貌；(d) CeB_6 宏观形貌；(e) (f) CeB_6 微观形貌

为了确定单晶块的晶体取向，使用 X 射线衍射仪对单晶块进行检测。LaB_6 单晶块的两个表面被 X 射线照射，X 射线光路与单晶块的位置关系如图 7-15(a)所示。衍射结果如图 7-15(c)所示，在这两个表面上只检测到(100)和(200)晶面的特征峰。因此，对 LaB_6 单晶块的晶体取向进行了推测，结果如图 7-15(d)所示，所制备的正方体或长方体单晶的六个表面均为(100)面，为 LaB_6 晶体(简单立方)的密排晶面。这一结果符合布拉维(Bravais)定律[15]，晶体暴露的晶面应该是密排晶面或次密排晶面，以保证晶体较低的表面能。对于棒状或针状的 CeB_6 晶体，同时检测了几个单晶块，X 射线与样品的位置关系如图 7-15(b)所示。在衍射谱线中，检测到(100)、(110)和(200)晶面的特征峰。通过分析衍射机理(图 7-15(e)和(f))，单晶沿[001]晶向延伸。棒状或针状单晶的外露表面仍然紧密堆积(100)晶面。

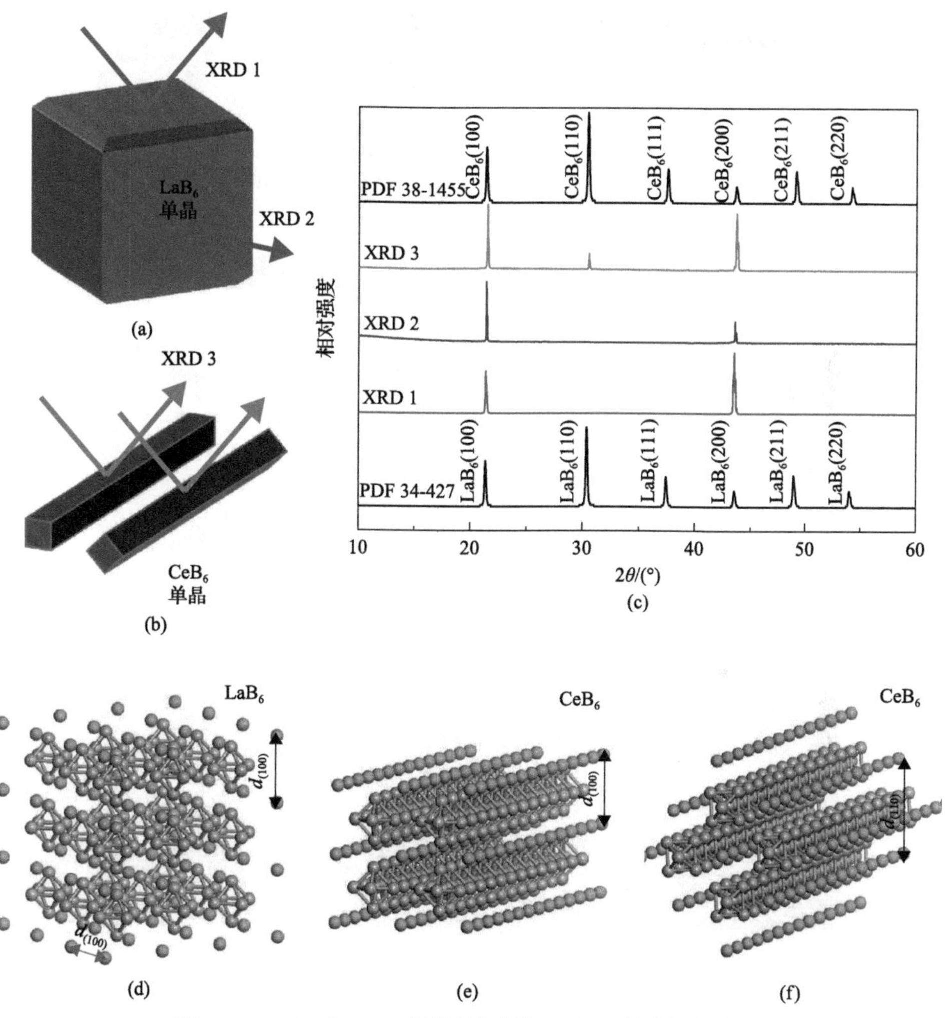

图 7-15　LaB_6 和 CeB_6 单晶的衍射机理和 X 射线衍射谱图

(a) LaB_6 衍射 X 射线与 LaB_6 单晶的位置关系；(b) CeB_6 衍射 X 射线与 CeB_6 单晶的位置关系；(c) X 射线衍射谱图；(d) LaB_6 单晶晶体取向；(e)(f) CeB_6 单晶的晶体取向

利用 FESEM 和 EDS 分析对单晶表面进行观察分析。结果如图 7-16 所示。同时，对单晶表面对应的晶体平面进行标记。LaB_6 单晶表面存在凹坑、孔洞等块状缺陷。在 CeB_6 单晶(110)表面，可以清晰地观察到一些垂直于[100]方向的条纹。

这些条纹是单晶生长的痕迹在晶面生长过程平行推进形成的。该形貌表明，CeB_6单晶沿[100]方向逐层生长。此外，还通过 EDS 分析对单晶元素组成进行了表征，分析结果如图 7-16(c)所示。LaB_6和CeB_6的硼含量分别为 31.3%和 29.5%(质量分数)。检测结果与理论值吻合较好。

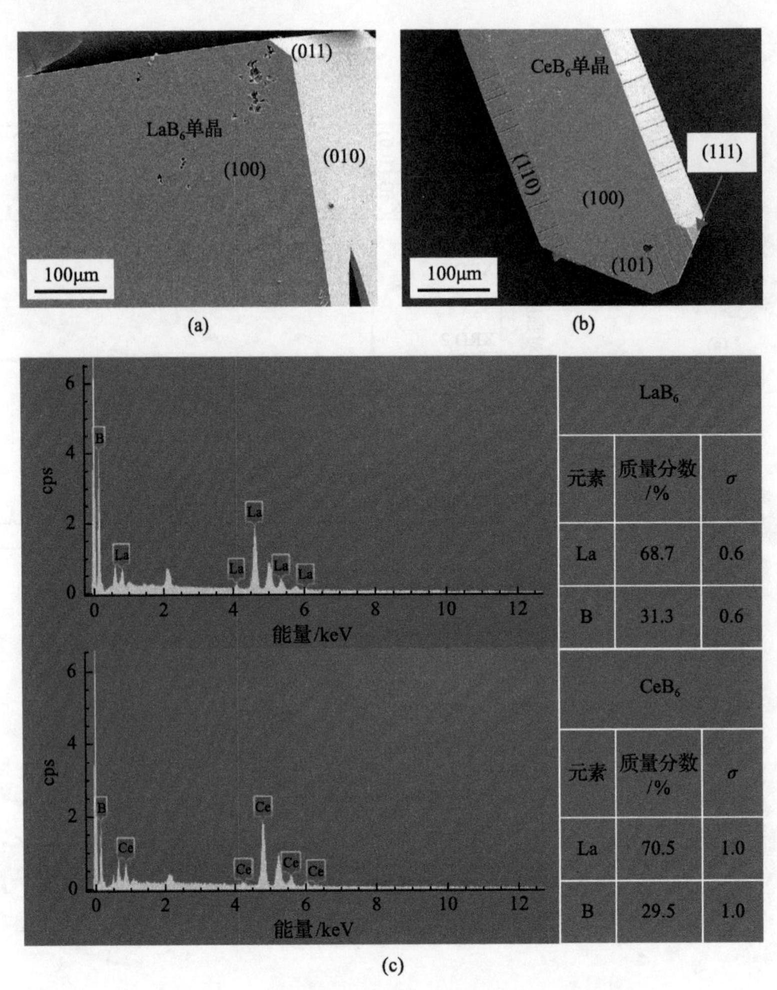

图 7-16　单晶的 FESEM 图像和 EDS 分析结果

(a) LaB_6；(b) CeB_6；(c) EDS 分析(σ表示偏差)

使用$La_{0.25}Ce_{0.75}B_6$、$La_{0.5}Ce_{0.5}B_6$和$La_{0.75}Ce_{0.25}B_6$三种置换固溶的硼化物粉体制备了相应的单晶材料。如图 7-17 所示，从三种单晶的宏观照片和光学显微照片可以看出，它们的尺寸达到了数毫米，并且单晶形状为长方体和立方体。在单晶的光学显微照片中，可以明显看出单晶的颜色随着 La 含量的减少由紫红色过渡到蓝紫色，这与置换固溶粉体的颜色规律一致。与LaB_6和CeB_6单晶的形态相似，置换固溶单晶也存在一些结晶缺陷。为了表征置换固溶单晶的成分，在 SEM 下进行了 EDS 元素分析，结果如图 7-18 所示。几种置换固溶单晶产物的 La/Ce 摩尔比与粉体原料是一致的。并且，对 $La_{0.5}Ce_{0.5}B_6$ 单晶在生长方向的 La/Ce 摩尔比进行了分析，结果表明沿单晶生长方向上单晶的成分组成均匀一致，无明显差异。这种均匀成分表明，La 和 Ce 元素在结晶过程中的行为是同步的，不会发生明显的元素偏析。这为制备出成分可控的 $La_{1-x}Ce_xB_6$ 置换固溶单晶材料提供了原理基础。

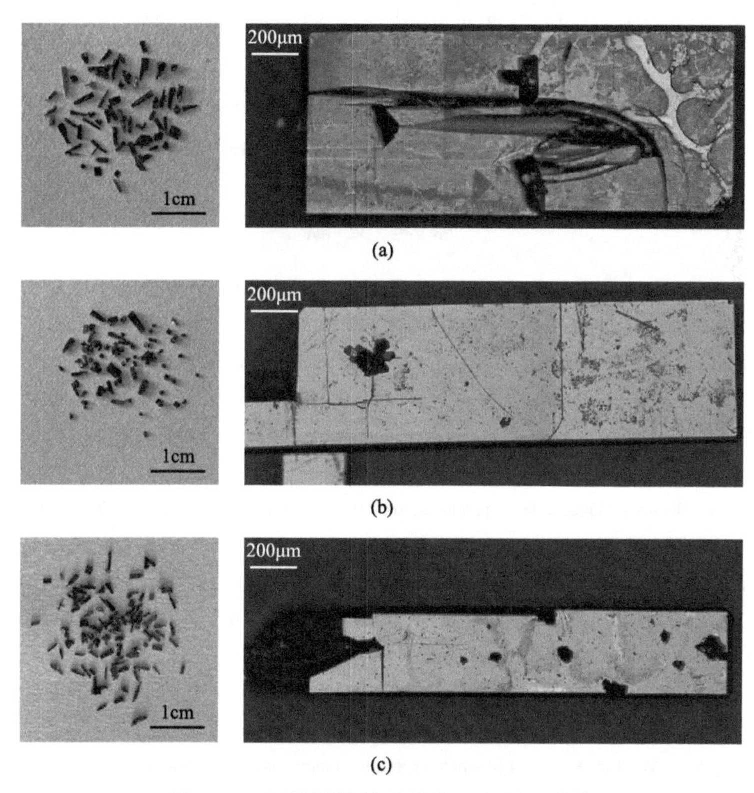

图 7-17　置换固溶单晶块宏观和微观形貌

(a) $La_{0.25}Ce_{0.75}B_6$ 单晶；(b) $La_{0.5}Ce_{0.5}B_6$ 单晶；(c) $La_{0.75}Ce_{0.25}B_6$ 单晶

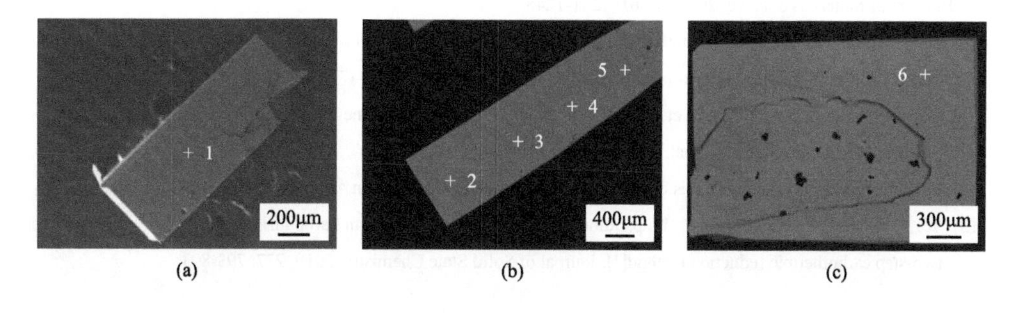

产物	点	B含量/%(原子分数)	La含量/%(原子分数)	Ce含量/%(原子分数)	La/Ce摩尔比
$La_{0.75}Ce_{0.25}B_6$	1	89.3	8.1	2.6	3.12
$La_{0.5}Ce_{0.5}B_6$	2	87.7	6.1	6.2	0.98
	3	87.1	6.3	6.6	0.95
	4	84.5	7.8	7.7	1.01
	5	86.6	6.5	6.9	0.94
$La_{0.25}Ce_{0.75}B_6$	6	87.0	2.7	8.7	0.31

(d)

图 7-18　置换固溶单晶的 FESEM 图像和 EDS 分析结果

(a) $La_{0.25}Ce_{0.75}B_6$ 单晶；(b) $La_{0.5}Ce_{0.5}B_6$ 单晶；(c) $La_{0.75}Ce_{0.25}B_6$ 单晶；(d) EDS 分析

参 考 文 献

[1] Bao L H, Qi X P, Bao T N, et al. Structural, magnetic, and thermionic emission properties of multi-functional $La_{1-x}Ca_xB_6$ hexaboride[J]. Journal of Alloys and Compounds, 2018, 731: 332-338.

[2] Schlesinger M E, Liao P K, Spear K E. The B-La (boron-lanthanum) system[J]. Journal of Phase Equilibria, 1999, 20: 73-78.

[3] Foster L M, Long G, Hunter M S. Reactions between aluminum oxide and carbon the Al_2O_3-Al_4C_3 phase diagram[J]. Journal of the American Ceramic Society, 1956, 39 (1): 1-11.

[4] Merzhanov A G. History and recent developments in SHS[J]. Ceramics International, 1995, 21 (5): 371-379.

[5] Zhao Z W, Li H G. Thermodynamics for leaching of scheelite-pseudo-ternary-system phase diagram and its application[J]. Metallurgical and Materials Transactions B, 2008, 39 (4): 519-523.

[6] Futamoto M, Aita T, Kawabe U. Crystallographic properties of LaB_6 formed in molten aluminium[J]. Japanese Journal of Applied Physics, 1975, 14 (9): 1263-1266.

[7] Vegard L. Die konstitution der mischkristalle und die raumfüllung der atome[J]. Zeitschrift für Physik, 1921, 5 (1): 17-26.

[8] Yu Y P, Wang S, Li W, et al. Synthesis of single-crystalline lanthanum hexaboride nanocubes by a low temperature molten salt method[J]. Materials Chemistry and Physics, 2018, 207: 325-329.

[9] Hang C L, Yang L X, Wang F, et al. Melt-assisted synthesis to lanthanum hexaboride nanoparticles and cubes[J]. Bulletin of Materials Science, 2017, 40 (6): 1241-1245.

[10] Guo W M, Tan D W, Zeng L Y, et al. Synthesis of fine ZrB_2 powders by solid solution of TaB_2 and their densification and mechanical properties[J]. Ceramics International, 2018, 44 (4): 4473-4477.

[11] Guo W M, Tan D W, Zhang Z L, et al. Synthesis of fine ZrB_2 powders by new borothermal reduction of coarse ZrO_2 powders[J]. Ceramics International, 2016, 42 (13): 15087-15090.

[12] Wang Y. Processing and properties of high entropy carbides[J]. Advances in Applied Ceramics, 2022, 121 (2): 57-78.

[13] Wu K H, Jiang Y, Jiao S Q, et al. Preparations of titanium nitride, titanium carbonitride and titanium carbide via a two-step carbothermic reduction method[J]. Journal of Solid State Chemistry, 2019, 277: 793-803.

[14] Aita T, Kawabe U, Honda Y. Single crystal growth of lanthanum hexaboride in molten aluminium[J]. Japanese Journal of Applied Physics, 1974, 13(2): 391-392.

[15] Sun J, Zhang X B, Zhang Y J, et al. Effect of alloy elements on the morphology transformation of TiB_2 particles in Al matrix[J]. Micron, 2015, 70: 21-25.

第8章 复合粉体、高熵碳化物/硼化物粉体的制备

本章将主要介绍目前熔点最高的物质 Ta_4HfC_5(熔点 4215℃)，以及高熵碳化物(HEC)、高熵硼化物粉体的制备。

8.1 碳热还原-钙处理法制备 Ta_4HfC_5 粉体

8.1.1 实验方法

本节采用炭黑、二氧化铪、五氧化二钽和金属钙粒作为主要原料。首先，采用碳热还原-钙处理工艺制备 Ta_4HfC_5 粉末。将 HfO_2、Ta_2O_5 和炭黑以 1∶2∶20.4 的摩尔比进行球磨混合。其球磨时间为 12h，球磨转速为 200r/min。需要注意的是，在第 3 章的研究中发现，过量的炭黑有助于确保还原反应的完全进行，同时具有限制产物颗粒在高温还原过程中长大的作用，因此初始的配碳量为理论值的 120%。然后，将混合物在 1773K、10Pa 的真空环境中还原 4h 获得前驱体。获得的前驱体再次球磨 12h，然后与金属钙粒以 1∶4 的质量比混合，之后在设定温度下进行 4h 的固溶处理。通过稀盐酸溶液(5%(质量分数))酸浸后即可获得最终产物。表 8-1 给出了碳热还原和钙处理的反应温度。实验程序的流程如图 8-1 所示。实验后采用 XRD、SEM 和 TEM 分别对产物的物相组成、微观形貌和固溶情况进行分析。

表 8-1 碳热还原和钙处理反应的实验热制度

样品	预期产物	反应温度/K	
		碳热还原	钙处理
No. 1	Ta_4HfC_5	1773	1273
No. 2	Ta_4HfC_5	1773	1373
No. 3	Ta_4HfC_5	1773	1473
No. 4	Ta_4HfC_5	1773	1573
No. 5	Ta_4HfC_5	1773	1673

8.1.2 结果与讨论

1. 钙处理温度对产物物相的影响

为了探索出合适的钙处理温度，实验研究不同钙处理温度下所获产物的物相

变化。图 8-2 展示了制备 Ta_4HfC_5 的前驱体以及在经过 1273～1673K 钙处理后的产物物相组成。从图 8-2 中可以看出，第一步碳热还原之后的产物由 TaC 和 HfC 两相组成。值得一提的是，第 3 章已经表明产物中含有多余的未反应的炭黑，只不过由于炭黑是无定形的，在 XRD 图谱中并不会显示出来。因此，实际上第一

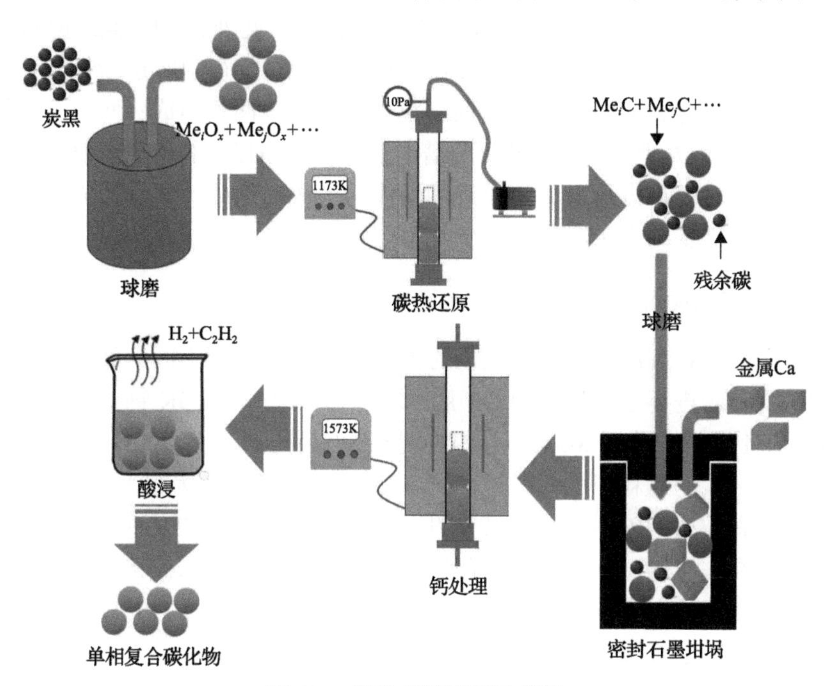

图 8-1　实验步骤流程示意图

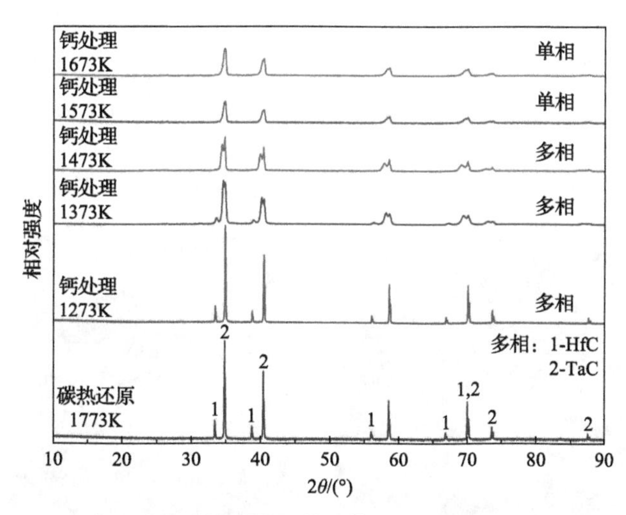

图 8-2　1773K 真空碳热还原获得的前驱体以及经 1273～1673K 钙处理后的产物粉末的 XRD 图谱

步碳热还原之后的产物应该由 TaC、HfC 和炭黑三相组成。这一结果表明，第一步碳还原过程中并不会直接形成 Ta_4HfC_5 固溶体。Feng 等[1]也报道过单相的难熔金属复合碳化物难以在 1973K 以下的温度直接固溶形成。其中最关键的原因在于 TaC 和 HfC 之间只能通过缓慢的固相扩散去形成固溶体，其相互扩散速率太低，因此在低温下难以直接形成分布均匀的单相固溶体。此外，从图 8-2 还可以看出，在钙处理过程中，随着反应温度的升高，TaC 和 HfC 的衍射峰逐渐靠拢，最终重叠在一起。当反应温度低于 1573K 时，钙处理产物由两相组成；而当反应温度高于 1573K 时，钙处理产物的 XRD 图谱中仅存在 Ta_4HfC_5 的单相衍射峰。这一结果表明，高的钙处理温度有助于促进固溶体的形成。因此，能够形成单相固溶体的钙处理温度需要高于 1573K。

2. 钙处理温度对产物形貌的影响

为了研究钙处理温度对产物粒径的影响，通过 SEM 对不同钙处理温度下所获产物的微观形貌进行了分析。图 8-3 展示了经过 1273～1673K 钙处理后所获产物粉体的 SEM 图像。从图 8-3(a)可以观察到，当钙处理温度为 1273K 时，制备的产物由两种形貌的颗粒组成。经过 EDS 验证后发现其中较为粗大的颗粒为 TaC，较为细小的颗粒为 HfC。这一结果表明，TaC 和 HfC 在 1273K 时不形成固溶体，相互独立存在。而 XRD 分析中所提到的炭黑在 SEM 下并未被找到，证明钙处理过程除去了残余的游离碳。在图 8-3(b)中，当钙处理温度为 1373K 时，在产物中出现了一种新的超细颗粒，经 EDS 验证后其为新生成的(Hf,Ta)C 固溶体颗粒。此外，在图 8-3(b)中也观察到粗的 TaC 颗粒，但并未发现 HfC 颗粒。这一结果表明，在 1373K 时，所有 HfC 和部分 TaC 发生了溶解并生成了细小的(Hf,Ta)C 颗粒。在图 8-3(c)中，钙处理温度进一步升高，生成的(Hf,Ta)C 固溶体颗粒粒径更大，而粗 TaC 颗粒数量进一步减少。在图 8-3(d)中，钙处理温度达到 1573K，生成的(Hf,Ta)C 固溶体粒径进一步增大，同时观察到粗 TaC 颗粒在这一温度下消失了。这一结果表明，在 1573K 时，所有的 HfC 和 TaC 完全溶解，形成了单相的 Ta_4HfC_5

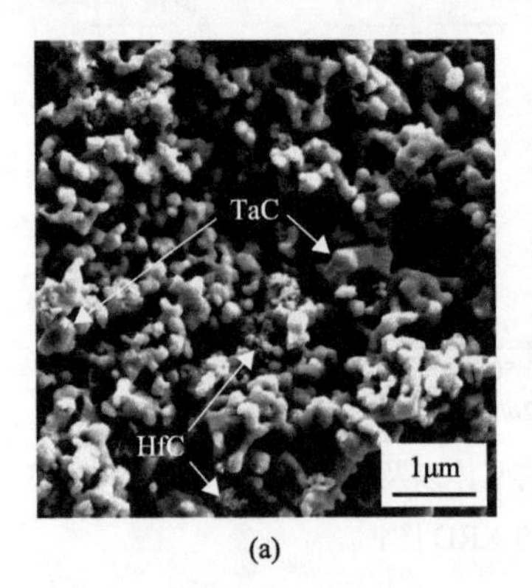

(a)

(b)

(c)　(d)

(e)

图 8-3　经不同温度钙处理后所获产物粉体的 SEM 图像

(a) 1273K；(b) 1373K；(c) 1473K；(d) 1573K；(e) 1673K

颗粒。而当钙处理温度升高为 1673K 时，单相 Ta_4HfC_5 颗粒粒径增加至 1μm 左右，如图 8-3(e)所示。因此，可以得出较高的钙处理温度有助于促进固溶体的形成这一结论，这与 XRD 结果一致。同时，也有研究者发现，在较高温度下，TaC 或 HfC 在液态钙中的溶解度会显著增加，为通过溶解-沉淀机制生长的晶粒提供了良好的动力学环境[2]。因此，较高的钙处理温度也有助于产物颗粒粒径的增大。

3. 钙熔体的固溶作用

为了证实钙熔体具有促进固溶体形成的能力，将纯 TaC 和 HfC 以 4∶1 的摩尔比球磨混合 12h，然后分别在添加钙和不添加钙两种方式下进行热处理。其热处理温度为 1573K，保温时间为 4h。经过酸浸后获得最终产物。图 8-4 展示了原材料和产物的物相组成。从图 8-4 可以看出，不添加钙时产物由 TaC 和 HfC 两相组成，而添加钙时产物为单相的 Ta_4HfC_5。显然，钙熔体具有促进固溶体形成的能力，钙处理是一种能有效且简便地合成单相复合碳化物固溶体的方法。

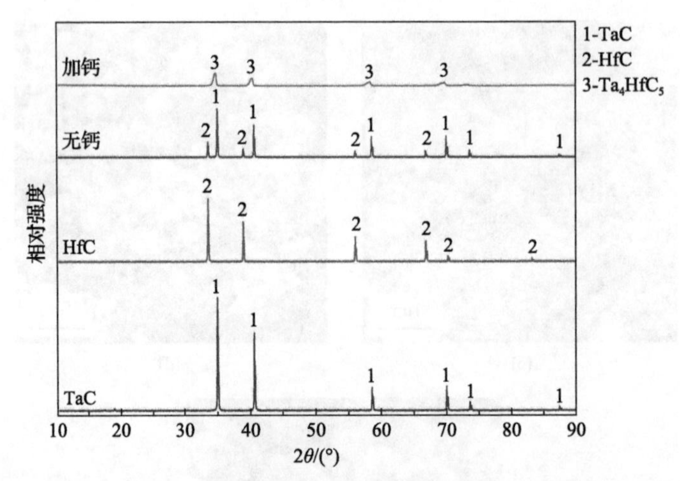

图 8-4　TaC、HfC 以及分别在加钙和无钙两种条件下所获产物的 XRD 图谱

8.2　高能球磨法辅助制备高熵碳化物粉体

高熵材料为由四种或四种以上等摩尔比或非等摩尔比组元所构成的一组先进材料，每种组元的原子分数为 5%～35%。其中，以 HEC 的应用最为广泛。与人类赖以生存的基本材料不同，HEC 因其熔点高、耐腐蚀性能好、硬度好、抗氧化性能好、断裂韧性好等特点，被广泛地应用于航空航天热保护装置、高速飞机燃油喷嘴、耐腐蚀涂层等极端环境中[3,4]。晶体结构相同的碳化物更容易受到研究者的青睐，主要集中在ⅣB 族和ⅤB 族，而含有ⅥB 族元素的体系，特别是 Cr 元素的文献报道并不多。由于碳化物具有熔点高、扩散系数低的特点，HEC 固溶体的形成需要较为苛刻的生产条件，如电火花等离子烧结、热压烧结等[5,6]。然而，温度超过 2373K 会导致陶瓷晶粒变粗，能耗过高。同时，为了提高产物的性能，低温下制备细晶粒粉末也是必要的，以细晶粒粉末为原料去烧结高熵陶瓷可解决陶瓷致密度低，性能差等一系列问题。但是，目前国内关于低温制备 HEC 粉体的研究较少，该领域还处于起步阶段。

根据第 3 章的研究，碳热还原加钙处理工艺可以制备出纯净的碳化物，而且钙粉比不会影响制备产物的形貌，因此本节延续该制度去制备 HEC。在之前的工作中[7]，已通过真空碳热还原加熔融钙处理成功制备了单相 HEC，然而其合成条件，一方面 0.5g 单批次原料严重影响了生产效率，另一方面超高的球料比(50∶1)还会引入来自球磨罐的 ZrO_2 杂质，致使目标产物化学成分严重偏离设计比。为此，提出了一种新的改进策略，用 304 不锈钢球磨罐来代替 ZrO_2 材质球磨罐，球料比设定为 10∶1，同样沿用碳热还原加钙处理工艺来合成 HEC 粉。之前的工作表明，不同单组元碳化物在钙基体中的相互固溶扩散促进了 HEC 粉末的形成[7]；相比之下，本工艺球磨过程中引入的少量金属铁对最终碳化物固溶体的形成也起到了至关重要的作用。

8.2.1　相形成规则描述

为了成功预测 HEC 相的形成，研究者通常使用描述符或计算模型来评估某一体系的稳定性以及固溶体形成的难易程度。将关于ⅣB 族、ⅤB 族和ⅥB 族共九种过渡族难熔金属碳化物的相关物理参数列于表 8-2 中。

表 8-2　过渡族难熔金属碳化物的常见物理性质

碳化物	晶体结构	晶格常数/Å	最邻近金属原子坐落晶面系	迁移距离/nm
TiC	面心立方	4.328	(111)	0.3106
ZrC	面心立方	4.698	(111)	0.3322
NbC	面心立方	4.469	(111)	0.3161
TaC	面心立方	4.455	(111)	0.3151
HfC	面心立方	4.641	(111)	0.3282
Mo_2C	密排六方	a=3.007 c=4.729	(1000)	0.3007
VC	面心立方	4.169	(111)	0.2941
Cr_3C_2	斜方晶系	a=2.830 b=5.540 c=11.470	(100)	0.2830
WC	密排六方	a=2.907 c=2.837	(1100)	0.2907

在仅考虑热力学条件的情况下，固溶相的形成仅受混合吉布斯自由能(ΔG_{mix})控制[8]：

$$\Delta G_{mix} = \Delta H_{mix} - T\Delta S_{mix} \tag{8-1}$$

式中，ΔH_{mix} 为系统的混合焓；ΔS_{mix} 为系统的混合熵；T 为系统的温度，K。

考虑到难熔金属原子会随机分布在阳离子亚晶格中，ΔS_{mix} 可以被理想混合熵来代替：

$$\Delta S_{mix} = \Delta S_{conf} = -R\sum_{i=1}^{n} x_i \ln x_i = R\ln n \tag{8-2}$$

式中，ΔS_{conf} 为构型熵；R 为气体常数；n 为组元数。

此外，Sarker 等[9]提出的熵形成能力参数可以根据第一性原理的能量随机分布态来计算：

$$\mathrm{EFA}(n)=\left\{\sigma\left[\operatorname{spectrum}\left(H_i(n)\right)\right]_{T=0}\right\}^{-1} \tag{8-3}$$

$$\sigma\left\{H_i(n)\right\}=\sqrt{\frac{\sum_{i=1}^{n} g_i\left(H_i-H_{\mathrm{mix}}\right)^2}{\left(\sum_{i=1}^{n} g_i\right)-1}} \tag{8-4}$$

$$H_{\mathrm{mix}}=\frac{\sum_{i=1}^{n} g_i H_i}{\sum_{i=1}^{n} g_i} \tag{8-5}$$

式中，n 为几何构型的个数；g_i 为简并因子；H_i 为一个超晶胞在 0K 时的生成焓；H_{mix} 为所有可能超晶胞构型中 H_i 的平均值。

谱图越窄，系统内的构型无序度越高，导致 EFA 值越大。

原子尺寸差异 δ 起源于休姆-罗瑟里定则(Hume-Rothery rule)[10]，通常用来阐述固溶体形成的难易程度：

$$\delta=\sqrt{\sum_{i=1}^{n} x_i\left(1-\frac{r_i}{\bar{r}}\right)^2} \tag{8-6}$$

$$\bar{r}=\sum_{i=1}^{n} x_i r_i \tag{8-7}$$

式中，δ 为碳化物中金属原子的原子尺寸差异；r_i 为碳化物中金属原子的最小扩散距离；$\bar{r}$ 为碳化物中金属原子的平均扩散距离。

总体来说，迁移距离与晶格常数有关，在不同的晶体结构中与晶格常数的关系不同，不同过渡族难熔金属对应的迁移距离如表 8-2 所示。此外，认为 MoC 具有与 Mo_2C 相似的迁移距离。δ 值越小，晶格畸变越小，表明形成 HEC 的可能性越高。

除本书所提及的几个常见描述符之外，文献中还用容差因子 t[11]、φ 准则[12]以及 Ω-T_{m} 准则[13]等来预测 HEC 的形成。值得一提的是，描述符只能从理论上预测高熵相的稳定性以及形成可能性，仅作为辅助工具来使用，实际情况下 HEC 的形成与否还取决于特定的制备工艺和处理温度。

8.2.2　反应热力学计算

1. 熔融钙脱碳反应的热力学计算

为了解决还原产物中游离碳的问题，根据反应(3-7)提出了钙处理工艺。通过 Factsage 7.0 计算脱碳反应的标准吉布斯自由能的变化以及钙的饱和蒸气压，结果如图 8-5 所示。从图中可以得出，游离碳会与钙反应生成 CaC_2，同时高温有利于钙反应正向进行。此外，图中还说明了钙的饱和蒸气压与温度的关系，可以看出，当温度超过钙的熔点 1115K 时，饱和蒸气压会迅速升高，因此为保证脱碳的效率，反应的最佳温度应处于熔点和沸点之间。在钙处理过程中，虽然钙处于液相状态，但高的饱和蒸气压保证了钙能均匀地扩散到各个地方，达到优异的脱碳效果。最后，通过盐酸浸出将产生的 CaC_2 等副产物去除，得到纯净的粉末。

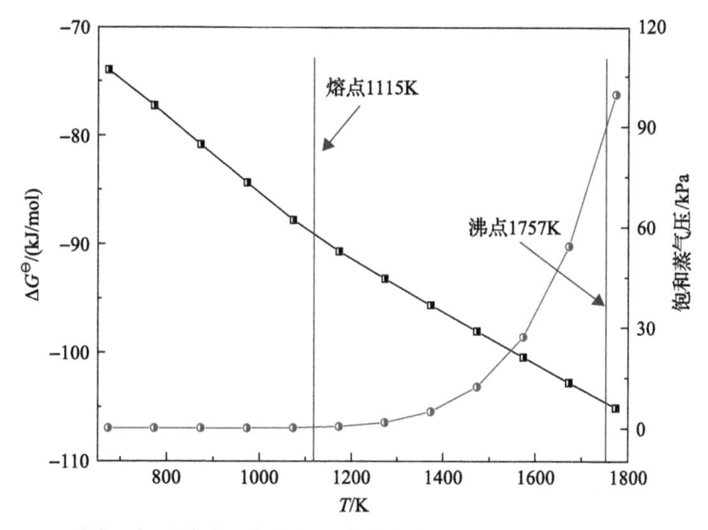

图 8-5　不同温度下脱碳反应的标准吉布斯自由能变化以及钙的饱和蒸气压

2. 碳热还原阶段的热力学计算

为考察不同碳热还原反应的可行性，仍采用 Factsage 7.0 计算不同氧化物碳热还原反应的标准吉布斯自由能变化（$\Delta G_{R,T}^{\ominus}$ (kJ/mol)），如下所示：

$$HfO_2 + 3C = HfC + 2CO, \quad \Delta G_{R,T}^{\ominus} = 659.69 - 0.3449T \tag{8-8}$$

$$1/2Ta_2O_5 + 7/2C = TaC + 5/2CO, \quad \Delta G_{R,T}^{\ominus} = 589.82 - 0.4246T \tag{8-9}$$

$$ZrO_2 + 3C = ZrC + 2CO, \quad \Delta G_{R,T}^{\ominus} = 674.10 - 0.3490T \tag{8-10}$$

$$1/2Nb_2O_5 + 7/2C = NbC + 5/2CO, \quad \Delta G_{R,T}^{\ominus} = 521.74 - 0.4174T \tag{8-11}$$

$$TiO_2 + 3C = TiC + 2CO, \quad \Delta G_{R,T}^{\ominus} = 531.08 - 0.3396T \tag{8-12}$$

$$MoO_3 + 4C = MoC + 3CO, \quad \Delta G_{R,T}^{\ominus} = 345.73 - 0.4681T \tag{8-13}$$

图 8-6 显示了不同化学反应的标准吉布斯自由能随温度的变化。由于$\Delta G_{R,T}^{\ominus}$的负值很大，MoO_3、Nb_2O_5、Ta_2O_5 和 TiO_2 在实验温度（1873K）下很容易被还原为对应碳化物；此外，流动的氩气带走了气体产物 CO，促进了还原反应的进行，因此在当前条件下也可以还原较为稳定的 ZrO_2 和 HfO_2 氧化物原料。

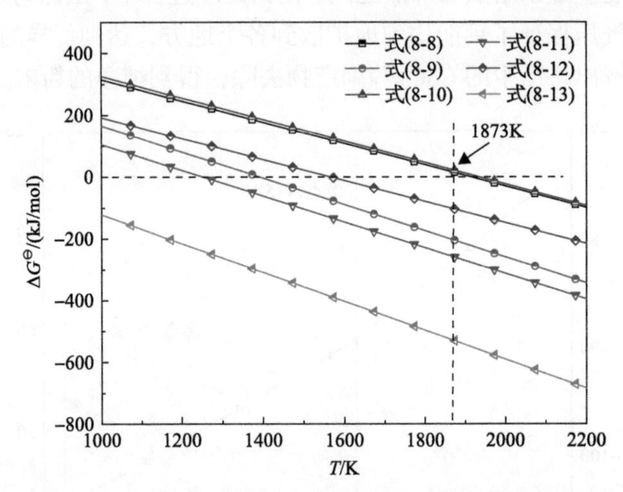

图 8-6　不同化学反应的标准吉布斯自由能随温度的变化

对于数种单组元碳化物到 HEC 的固溶反应，虽然反应熵增加，但生成焓却基本不变，如（Zr,Ta,Nb,Ti）C[14]、（Ta,Nb,Ti,V）C[15]和（Hf,Ta,Zr,Nb,Ti）C[8]等体系，因此，认为固溶反应在热力学上是可行的。由于缺少相应的热力学数据，本书仅以（Hf,Ta,Zr,Nb,Ti）C 体系为例说明相的演变过程。由式（8-8）～式（8-13）可得 HEC 形成反应的标准吉布斯自由能变化如下：

$$1/5HfC + 1/5TaC + 1/5ZrC + 1/5NbC + 1/5TiC = (Hf_{1/5}Ta_{1/5}Zr_{1/5}Nb_{1/5}Ti_{1/5})C,$$
$$\Delta G_{R,T,1}^{\ominus} = \Delta G_{mix}^{\ominus} \tag{8-14}$$

$$1/5HfO_2 + 1/10Ta_2O_5 + 1/5ZrO_2 + 1/10Nb_2O_5 + 1/5TiO_2 + 16/5C =$$
$$(Hf_{1/5}Ta_{1/5}Zr_{1/5}Nb_{1/5}Ti_{1/5})C + 11/5CO, \quad \Delta G_{R,T,2}^{\ominus} = 595.29 - 0.3751T + \Delta G_{mix}^{\ominus} \tag{8-15}$$

对于该五组元体系，焓和熵的变化值由 Ye 等[8]通过第一性原理模拟计算得到。

根据式(8-1)，式(8-14)和式(8-15)可进一步转变为

$$\Delta G_{R,T,1}^{\ominus} = -0.869 - 0.0067T \tag{8-16}$$

$$\Delta G_{R,T,2}^{\ominus} = 594.12 - 0.3818T \tag{8-17}$$

由式(8-17)可知，对于从氧化物原料到产物HEC的反应，在1873K时$\Delta G_{R,T}^{\ominus}$为−120.99kJ/mol，这表明从热力学的角度来看，式(8-15)的反应是可以自发进行的。更重要的是，温度越高，反应驱动力越大，更能促进HEC的进一步形成。类似的实验结果也在其他文献中得到了证实[14,16]。

8.2.3　反应过程及方法

为简化描述，不同的实验体系分别记为HECα-β或MCCα-β，其中HEC表示单个碳化物高熵相，MCC(multicomponent carbide)表示多组元碳化物，α表示组元个数，β表示额外添加到(Hf,Ta,Zr,Nb)C体系中的其他元素。值得注意的是，选择元素Hf、Ta、Zr和Nb的氧化物作为原料制备HEC4是因为对应碳化物的晶格参数相似，且具有相同的面心立方晶体结构。首先，将不同的过渡族难熔金属氧化物按等摩尔比精确称量，制成6g粉末，其中炭黑过量5%(质量分数)以弥补球磨过程中的碳损失，且减少碳热还原过程中晶粒长大现象。实验对应原料的SEM图像如图8-7所示。随后混合物置入304不锈钢罐中，以250r/min的转速、10∶1的球料比高能球磨6h，过程中无水乙醇作为介质防止粉末被氧化。将球磨后物料通过300目筛网筛分后放入石墨坩埚中并置入竖炉(炉管内径61mm)的恒温区内。随后在1873K以氩气气氛作为保护气氛反应4h，气体流量为400mL/min。在与金属钙简单机械混合后，在1273K下钙处理2h。最后产物在353K的盐酸溶液(5%(质量分数))中进行酸浸以去除含钙杂质，并用去离子水冲洗几次后进行干燥，对所得最终粉末进行表征和滴定实验。在滴定实验中，以二苯胺磺酸钠为内指示剂，以重铬酸钾溶液为氧化剂来滴定铁，滴定时由无色至红色的转变瞬间定为滴定终点。实验的流程如图8-8所示。

(a)

(b)

(c)

图 8-7　实验原料的 SEM 形貌图

(a) HfO_2；(b) Ta_2O_5；(c) ZrO_2；(d) Nb_2O_5；(e) TiO_2；(f) 低放大倍数下 WO_3；(g) 高放大倍数下 WO_3；(h) MoO_3；(i) Cr_2O_3；(j) 炭黑

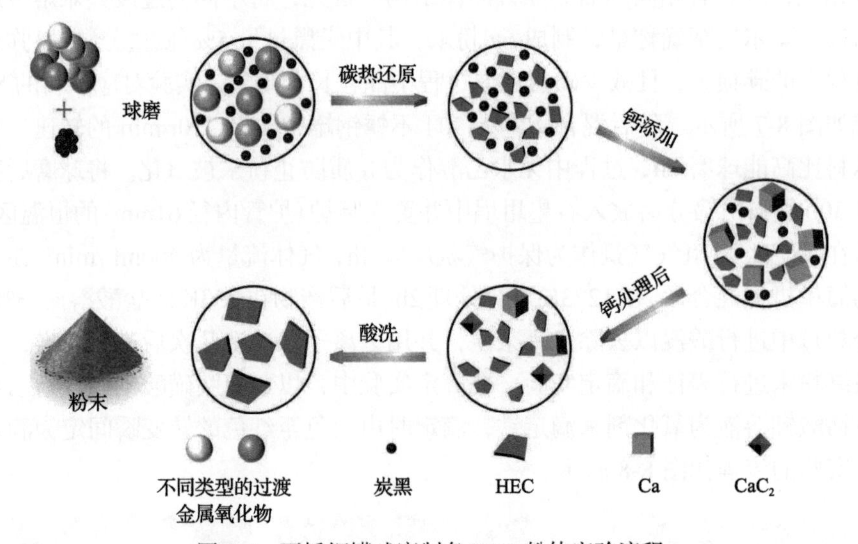

图 8-8　不锈钢罐球磨制备 HEC 粉体实验流程

用X射线衍射分析仪(Cu-Kα 辐射，λ=1.54178Å)，在 10°～90°范围以 30(°)/min 的扫描速度进行物相检测。利用 FullProf 软件进行 Rietveld 精修，以获得 HEC 的晶格常数。采用 FESEM 和 TEM 并配合 EDS 分别观察产物微观形貌和元素分布。采用 Image Pro Plus 通过线性截距法进行粒度统计分析，元素氧含量采用氧氮氢分析仪进行表征测定。

8.2.4 固溶处理预实验

在提出新工艺之前，先尝试研究之前提出的钙处理的固溶能力，并以(Hf, Ta)C、(Hf, Ta, Zr)C、(Hf, Ta, Ti)C以及(Hf, Ta, Nb)C这四组体系为实验对象，同样以氧化物和炭黑为原料，研磨方式由高能球磨变为手工研磨，之后同样遵循1873K碳热还原加1673K钙处理工艺，所得到对应产物的XRD图谱如图8-9所示。选择(Hf,Ta)C作为基础体系是考虑到HfC与TaC的晶格常数相似且彼此间在常温下可以无限固溶。由图可以看出，四种体系经过碳热还原后均有两组衍射峰，

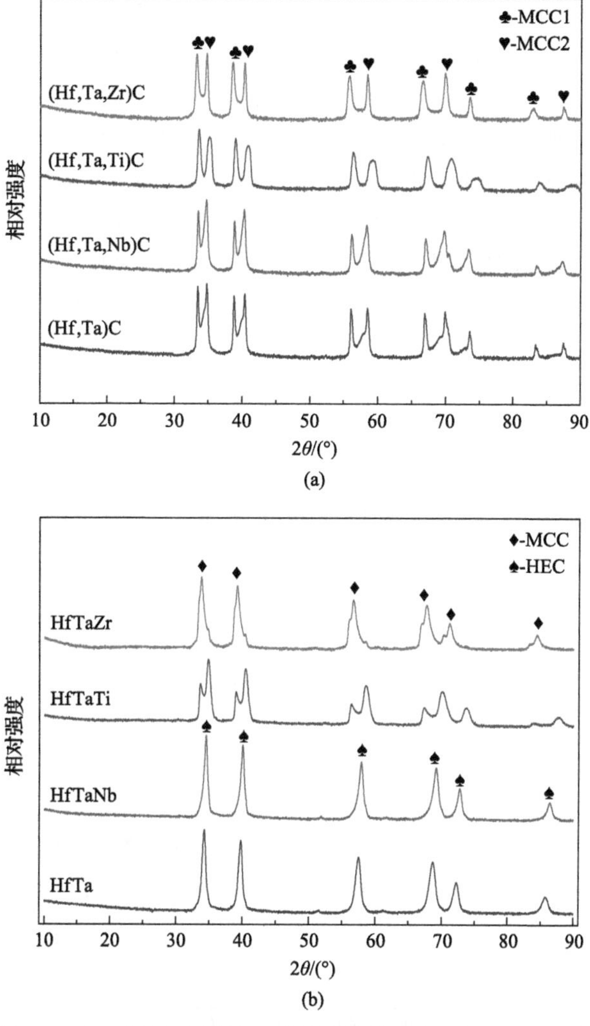

图8-9　四组预处理样品经过不同阶段处理后的XRD图谱

(a)碳热还原阶段；(b)钙处理阶段

但再次经过钙处理后仅有体系(Hf,Ta)C 以及(Hf,Ta,Nb)C 成功固溶了，而体系(Hf,Ta,Zr)C 以及(Hf,Ta,Ti)C 均存在与主相晶格常数不同的第二相。这表明熔融钙确实有一定的固溶难熔金属碳化物的能力，但却有相对的局限性，这或许与难熔金属元素的种类以及彼此含量有关。为此，提出了一种更容易实施的促进固溶的工艺，即通过不锈钢球磨引入 Fe 杂质来促进 HEC 的形成。

8.2.5 碳热还原阶段

1. 物相组成及元素固溶分析

图 8-10 为碳热还原后所有样品的 XRD 图谱，其中部分产物以单相固溶体的形式存在，而另一部分则以多组元碳化物的方式呈现。作为基础体系，单相 HEC4 在该流程工艺中成功制备。在额外添加单元素的情况下，只有 HEC5-Ti 和 HEC5-Mo 体系出现了单套碳化物相的衍射峰，而在 MCC5-V 和 MCC5-W 体系中，VC 和 WC 分别从对应基体中析出。考虑到 VC 与其他组元具有相同的 FCC 结构，这可能会导致它在基体中具有一定的溶解度，所以额外进行了含 5%(原子分数)VC 的实验，得到的产物 XRD 图谱同样如图 8-10(a)所示。从图中明显可以看出，在低 VC 含量的体系中没有出现峰分裂和其他相析出的现象，这证明了单相 HEC(这里记为 $HEC5_n$-V，其中“n”为非等摩尔体系，non-equimolar)的形成。另外，在样品 MCC5-Cr 中出现了杂质 Cr_3C_2 对应的衍射峰。

基于上述结果，尝试制备含有更多组元的 HEC，并选择额外添加 Mo、Ti 和 Cr 元素。图 8-10(b)显示了碳热还原后对应产物的相关 XRD 图谱，并且仅有 HEC6-MoTi 体系形成了单相。此外，含 Cr 体系中 Cr_3C_2 和 Cr_7C_3 的析出表明，Cr 可能不利于用现有工艺去制备 HEC。

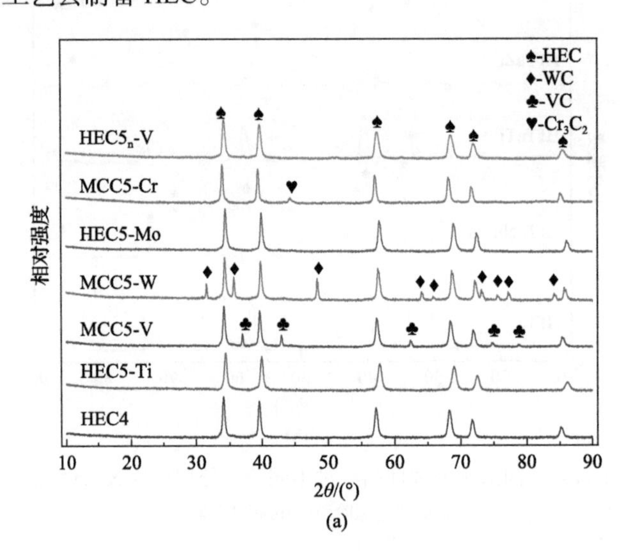

(a)

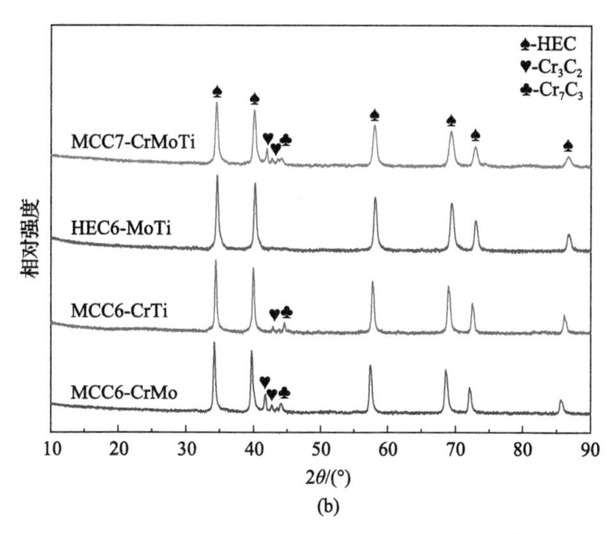

(b)

图 8-10　碳热还原后所有样品的 XRD 图谱

(a) 四元体系与五元体系；(b) 六元体系与七元体系

根据式(8-2)和式(8-6)，表 8-3 列出了所有实验体系的构型熵 ΔS_{mix} 以及原子尺寸差异 δ 这两个参数的计算值。一般情况下，MCC 体系的高熵效应会降低固溶体的生成能[17]。然而，较高的 δ 值可能会导致碳化物组元的相偏析，特别是当引入晶格常数与基体差异较大的组元时。例如 VC，由于其晶格常数(4.169Å)较低，在固溶体基体中额外引入高含量比的 VC 组元会导致固溶过程困难，需要更强的驱动力来促进元素扩散。体系中钒元素含量越高，晶格畸变越严重，元素扩散越困难[18]。此外，Mao 等[19]指出，Cr 和 W 是理论上过渡族金属里最难扩散进主晶格的两个元素，这解释了碳热还原后粉末中含 W 和 Cr 的杂质从碳化物主相中析出的现象。Yang 等[13]曾指出，在制备单相碳化物固溶体时，δ 的失配参数值要求小于 6.6%，而在当前实验中，该阈值变成了 3.5%。最后必须承认的一个事实是，该方法所提供的驱动力要远低于高温煅烧手段，目前高温处理仍然是促进固溶过程的重要方法之一，在 2473K 以上的高温下已有许多文献成功合成了含 W、V 或 Cr 元素的 HEC[18-20]。

表 8-3　不同实验体系构型熵和原子尺寸差异的计算值

实验体系	ΔS_{mix}	δ/%	相的形成
HEC4	$1.386R$①	2.31	单相
HEC5-Ti	$1.609R$	2.58	单相
MCC5-V	$1.609R$	4.20	多相
MCC5-W	$1.609R$	4.58	多相
HEC5-Mo	$1.609R$	3.49	单相

续表

实验体系	ΔS_{mix}	δ/%	相的形成
MCC5-Cr	1.609R	5.49	多相
HEC5$_n$-V	1.515R	2.97	单相
MCC6-CrMo	1.792R	5.33	多相
MCC6-CrTi	1.792R	5.05	多相
HEC6-MoTi	1.792R	3.33	单相
MCC7-CrMoTi	1.946R	5.34	多相

①R 表示理想气体常数。

回到休姆-罗瑟里定则，两种晶体结构相同的组元能大大增强彼此间的固溶性，这一规则已经扩展到高温材料领域。密排六方 WC、Mo_2C 和斜方晶系 Cr_3C_2 的构型差异进一步导致它们在 FCC 基体中的溶解度较低[19]。众所周知，ⅣB 族或ⅤB 族碳化物可能是焓和熵稳定的，但ⅥB 族碳化物由于其生成焓高，不能形成室温稳定的 FCC 结构[17]。例如，岩盐结构 MoC 和 WC 分别在 2213K 和 2723K 以上才能稳定存在[21]。在本实验中成功地制备了高熵体系 HEC5-Mo。其中，Mo 元素以原料 MoO_3 等摩尔比的形式加入，随机分布在阳离子亚晶格中，而且 MoC 会以溶质的形式溶解于 TaC 基晶格中，因此推测 Mo 元素是以 MoC 的形式存在于 HEC5-Mo 中[20]。此外，在基础体系中掺杂 Mo 元素会破坏岩盐结构的稳定性，一旦超过临界溶解度就可能导致相分离。碳热还原阶段的结果证明了 HEC4、HEC5-Ti、HEC5-Mo 以及 HEC6-MoTi 通过该方法制备成功，而在含 V、W 或 Cr 的体系中发生了相分离现象。

2. *碳热还原产物的微观形貌*

碳热还原后，四种 HEC 粉末的 FESEM 图像如图 8-11 所示。所有区域内都可以观察到烧结现象，可能是由于黏结相铁的存在导致的液相烧结。由于氧化物原料的形状尺寸不一，得到的 MCC 颗粒的形貌也同样不规则。此外，在颗粒周围可以观察到少量絮状炭黑的无序分布，这在后续的钙处理中会被去除。

图 8-12 为六种 MCC 粉末的 FESEM 图像。尽管原料 WO_3 的粒径较大，但由于高能球磨过程中的破碎作用，所得到的 MCC-W 产物仍然具有较细的晶粒。在 MCC5-V 体系中的晶粒分布较为均匀，VC 作为抑制剂的细化晶粒作用可以解释其原因[22]。除此之外，还清楚地观察到一个奇怪的现象，四种含 Cr 元素的体系都表现出比其他体系更大的颗粒尺寸效应，这意味着晶粒发生了严重的晶粒生长，可能是由于含铬碳化物（$Cr_{23}C_6$ 1848K、Cr_7C_3 2038K 和 Cr_3C_2 2083K）在难熔金属碳化物中低熔点特性所造成的[23]。

图 8-11　碳热还原阶段后四种 HEC 粉末的 FESEM 图像

(a) HEC4；(b) HEC5-Mo；(c) HEC5-Ti；(d) HEC6-MoTi

图 8-12　碳热还原阶段后六种 MCC 粉末的 FESEM 图像

(a) MCC5-W；(b) MCC5-Cr；(c) MCC5-V；(d) MCC6-CrMo；(e) MCC6-CrTi；(f) MCC7-CrMoTi

8.2.6 钙处理阶段

1. 物相组成及元素固溶分析

对碳热还原后的样品 HEC4、HEC5-Ti、HEC5-Mo、HEC6-MoTi 和 MCC5-Cr 进行钙处理，所得产物的 XRD 图谱如图 8-13 所示。其中，四种不含 Cr 元素的体系经过钙后处理后仍表现为单相 FCC 结构。然而，在 MCC5-Cr 体系中出现了一个新的杂质相 $Cr_{18.93}Fe_{4.07}C_6$，类似的情况也发生于 HEC 中。图 8-13 右侧为四个 HEC 相在 33.2°～35.7°衍射角范围内(100)峰的局部放大图，由于 MoC 和 TiC 的晶格常数较小，它们溶解到基体中会导致严重的晶格畸变，使得衍射峰向右偏移。

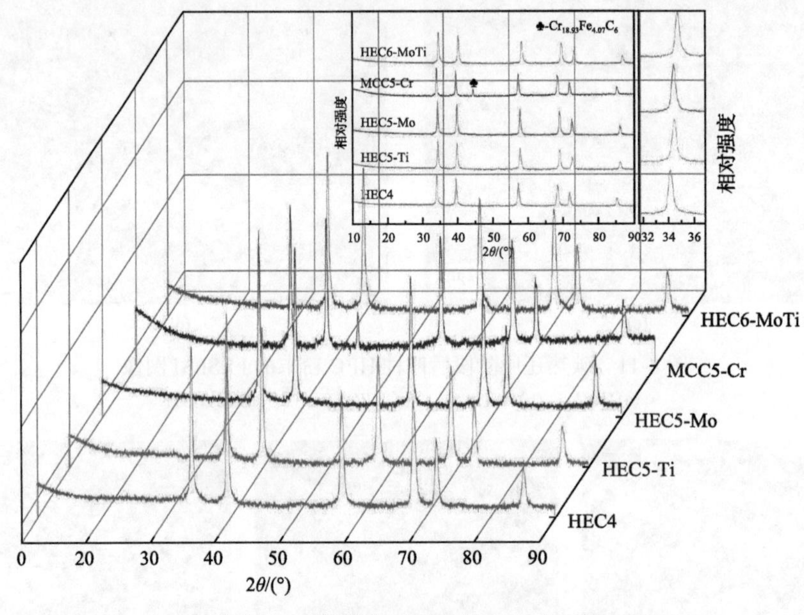

图 8-13　钙处理后样品的 XRD 图谱

基于标准 HfC 结构模型(Fm-3m)，图 8-14 展示了四种 HEC 的 Rietveld 精修结果[24]。其中，匹配参数 R_p、R_{wp}、R_{exp} 的值很低表明合成的 HEC 具有岩盐 FCC 结构。其中，难熔金属原子占据阳离子亚晶格，而阴离子亚晶格被碳原子所占据。除 XRD 精修外，还通过其他两种途径计算了 HEC 的晶格常数，包括 HRTEM (图 8-19)以及费伽德定律[25]。为了方便比较，表 8-4 列出了对应的晶格常数。从表中可以看出，TEM 分析和精修得到的结果基本一致，但与费伽德定律的值略有不同。费伽德定律表明，晶格参数会随掺杂组元的含量线性变化，但忽略了原子尺寸差异所引起的晶格畸变所带来的影响。结构上的晶格畸变效应可能是实测值与计算值存在偏差的主要原因。

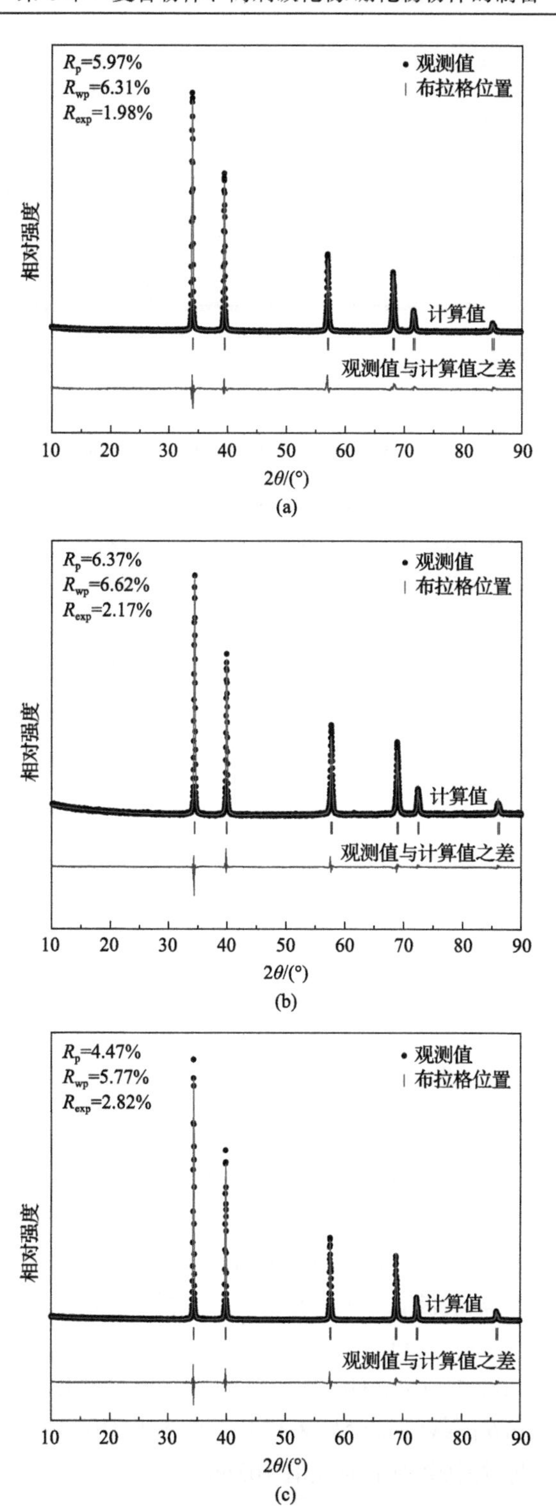

R_p=5.97%
R_{wp}=6.31%
R_{exp}=1.98%
观测值
布拉格位置
计算值
观测值与计算值之差
相对强度
10 20 30 40 50 60 70 80 90
2θ/(°)
(a)
R_p=6.37%
R_{wp}=6.62%
R_{exp}=2.17%
观测值
布拉格位置
计算值
观测值与计算值之差
相对强度
10 20 30 40 50 60 70 80 90
2θ/(°)
(b)
R_p=4.47%
R_{wp}=5.77%
R_{exp}=2.82%
观测值
布拉格位置
计算值
观测值与计算值之差
相对强度
10 20 30 40 50 60 70 80 90
2θ/(°)
(c)

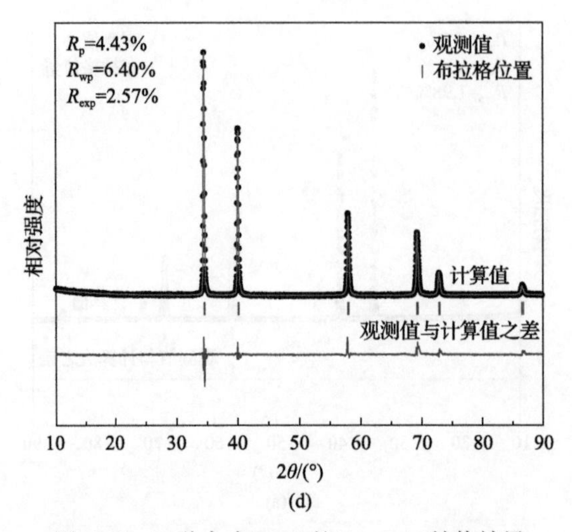

(d)

图 8-14　四种合成 HEC 的 Rietveld 精修结果

(a) HEC4；(b) HEC5-Ti；(c) HEC5-Mo；(d) HEC6-MoTi

表 8-4　以不同方法所计算得到的晶格常数　　（单位：Å）

计算体系	Rietveld 精修	TEM 分析	费伽德定律
HEC4	4.5731	4.5720	4.5683
HEC5-Ti	4.5360	4.5350	4.5202
HEC5-Mo	4.5108	4.5120	4.5092
HEC6-MoTi	4.4865	4.4800	4.4790

假设 HEC 晶格在不同结晶方向上的晶粒尺寸及微观应变是各向同性的[26]，根据威廉逊-霍尔（Williamson-Hall）方法分析了衍射数据。一般来说，晶粒尺寸和内部微观应变是导致衍射峰变宽的两个主要因素：

$$\beta_T = \beta_D + \beta_\varepsilon = \frac{K\lambda}{D\cos\theta} + 4\varepsilon\tan\theta \tag{8-18}$$

$$\beta_T\cos\theta = \varepsilon(4\sin\theta) + \frac{K\lambda}{D} \tag{8-19}$$

式中，β_T 为总展宽；β_D 和 β_ε 为晶粒尺寸和微观应变而导致的展宽；K 为形状因子，0.9；λ 为 Cu-Kα 辐射波长，1.54178Å；D 为晶粒尺寸，nm；ε 为微观应变；θ 为在峰值位置的衍射角，rad。

如图 8-15（a）所示，HEC4、HEC5-Ti、HEC5-Mo 和 HEC6-MoTi 的 4 种 HEC 体系中 $\beta\cos\theta$ 和 $4\sin\theta$ 的线性拟合效果很好。图 8-15（b）显示了不同 HEC 的晶粒尺寸，在 HEC5-Ti 体系中得到了最大值 103nm。

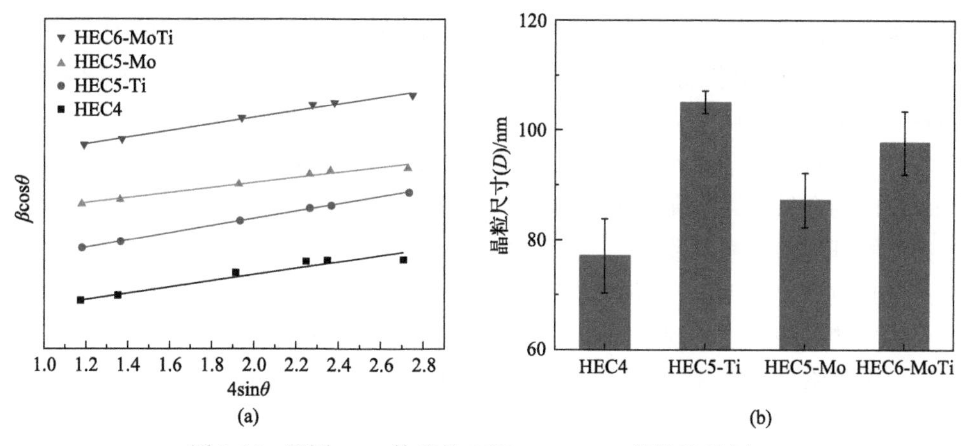

图 8-15　不同 HEC 体系的 Williamson-Hall 线性关系(a)，以及晶粒尺寸(D)与 HEC 种类的关系(b)

2. 高熵碳化物的微观形貌及成分分析

图 8-16 显示了钙处理后不同体系的颗粒形貌。由于 Fe 的活化烧结作用，在所有样品中均可见随机分散的烧结团块。另外，通过将图 8-16 与图 8-11 和图 8-12 对比，发现钙处理前后产物的粒径与形貌存在明显的遗传关系，MCC5-Cr 仍保持较大的颗粒尺寸。而且在 1273K 的熔融钙中处理后，颗粒生长并不明显。图中颗粒周围没有可见的絮状炭黑，可以推断残余炭黑已被金属钙去除。

图 8-16　钙处理后 HEC 产物的 SEM 图像

(a) HEC4；(b) HEC5-Ti；(c) HEC5-Mo；(d) MCC5-Cr；(e) HEC6-MoTi

为了验证元素均匀性，图 8-17 显示了五种体系中难熔金属元素的 EDS 图谱及对应原始 FESEM 图像，并选取 HEC6-MoTi 进行点扫描，结果如图 8-18 所示。EDS 分析表明，金属元素 Hf、Ta、Zr、Nb、Mo 和 Ti 在多组元碳化物中的分布非常均匀。而且难熔金属元素的摩尔分数在 HEC6-MoTi 体系中大致相同，但 Hf、Ta 和 Nb 的含量始终略高于 Zr、Mo 和 Ti，这可能是 Hf、Ta 和 Nb 与喷涂金层的 X 射线特征能谱重叠所致[17]。上述的 XRD 图谱和 EDS 能谱的结果均表明，该方法成功地制备出了 HEC 粉体。然而，如图 8-17(d)所示，样品 MCC5-Cr 中出现了铬的富集现象，这种现象同样在对应二元以及三元含铬碳化物体系中有相应报道[27]。由于铬难以溶解到 Hf-Ta-Zr-Nb 体系中，该元素会以 Cr_3C_2 的形式从基体中析出，导致该元素的局部偏析。

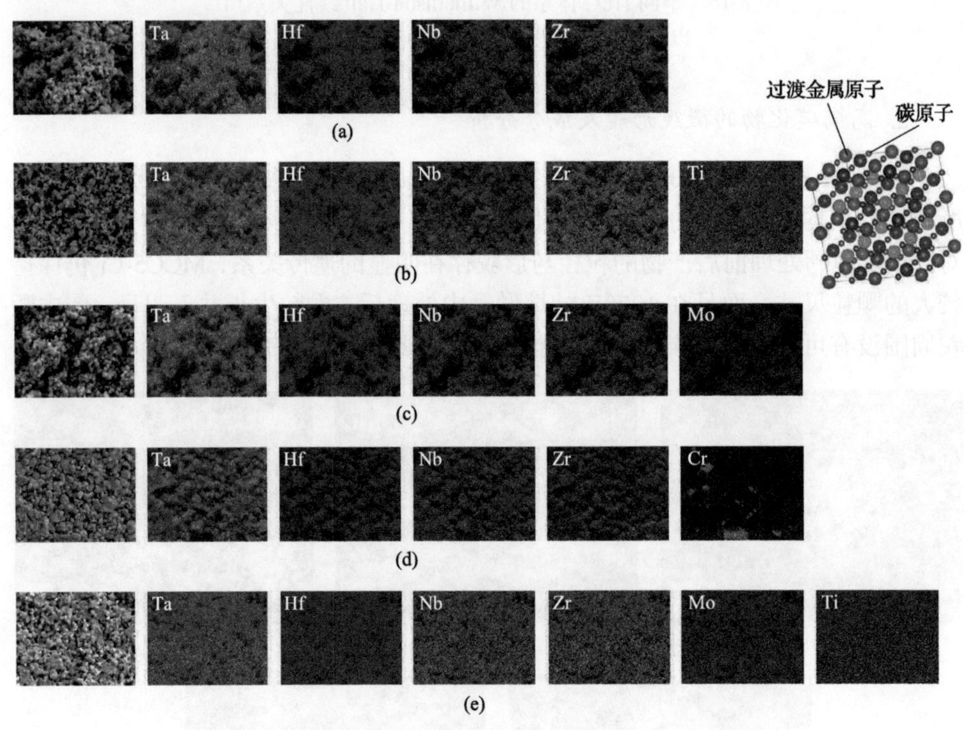

图 8-17　钙处理后五种体系中难熔金属元素的 EDS 图谱

(a) HEC4；(b) HEC5-Ti；(c) HEC5-Mo；(d) MCC5-Cr；(e) HEC6-MoTi

合成 HEC 粉体的 TEM 分析如图 8-19 所示。HRTEM 图像显示了粒子的周期性晶格结构。由相邻两条纹间距计算得到的晶格常数也列在表 8-4 中，与 XRD 的 Rietveld 精修结果吻合较好。然而，由于晶格畸变效应，这些数值与费伽德定律得到的数值略有不同。此外，SAED 的衍射斑点表明 HEC 晶粒为单晶。Hf、Ta、

Zr、Nb、Mo 和 Ti 的 EDS 扫描结果表明这些元素分布均匀，没有明显的元素偏析。上述结果表明，采用该工艺制备 HEC 粉体是成功的。

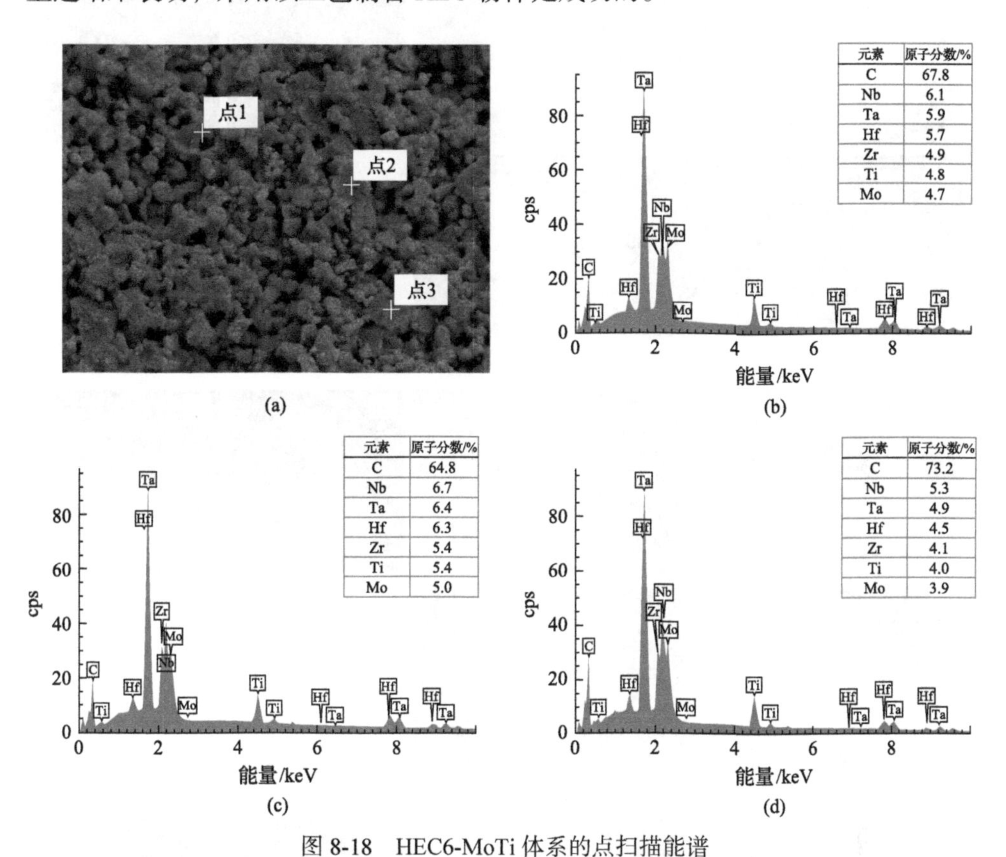

图 8-18　HEC6-MoTi 体系的点扫描能谱

(a) HEC6-MoTi 的 SEM 图像；(b) 点 1 的元素含量分布；(c) 点 2 的元素含量分布；(d) 点 3 的元素含量分布

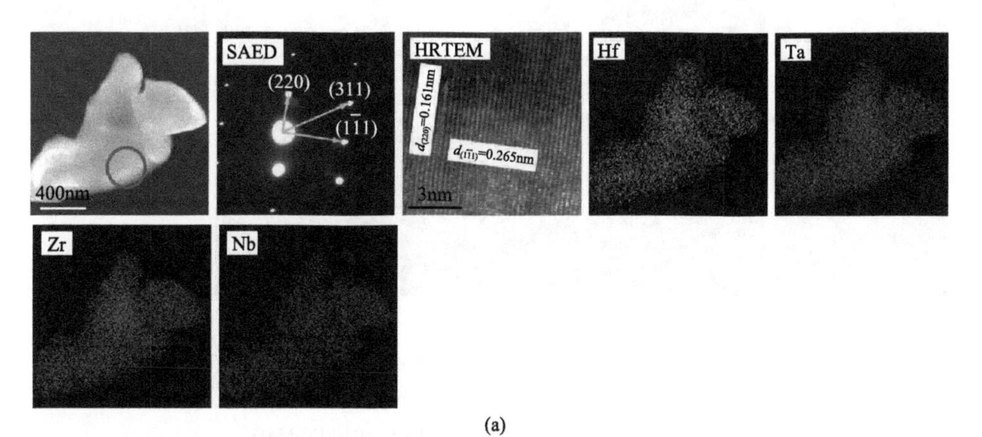

(a)

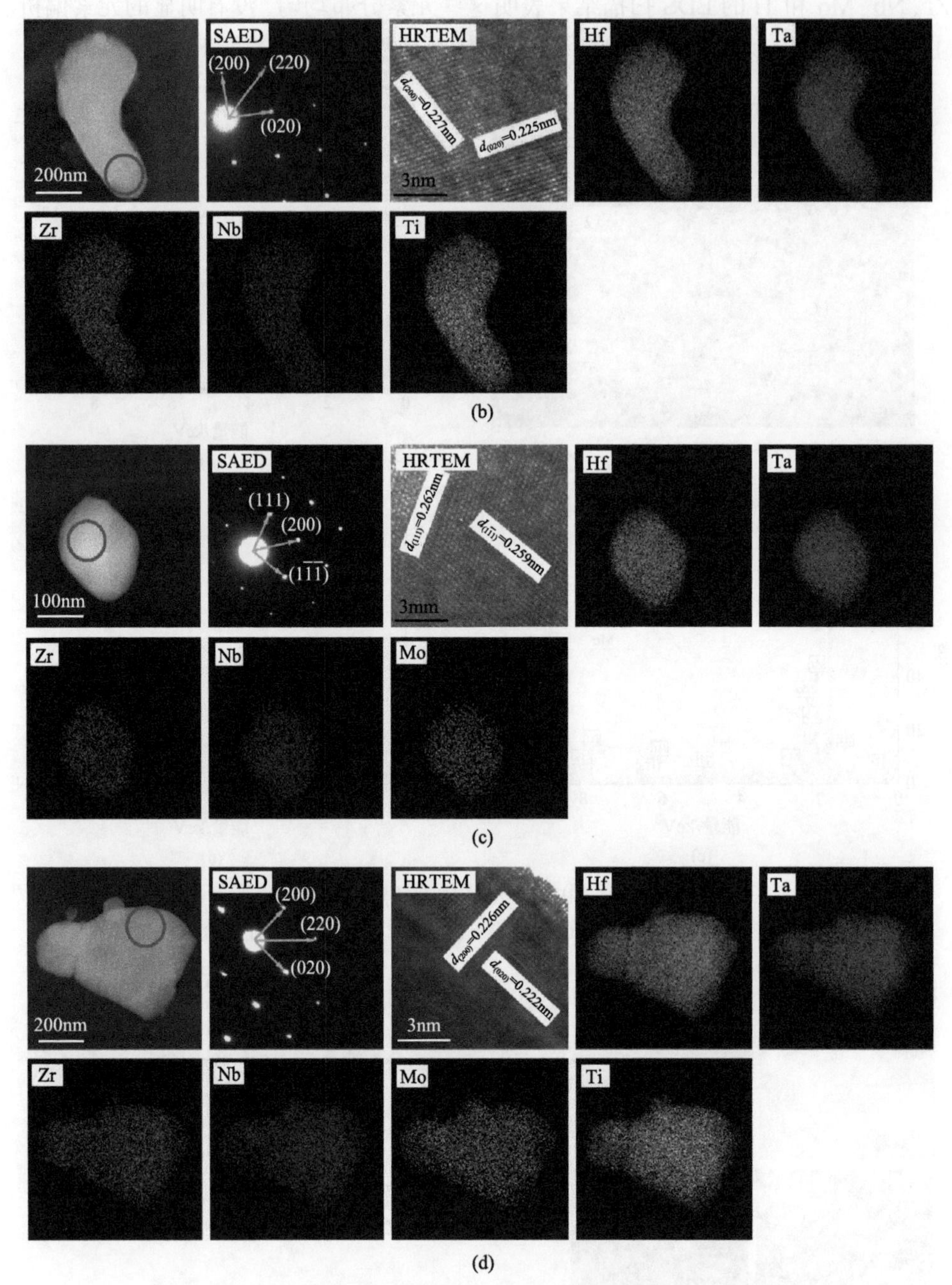

图 8-19　合成 HEC 粉体的 TEM 图像，包括分散颗粒的图片、HRTEM 图像、SAED 图案以及元素分布图

(a) HEC4；(b) HEC5-Ti；(c) HEC5-Mo；(d) HEC6-MoTi

3. 球磨工艺对晶粒尺寸及元素固溶的影响

为了减小最终 HEC 粉体的粒径，在碳热还原阶段后添加了二次球磨工艺，并以 HEC6-MoTi 体系为实验对象进行了球磨对粒径影响的研究。经过二次球磨的 HEC6-MoTi 最终粉体产物的形貌与之前的对比图如图 8-20 所示。在图 8-20(a)中可以观察到一些较大的烧结块，在块体上颗粒团聚非常严重。因此，有必要对其进行二次球磨将团聚体进行粉碎处理。对比图 8-20(b)和(e)可以看出，二段球磨后烧结团聚体的数量明显减少，破碎效果较好。另外，附加的二次球磨工艺的引入在一定程度上减小了颗粒粒度，使粒度分布更为均匀。

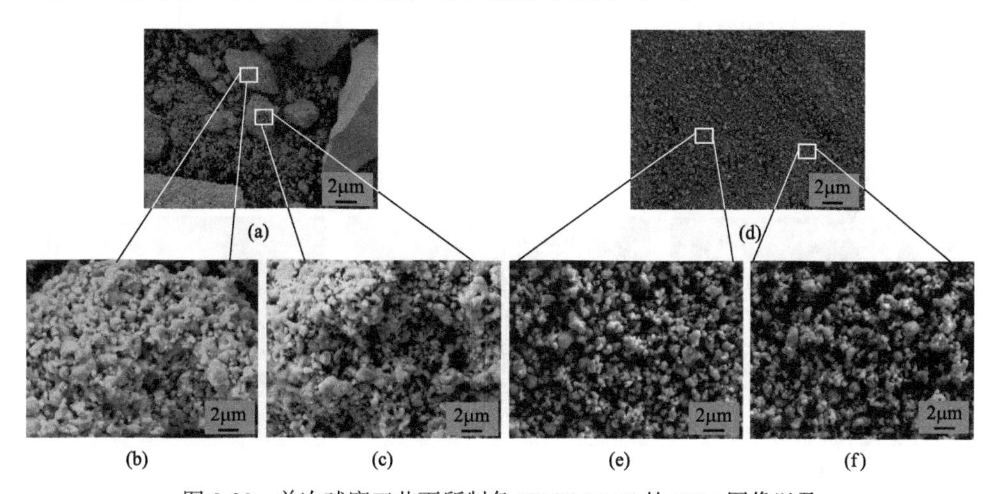

图 8-20　单次球磨工艺下所制备 HEC6-MoTi 的 SEM 图像以及二次球磨工艺下 HEC6-MoTi 的 SEM 图像

(a)单次球磨低倍；(b)(c)单次球磨高倍；(d)二次球磨低倍；(e)(f)二次球磨高倍

为了进一步优化工艺，扩大产能，尝试降低球料比参数，同时将合成 HEC6-MoTi 的批次增加到 35g，相应的 XRD 图谱如图 8-21 所示。显然，当球料比降低到 5∶1 时，出现了两种晶格常数不同的碳化物固溶体，这表明在这种条件下，碳热还原过程中组元扩散不够均匀。此外，在球料比仍为 10∶1 时，成功制备了单批次 35g 的 HEC 粉体。因此，必须承认，合理的球磨制度也是确保组元能够均匀扩散以制备单相 HEC 粉体的关键。

4. 钙处理温度对晶粒尺寸与氧含量的影响

通过三组实验观察不同钙处理温度下得到的 HEC6-MoTi 的形貌和粒径，结果如图 8-22 所示。鉴于二次球磨效果良好，采用该粉体作为本次实验的前驱体。总体来说，视野范围内最大颗粒尺寸均小于 1.2μm，而且较小的颗粒聚集在

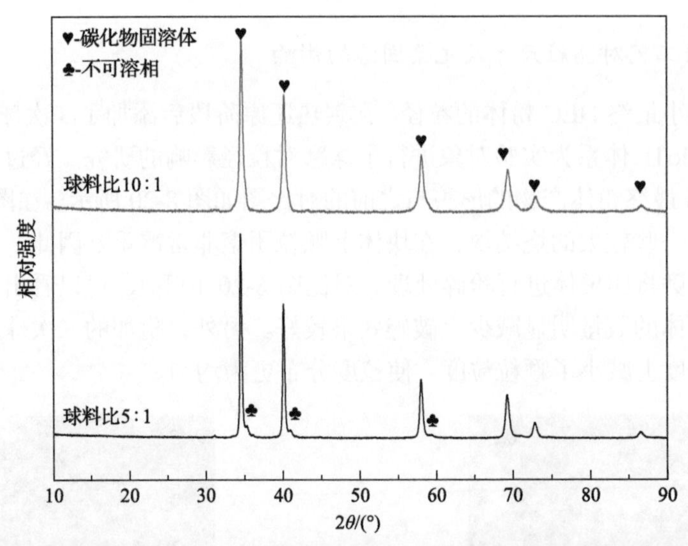

图 8-21　含有 Mo、Ti 体系在相应球磨制度中所制备还原粉末的 XRD 图谱

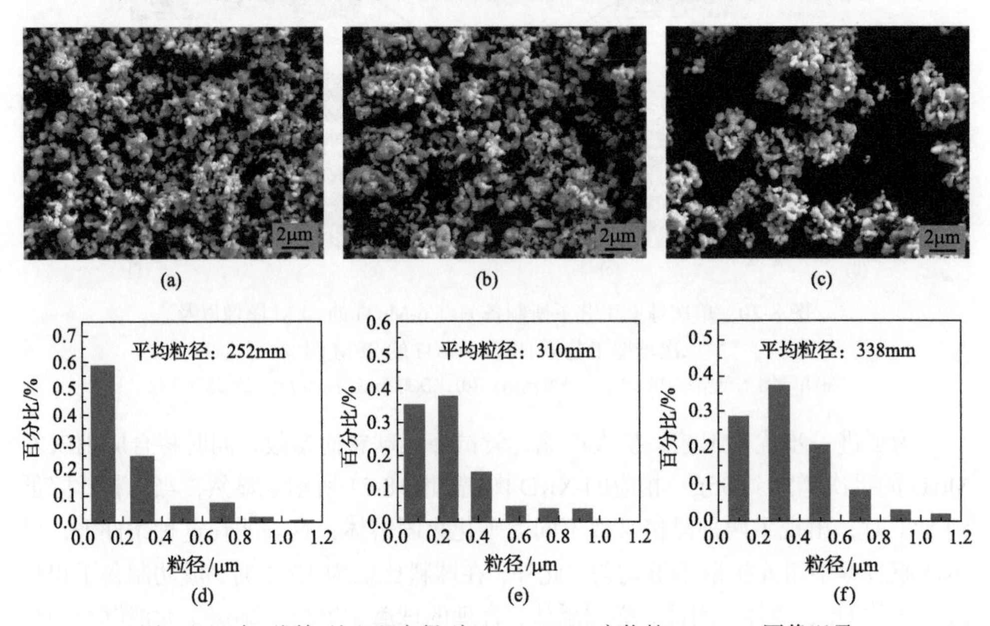

图 8-22　在不同钙处理温度得到 HEC6-MoTi 产物的 FE-SEM 图像以及对应的颗粒尺寸分布直方图

(a) (d) 1273K；(b) (e) 1373K；(c) (f) 1473K

较大颗粒的表面附近。经统计处理，1273K、1373K 和 1473K 钙处理温度下制备的产物平均粒径分别为 252nm、310nm 和 338nm。同时，粒径分布直方图显示，低于 400nm 的细颗粒占总数的一半以上，例如，在 1273K 下就达到了 83.4%。此外，先前的实验发现单碳化物 TiC 的粒径与钙处理温度之间存在指数关系[2]。然

而，图中却表明 HEC 的粒径对钙处理温度的依赖性较弱，这都归功于 HEC 动力学上的迟滞扩散效应特性，它会抑制金属原子的扩散以及晶粒的进一步生长[13]。

图 8-23 显示了 HEC6-MoTi 粉体氧含量随钙处理温度的变化。三种不同温度下样品的氧含量均低于文献报道值，这说明金属钙具有较强的脱氧能力，钙处理可以去除游离碳以及溶解在晶格中的氧[1,28]。此外，从图中还可以看出，在 1473K 温度下所得产物的氧含量较其他样品低，这是因为随着温度的升高，良好的动力学条件促进了脱氧过程的进行。另外，在 1373K 温度下钙处理后粉体的氧含量要略高于 1273K 时的氧含量，该现象可能是钙颗粒与粉末混合不充分造成的。

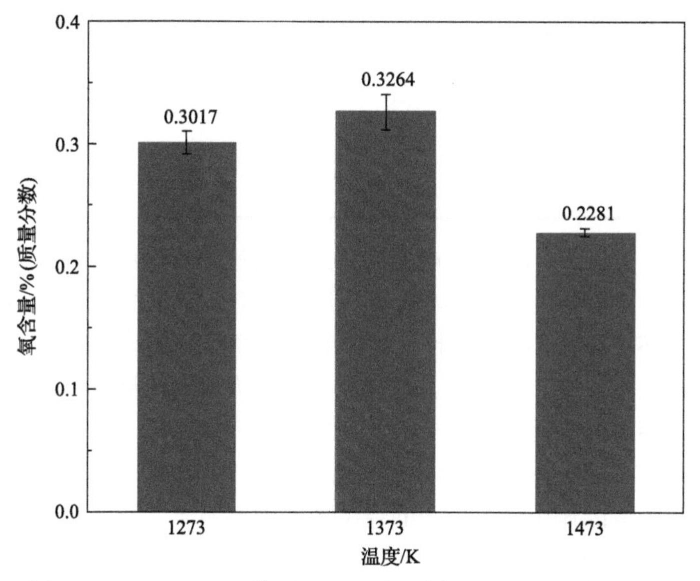

图 8-23　HEC6-MoTi 体系经过不同温度钙处理后的粉体氧含量

8.2.7　高熵碳化物的固溶形成机理

1. 全铁滴定实验

在本实验中，部分体系经过碳热还原后得到的粉体是 HEC 而不是 MCC，这是由于铁的存在促进了难熔金属原子扩散到主晶格中[14]。为了测定粉末中残余铁的含量，以重铬酸钾溶液为氧化剂，采用三氯化钛还原法进行测定。滴定结果表明，经过碳热还原和钙处理后的粉体，铁含量分别为 4.3%和 0.1%(质量分数)。在碳热还原过程中，这些铁杂质是由高能球磨引入的，在固溶过程中起着至关重要的作用。最后通过稀盐酸浸泡可去除铁杂质，防止对后续陶瓷烧结造成危害。

$$Fe+2HCl = FeCl_2+H_2 \tag{8-20}$$

2. 碳化物组元的扩散固溶

文献中所呈现的单组元碳化物-铁体系相图表明，高温下过渡族难熔金属碳化物在铁基体中具有一定的溶解度[29-31]。此外，由于铁的熔点为 1811K(碳杂质存在时会进一步降低)，通过球磨工艺引入的铁在 1873K 时会熔融为液相。表 8-5 显示了几种碳化物在 1873K 时在铁中的最大摩尔溶解度，如此高的溶解度使得液相固溶扩散成为可能。

表 8-5 在 1873K 时液相铁中几组过渡族难熔金属碳化物的最大摩尔溶解度

难熔金属碳化物	最大摩尔溶解度/%	文献来源
NbC	18.98	[29]
HfC	2.08	[30]
ZrC	3.35	[30]
TiC	9.02	[31]

在传统制备方法中，HEC 形成的固溶过程依赖于碳化物颗粒通过直接接触的缓慢固相扩散，这需要极大的能量来克服传输阻力。而在本工艺中，HEC 结晶体的形成将基于溶解-扩散-沉淀机制。相应的氧化物经过碳热还原后，产生的碳化物部分溶解在铁基体中，并且液态基体充当通道为单碳化物组元扩散提供了较低的阻力。随即溶解的碳化物无序扩散，完成晶格重构，最终形成热力学稳定的高熵相。相关 HEC 固溶的机理见图 8-24。此外，需要指出的是，虽然铁具有促进难熔金属碳化物固溶的作用，但带来的烧结现象却很明显，需要额外引入二段球磨工艺来进一步细化颗粒粒径。

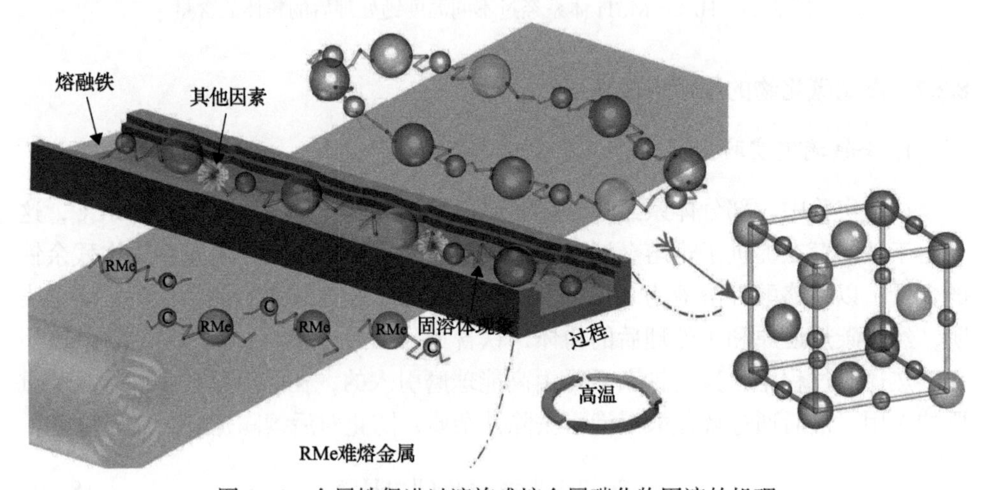

图 8-24 金属铁促进过渡族难熔金属碳化物固溶的机理

8.3 硝酸铁喷淋法辅助制备高熵碳化物/硼化物粉体

在8.2节中，通过1873K的真空碳热还原和1473K的钙处理工艺，成功合成了单相等摩尔比HEC粉体。碳热还原后，过渡族难熔金属氧化物被还原为相应的碳化物，高能球磨过程引入的铁杂质在碳热还原过程中通过溶解-扩散-沉淀机制促进了HEC的形成。然而，高能球磨会限制高熵碳化物粉体的工业化应用，因此在此基础上提出了一种更加温和的三维双运动混合搅拌方式，同时喷淋 $Fe(NO_3)_3$ 溶液代替不锈钢球磨，借此引入金属Fe的简便工艺。另外，与传统的硼/碳热还原法制备HEB粉体相比，选择在熔融钙中加入 B_4C 将HEC粉体直接硼化为HEB粉体。该工艺中 B_4C 添加量为理论配比，且还原过程中B无挥发。

8.3.1 反应热力学计算

为了证明反应的可能性，图8-25分别显示了碳热还原和钙处理阶段所涉及的所有化学反应的标准吉布斯自由能的变化 $\left(\Delta G^{\ominus}\right)$。如图8-25(a)所示，实验温度为1873K时，TiO_2、Ta_2O_5、Nb_2O_5 和 MoO_3 可以较为容易地还原为碳化物。由于实验过程中氩气的流动降低了CO的分压，ZrO_2 和 HfO_2 的还原反应也能正常进行。另外，从图8-25(b)可以看出，单组元碳化物的硼化转变反应中 $\Delta G^{\ominus}$ 均为负值，表明该反应在热力学上是可行的。第二阶段产生的碳包括残留在第一阶段的游离

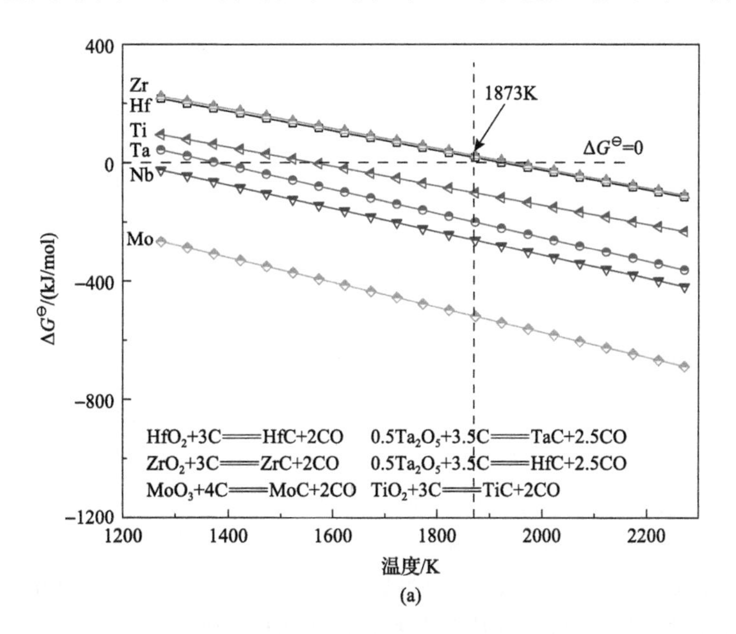

(a)

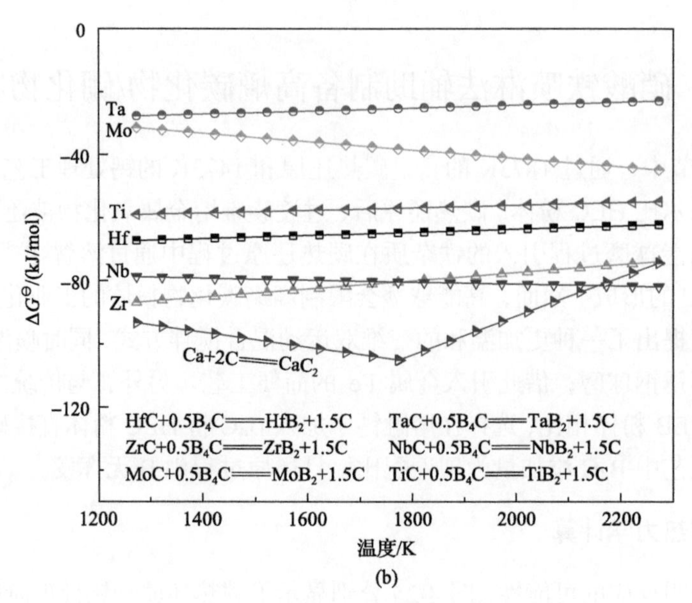

图 8-25　相关反应的标准吉布斯自由能变化

(a)碳热还原阶段；(b)钙处理阶段

碳，均能与熔融 Ca 反应生成副产物 CaC_2 进而被去除，之后通过酸浸、干燥后可得纯净的粉末。

在本节中，HEC 粉末是以氧化物和炭黑为原料制备的，因此上述结果证明从热力学的角度来看式(8-21)的反应可以自发地进行。此外，根据单组元碳化物生成硼化物反应的热力学可行性，可以推断式(8-22)，即 HEC 向 HEB 的转变也是可行的。

$$2HfO_2 + Ta_2O_5 + 2ZrO_2 + Nb_2O_5 + 2MoO_3 + 2TiO_2 + 30C \xlongequal{\quad} 2(Hf,Ta,Zr,Nb,Mo,Ti)C + 28CO \tag{8-21}$$

$$2(Hf,Ta,Zr,Nb,Mo,Ti)C + B_4C \xlongequal{\quad} 2(Hf,Ta,Zr,Nb,Mo,Ti)B_2 + 3C \tag{8-22}$$

8.3.2　实验过程与方法

首先对不同类型的过渡族难熔金属氧化物和炭黑进行精确测量，炭黑过量5%；然后放入混合机进行均匀混合，转速为60r/min，混合时间为10h。该混合设备会在粉体重力扩散混合的基础上叠加高速剪切搅拌型混合，大幅提高混合效率。此外，混合设备内没有研磨球，避免了杂质的二次引入。用去离子水将 $Fe(NO_3)_3·9H_2O$ 溶解为不同浓度的硝酸铁溶液，然后分别均匀喷淋至不同批次混合物当中，四种体系设计的铁质量分数依次为 0%、1%、2%和 4%。之后，将位于石墨坩埚中的粉末加热到 1873K，在竖炉（内径 67mm）中于氩气气氛（流量 400mL/min）下反应 4h。为制备 HEB 粉体，在硼化后期将还原后的粉体与 B_4C 和 Ca 混合。其中，B_4C 加入量按等化学计量比计算，钙与粉体的质量比设定为 1∶1。为尽可能减少钙的挥发，将混合物放置于密封坩埚中，并于钙处理温度下反应 4h。对于 HEC 和 HEB 粉体的制备，第一步都是相同的碳热还原过程。区别在于第二步钙处理工艺：制备 HEC 粉体时只加入 Ca 以去除游离碳氧，而制备 HEB 粉体时同时加入 B_4C 和 Ca。由于碳热还原后碳化物基本形成固溶体，为简单描述，经碳热还原或钙处理后的单相产物记为 HEC，硼化产物记为 HEB。然而，若体系未能形成高熵相，则将 HEC 改为 MCC。将粉体的铁含量和反应温度作为后缀参数加到标签，所有实验体系的参数均列于表 8-6 中。最后，将制备好的产物在 5%（质量分数）的盐酸中酸浸，以去除含钙和含铁的杂质。随后经过去离子水洗涤、离心、干燥等步骤后进行滴定实验以测定铁含量。具体实验流程机理如图 8-26 所示。

表 8-6　实验体系的标签及对应参数

标签	铁含量/%（质量分数）	温度/K	
		碳热还原	钙处理
MCC-0Fe	0	1873	—
MCC-1Fe	1	1873	—
MCC-2Fe	2	1873	—
HEC-4Fe	4	1873	—
HEB-1273K	4	1873	1273
HEB-1373K	4	1873	1373
HEB-1473K	4	1873	1473
HEB-1523K	4	1873	1523
HEB-1573K	4	1873	1573
MCC-1Fe-1373K	1	1873	1373
HEC-4Fe 1373K	4	1873	1373
HEB-1Fe-1573K	1	1873	1573
HEB-4Fe-1573K	4	1873	1573

用 X 射线衍射仪（Cu-Kα 辐射，λ=1.54178Å），在 10°～90°范围以 30(°)/min 的扫描速度进行物相检测。用 FESEM 和 EDS 观察制备粉末的微观结构并测定元素分布，氧含量采用氧氮氢分析仪进行测定。

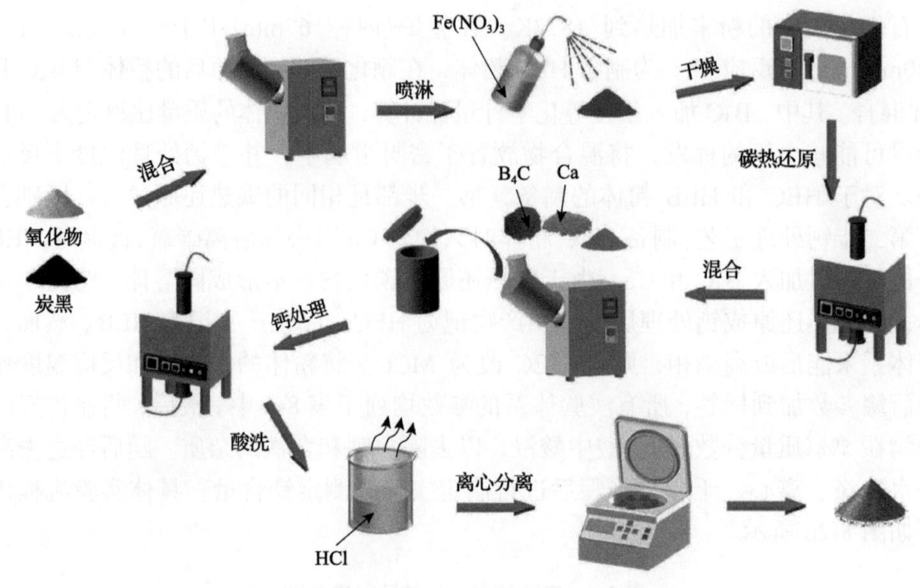

图 8-26　硝酸铁喷淋法与硼化转化法的流程机理

8.3.3　碳热还原阶段

1. 物相组成及碳化物组元的扩散分析

将氧化物和炭黑均匀混合后喷淋不同浓度的 $Fe(NO_3)_3$ 溶液，碳热还原处理后所得产物对应的 XRD 图谱如图 8-27 所示。对于 MCC-0Fe，出现了两组碳化物的衍射峰，证明在 1873K 时难熔金属碳化物间发生了初步固溶现象。随着 $Fe(NO_3)_3$ 含量的增加，两组碳化物的衍射峰逐渐发生重叠，在 32.2°～37.3°的衍射角范围附近形成不对称的宽峰，表明固溶现象进一步发生。由于扩散阻力的存在，在 MCC-2Fe 体系中也出现了同样的现象。当铁含量达到 4%(质量分数)时，图中出现了单套碳化物衍射峰，这表明岩盐结构 HEC 相的成功制备，图 8-27 右侧更加清晰地显示了不同体系对应的碳化物主峰。此外，MCC-2Fe 和 HEC-4Fe 体系中的 Fe 杂质来源于 $Fe(NO_3)_3$，HEC-4Fe 体系中未反应的 HfO_2 相可能是由于 Fe_2O_3(来源于 $Fe(NO_3)_3$ 热分解)消耗了局部炭黑所引起的。此外，在实验温度下 HfO_2 的还原能力较弱，这也是其残留的主要原因之一。图 8-27 的相演变表明，$Fe(NO_3)_3$ 在碳热还原过程中起到促进碳化物固溶体形成的作用。

众所周知，金属自扩散被认为是独立于碳自扩散的，而且前者的数值往往要比后者低几个数量级，故在此仅考虑过渡族金属元素间的扩散规律[32]。结合空位形成能、扩散偶实验、原子半径、熔点等参数，可以得出元素相互扩散速率由快到慢依次为：Mo＞Ti＞Nb＞Hf＞Zr＞Ta[33,34]。Ta 和 Zr 向其他碳化物组元的扩散速率相对较慢，因此更倾向于成为基体材料。为了更直观地阐述固溶过程，在图 8-27 中 MCC-0Fe 的图谱下提供了碳化物标准卡片 ZrC(PDF 65-8837)和 TaC (PDF 65-8795)。各单组元碳化物 MeC(Me=Hf, Ta, Zr, Nb, Mo, Ti)具有相同的 FCC 结构，对应的晶格常数由大到小依次为 ZrC＞HfC＞NbC＞TaC＞TiC＞MoC。由于晶格常数较小的组元会溶解在 ZrC 基体中，实际峰值位置相对于 ZrC 略向右偏移，而 TaC 的标准衍射峰与 MCC-0Fe 体系中的另一套衍射峰吻合良好。由此可以推导出固溶过程中碳化物组元之间的相互扩散机制，如图 8-28 所示。其余过渡族难熔金属碳化物会首先扩散到 ZrC 和 TaC 基晶格中，形成两种固溶体。然后它们彼此相互扩散和迁移，最终形成稳定的 HEC 晶格。经过充分扩散后，六种过渡族金属原子与碳原子分别随机占据阳离子以及阴离子亚晶格，形成一个宏观无序混乱的结构。

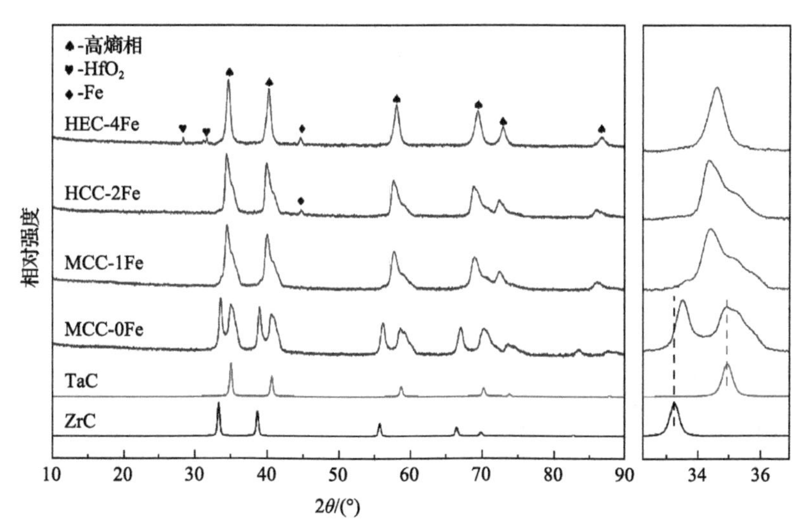

图 8-27　碳热还原阶段后产物的 XRD 图谱

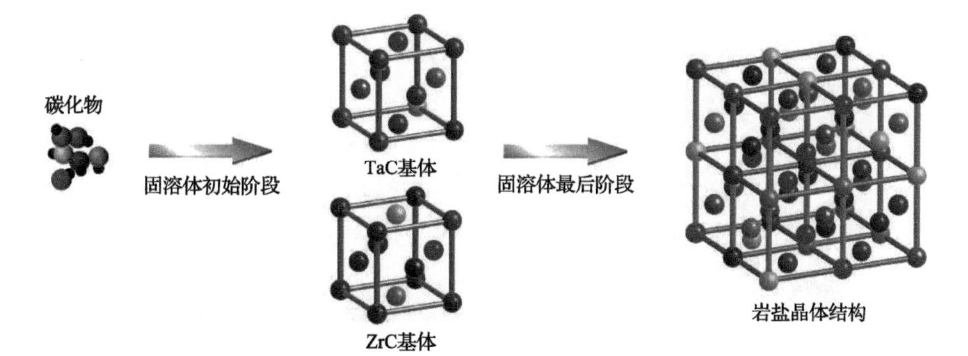

图 8-28　碳化物组元相互扩散的固溶机理

2. 碳热还原产物的微观形貌

图 8-29 为碳热还原阶段后不同含铁体系的 FESEM 图像。根据之前的研究[2]，碳热还原后产物的形态和粒度主要继承自原料氧化物，由于使用了纳米级氧化物原料(HfO_2、ZrO_2 和 TiO_2)和过量的炭黑，MCC-0Fe 中存在大量超细颗粒。但加入$Fe(NO_3)_3$后，颗粒会因团聚和烧结而粗化。在高温下，$Fe(NO_3)_3$热分解为Fe_2O_3，随后被还原为金属 Fe，其化学反应如式(8-23)和式(8-24)所示。在这种情况下，碳化物晶粒会通过液相烧结机制长大。随着铁含量的增加，开始出现异常大小的颗粒，如图 8-29(c)中圆圈标记所示。当 Fe 含量达到 4%(质量分数)时，颗粒融合生长现象最为严重，与其他三组体系有着明显区别。此外，在所有体系中都能清晰地观察到残余碳，这在后续的钙处理过程中会被进一步去除。虽然 HEC-4Fe 体系中仍有少量炭黑残留，但在相应的 XRD 图谱中出现了未反应完的 HfO_2。推测 Fe_2O_3 的还原会带走部分炭黑，导致少量 HfO_2 在缺碳区域内未被还原；此外，HfO_2 不易还原的特性是 XRD 图谱中存在未反应完全的 HfO_2 的另一个原因。

$$4Fe(NO_3)_3 \cdot 9H_2O \longrightarrow 2Fe_2O_3 + 12NO_2 + 3O_2 + 36H_2O \tag{8-23}$$

$$Fe_2O_3 + 3C \longrightarrow 2Fe + 3CO \tag{8-24}$$

图 8-29　碳热还原阶段后获得产物的 FESEM 图像

(a) MCC-0Fe；(b) MCC-1Fe；(c) MCC-2Fe；(d) HEC-4Fe

8.3.4 钙处理阶段

1. 钙处理产物的物相组成

采用 HEC-4Fe 体系、B_4C 以及金属钙进行后续的硼化反应，经过不同温度钙处理后所得产物的 XRD 图谱如图 8-30 所示。从图中可明显看出，Fe 对应的衍射峰基本消失，这说明引入的 Fe 杂质可以被盐酸去除。经过 1273K 硼化反应 4h 后，产物主要由 FCC 碳化物、少量密排六方硼化物以及未反应的 B_4C 组成。当温度升高到 1373K 时图谱出现了 HEB 对应的衍射峰，表明部分晶粒由碳化物相转变为硼化物相。随着温度的进一步升高，相变过程也在进行，最终在 1573K 可以成功制备出纯 HEB 粉体。此外，游离炭黑在该阶段也得到了去除。在硼化反应中，相组成与温度有着明显的关系，当温度从 1373K 变化到 1573K 时，碳化物逐渐转变为硼化物。从动力学角度来看，合适的温度是形成 HEB 亚晶格的必要条件。

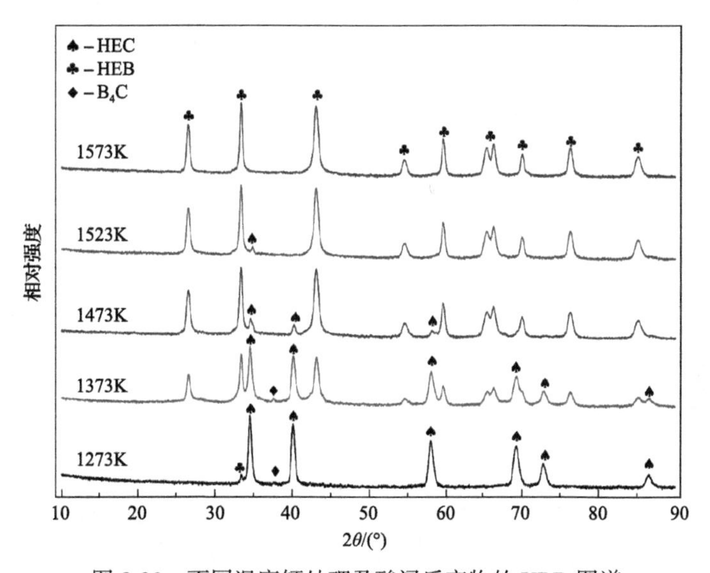

图 8-30　不同温度钙处理及酸浸后产物的 XRD 图谱

以炭黑和 B_4C 为还原剂，HEB 粉体的制备通常采用硼/碳热还原法，该工艺也是文献中制备 HEB 粉体最常用的方法之一[35-37]。考虑到 B_2O_3 的挥发性，必须加入过量的 B_4C，然而这会影响最终产物的纯度。Feng 等[36]通过额外添加 12%(质量分数)的 B_4C，得到了氧含量较低的 HEB 粉体，但是随后烧结的高熵陶瓷中却出现了粒径约 10μm 的大晶粒。因此，将 B_4C 的用量设计为等化学计量比，并成功应用于纯相 HEB 的制备。无氧密封体系的应用以及 B_4C 的理论配比抑制了 B 的损失，保证了所有的 B 都能进入 HEB 晶格。此外，金属钙作为液相基质降低了扩散阻力，使该反应较传统的硼/碳热还原更容易进行。

2. 钙处理产物的微观形貌

图 8-31 为不同钙处理温度下所得硼化物产物的形貌图像。如图 8-31(a)和(b)所示，在 1273K 和 1373K 温度下制备的产物中观察到未反应的 B_4C，表明此温度下大量的碳化物未能正常硼化。图 8-31(d)和(e)中出现了一些细棒状颗粒，这是由于二硼化物沿 c 轴高能量(0001)晶面的择优生长[38,39]，SEM 图像中不同相的形貌也证明了 HEB 粉体的逐渐形成。硼化产物中不存在纳米絮状炭黑，说明钙处理和酸浸能有效去除残余碳，杂质铁也能正常去除。与图 8-29(d)的前驱体相比，硼化产物具有更细的亚微米粒径，没有明显的团聚和烧结现象。在钙处理过程中，由于碳化物和硼化物摩尔体积的差异而产生的膨胀应力破坏了颗粒团聚态，使得产物的聚集态较前驱体体系 HEC-4Fe 差。值得注意的是，HEB 粉体的粒径对硼化温度的依赖性较弱。在高熵相结构中，丰富的低晶格势位能可以作为陷阱来阻碍原子的协同扩散，这导致了动力学上的缓慢扩散效应[13,40]，并使得在高温下成功获得细颗粒 HEB。此外，碳化物颗粒到硼化物颗粒的转变对团聚态的破坏也是获得细颗粒的关键原因之一。

图 8-31　不同钙处理温度下所得产物的 FESEM 图像

(a) 1273K；(b) 1373K；(c) 1473K；(d) 1523K；(e) 1573K

8.3.5　高熵碳化物/硼化物的制备

1. 不同铁含量体系的钙处理结果

为进一步研究高熵相形成的条件，对 MCC-1Fe(部分固溶)以及 HEC-4Fe(完全固溶)体系进行后续的钙处理，并成功制备了 HEC 粉体和 HEB 粉体，图 8-32 显示了制备的四种产物的 XRD 图谱。从图 8-32(a)中可以看出，该实验阶段产物与前驱体的图谱一致(图 8-27)，表明碳化物在熔融钙中没有进一步固溶。事实上，在这个阶段，钙仅作为脱碳剂去除游离碳。在以前的工作中，几种 HEC 粉体由碳化物组元在钙基体中成功固溶制备，高达 50∶1 的球料比以及碳热还原后的二次高能球磨处理是 HEC 粉体形成的主要原因[2]。

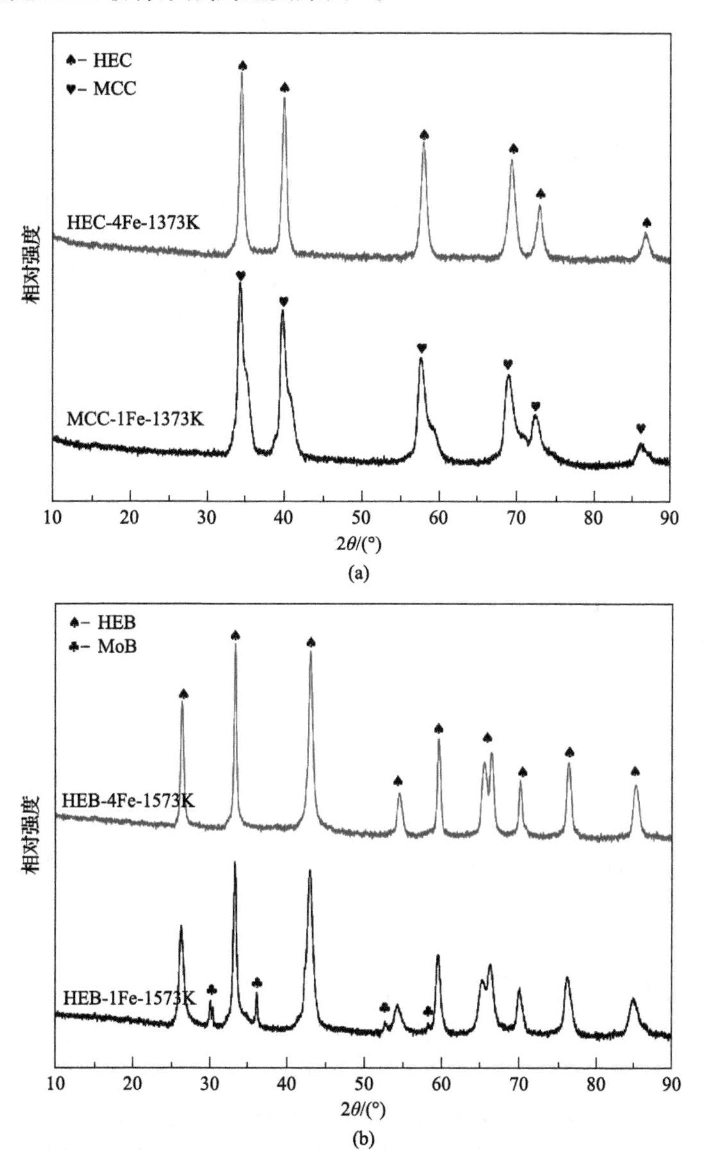

图 8-32　不同温度钙处理以及酸浸后体系 MCC-1Fe 和 HEC-4Fe 的 XRD 图谱

(a)于 1373K 下制备 HEC；(b)于 1573K 下制备 HEB

在图 8-32(b)中，MCC-1Fe 体系经过硼化处理后，出现 HEB 相以及副产物 MoB。MoB 的存在似乎表明 Mo 元素在(Hf,Ta,Zr,Nb,Ti)B_2体系中的溶解度较低。Wang 等[41]也发现了同样的现象，即含有 Wo/Mo 的高熵体系中这些元素更倾向于向晶界偏析。前驱体 MCC-1Fe 在硼化过程中发生了晶格重构，过渡族金属原子在铁基体中发生了进一步的扩散行为。由于铁含量较低以及外部驱动力的缺乏，Mo 元素没有完全溶解到 HEB 晶格中，其中部分以 MoB 的形式从体系中析出。Mo 在该实验体系中似乎具有较高的析出倾向，一旦驱动力不足，富 Mo 相便可能沿晶界析出。另外，在 HEC-4Fe 体系中，碳热还原过程中已经形成了稳定的 HEC 晶格，故而在转化为硼化物的过程中没有副产物析出。上述结果表明，在钙熔体中加入理论配比的 B_4C 后，可以通过硼化反应将单相 HEC 转变为单相 HEB。

由于硼化过程中还涉及熔融钙的脱碳反应，下面进行简单阐述。残余碳不仅来源于还原后的粉末，还会来自硼化反应的产物。在酸浸过程中，Ca 会与残余碳反应生成 CaC_2；另外，除了作为脱碳剂，Ca 还可以与溶解氧结合，进一步净化粉末。事实上，酸浸过程所涉及的主要反应如式(3-8)等，在室温下均反应剧烈，因此认为所制备的粉末中不会含有钙杂质。

图 8-33 显示了这四种粉体经过钙处理及酸浸后的产物形貌。对于碳化物体系，产物的粒径和形貌主要继承于前驱体(图 8-29)。对于硼化物体系，仍然可以检测到少量的棒状颗粒，并伴随有超细颗粒的局部团聚，且所有体系中的絮状炭黑均被熔融钙除去。为了验证元素均匀性，图 8-34 显示了两个高熵体系中难熔金属的元素面扫描能谱以及相应的晶体结构模型。由图可知，仅有少量的元素局部偏析存在于这两个体系当中。

2. 高熵结构形成机理

在一定的温度范围内(从室温到熔点)，构型熵是维持稳定结构的驱动力。当混合熵足够大时，会形成熵稳定的结构，呈现出难熔金属原子随机占据阳离子亚晶格的状态。因此，以最大混合熵为目的，设计了两个等摩尔比的高熵实验体系(Hf,Ta,Zr,Nb,Mo,Ti)C 以及(Hf,Ta,Zr,Nb,Mo,Ti)B_2。对于 MeC 体系，金属原子形成紧密排列的堆叠序列，碳原子占据最大的八面体间隙[42]；而 MeB_2 体系表现出独特的层状六方晶体结构，刚性二维硼网和金属阳离子层交替存在。在固溶过程中，不同组元相互扩散，可形成无序的高熵结晶相。

HEC 的原子尺寸差异 δ 已由式(8-6)和式(8-7)定义，在一定程度上，扩散距离代表岩盐 NaCl 结构碳化物的实际键长。然而，在六方 AlB_2 结构的硼化物中，Me—B 键(金属网和硼网之间)具有混合共价键和离子键特性，且 Me—Me 键被更刚性的硼网拉伸。鉴于没有可用的金属或离子半径来表示实际的键长，故使用单组元金属二硼化物的晶格常数来表示平均原子尺寸差异，如下所示[43]：

$$\delta_a = \sqrt{\sum_{i=1}^{n} x_i \left(1 - \frac{a_i}{\sum_{i=1}^{n} x_i a_i}\right)} \tag{8-25}$$

$$\delta_c = \sqrt{\sum_{i=1}^{n} x_i \left(1 - \frac{c_i}{\sum_{i=1}^{n} x_i c_i}\right)} \tag{8-26}$$

式中，a_i 和 c_i 为第 i 个 MeB_2 组元对应的晶格常数，Å；x_i 为第 i 个 MeB_2 组元的摩尔分数；n 为组元个数；δ_a 和 δ_c 为 a 轴以及 c 轴上的原子尺寸差异。

图 8-33　钙处理和酸浸后所得产物的 FESEM 图像

(a) MCC-1Fe-1373K；(b) HEC-4Fe-1373K；(c) HEB-1Fe-1573K；(d) HEB-4Fe-1573K

表 8-7 列出了这两个高熵体系的所有 δ 值，并附上从精修结果和费伽德定律得到的晶格参数。由于 Me—Me 键被刚性硼网拉伸，金属阳离子发生变形，故 Me—Me 键长朝着由更强的 B—B 键决定的理想“无应变”值变化(图 8-34 中的 HEB 模型)，因此计算出的 δ_a 较小。根据休姆-罗瑟里规则，$(r_{solute}-r_{solvent})/r_{solvent}\leqslant 15\%$

是形成二元固溶体的必要条件，其中 r_{solute} 和 $r_{solvent}$ 分别是溶质和溶剂原子的原子尺寸差异。Gild 等[43]的研究表明，制备的单相 HEC 均满足 $\delta \leqslant \delta_{max} \approx 8\%$，而 HEB 的判定标准为 δ_c 处于 3.5%～5.2%。c 轴上的原子尺寸差异能更好地表示真实的晶格畸变，因此计算出的低 δ_a 值不能作为 HEB 形成的评价标准。从表中可以看出，本实验体系的计算 δ 值与 Gild 等[43]结果一致，所以应当承认，较小的晶格畸变是形成高熵固溶体的必要条件之一。

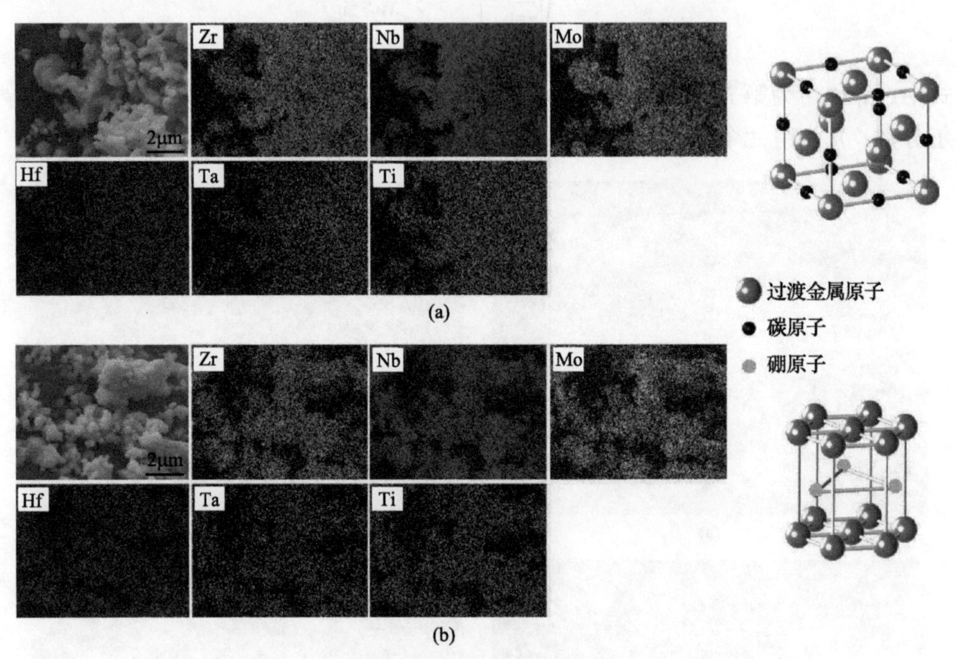

图 8-34 高熵体系的 EDS 能谱以及对应晶体结构模型

(a) HEC-4Fe-1373K；(b) HEB-4Fe-1573K

表 8-7 合成高熵粉体的原子尺寸差异，晶格常数以及氧含量参数

高熵体系	组分	单相	氧含量/%（质量分数）	δ/%	晶格常数/Å	
					费伽德定律	Rietveld 精修
HEC	(Hf,Ta,Zr,Nb,Mo,Ti) C	是	0.28	3.33	4.479	4.475
HEB	(Hf,Ta,Zr,Nb,Mo,Ti) B_2	是	0.32	δ_a=1.54	a=3.094	a=3.092
				δ_c=4.44	c=3.320	c=3.315

3. 制备产物的氧含量分析

为了进一步评估两种产物的纯度，对粉体的氧含量进行了测定，其结果列于表 8-7 中。HEC 粉体和 HEB 粉体氧含量均较低，主要原因是金属钙的脱氧作用较强。在高温下，除碳原子外，熔融钙还具有较强的与氧原子结合的能力，从而进一步移除还原粉末中的残余氧。一般来说，氧主要以氧化物的形式存在于粉末表面，但是对于碳化物，它可以取代晶格中的碳原子，同时形成具有相同 FCC 结构的碳氧化物。表中数据表明，由 Rietveld 精修得到的晶格常数比费伽德定律计算得到的值(即各组元的“平均值”)要低。这是由于 Me—O 的键长比 Me—C 键长要短，部分氧原子的插入导致了晶格常数的降低[44]。

8.3.6　硝酸铁溶液喷淋的固溶机理

1. 全铁滴定实验

图 8-35 为 HEC 粉体和 HEB 粉体的滴定结果，并附有滴定终点过渡瞬间的照片。在这里，使用一个视觉指示器来记录溶液从无色到紫红色的转变。滴定实验表明，产物中残余铁含量均小于 0.1%(质量分数)(HEC 为 0.082%，HEB 为 0.087%)，铁杂质经过稀盐酸浸泡后可以去除。

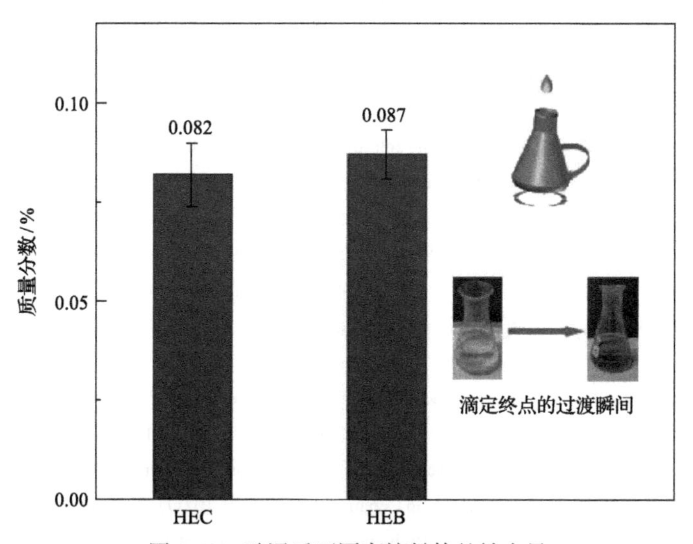

图 8-35　酸浸后不同高熵粉体的铁含量

2. 碳化物组元的扩散固溶

为了解 Fe 的作用，将整个碳热还原过程分为氧化物的还原和碳化物的固溶两个阶段。在还原阶段内，除氧化物还原为碳化物外，还会发生 $Fe(NO_3)_3$ 的热分解以及 Fe_2O_3 的还原(式(8-23)和式(8-24))。碳热还原阶段过程中产物粒径较小，主要是由于过量炭黑的抑制作用，炭黑充当屏障分隔相邻的碳化物颗粒，防止晶粒融合团聚。在固溶阶段内，无铁体系 MCC-0Fe 出现部分固溶现象。在这种情况下，碳化物通过颗粒间的直接接触进行短程扩散，但是进一步的固溶需要更强的外界驱动力，如高温和高压等。在含铁体系中，HEC 粉体的形成通常遵循溶解-扩散-沉淀机制。$Fe(NO_3)_3$经过还原反应形成液态金属铁(熔点为 1811K)，随即熔融铁在还原温度下作为碳化物形成固溶体的扩散通道。由于过渡族难熔金属碳化物在铁中的溶解度很大[33-35]，很容易溶解在铁基体中，且液相基质通道内扩散阻力较低，溶解的碳化物将在基质内完成晶格重构，最终以稳定的高熵相形式析出。剩余未溶解的碳化物组元将继续进行溶解-扩散-沉淀过程，直到产物中只剩下 HEC 粉体以及残余炭黑。另外，如图 8-27 所示，铁含量越高，固溶效果越好，但在固溶过程中，HEC 会出现明显的烧结现象，并伴随着异常大颗粒的出现(图 8-28)。

参 考 文 献

[1] Feng L, Fahrenholtz W G, Hilmas G E, et al. Synthesis of single-phase high-entropy carbide powders[J]. Scripta Materialia, 2019, 162: 90-93.

[2] Wu K H, Jiang Y, Jiao S Q, et al. Synthesis of high purity nano-sized transition-metal carbides[J]. Journal of Materials Research and Technology, 2020, 9(5): 11778-11790.

[3] Xiang H M, Xing Y, Dai F Z, et al. High-entropy ceramics: Present status, challenges, and a look forward[J]. Journal of Advanced Ceramics, 2021, 10(3): 385-441.

[4] Wang Y C, Zhang R Z, Zhang B H, et al. The role of multi-elements and interlayer on the oxidation behavior of (Hf-Ta-Zr-Nb)C high entropy ceramics[J]. Corrosion Science, 2020, 176: 109019.

[5] Sun K B, Yang Z W, Mu R J, et al. Densification and joining of a (HfTaZrNbTi)C high-entropy ceramic by hot pressing[J]. Journal of the European Ceramic Society, 2021, 41(6): 3196-3206.

[6] Demirskyi D, Borodianska H, Suzuki T S, et al. High-temperature flexural strength performance of ternary high-entropy carbide consolidated via spark plasma sintering of TaC, ZrC and NbC[J]. Scripta Materialia, 2019, 164: 12-16.

[7] Wu K H, Wang Y, Chou K C, et al. Low-temperature synthesis of single-phase refractory metal compound carbides[J]. International Journal of Refractory Metals and Hard Materials, 2021, 98: 105567-105580.

[8] Ye B L, Wen T Q, Huang K H, et al. First-principles study, fabrication, and characterization of $(Hf_{0.2}Zr_{0.2}Ta_{0.2}Nb_{0.2}Ti_{0.2})C$ high-entropy ceramic[J]. Journal of the American Ceramic Society, 2019, 102(7): 4344-4352.

[9] Sarker P, Harrington T, Toher C, et al. High-entropy high-hardness metal carbides discovered by entropy descriptors[J]. Nature Communications, 2018, 9(1): 4980-4997.

[10] Hume-Rothery W, Powell H M. On the theory of super-lattice structures in alloys[J]. Zeitschrift für Kristallographie-Crystalline Materials, 1935, 91(1-6): 23-47.

[11] Jiang S C, Hu T, Gild J S, et al. A new class of high-entropy perovskite oxides[J]. Scripta Materialia, 2018, 142: 116-120.

[12] Ye Y F, Wang Q, Lu J, et al. Design of high entropy alloys: A single-parameter thermodynamic rule[J]. Scripta Materialia, 2015, 104: 53-55.

[13] Yang X, Zhang Y. Prediction of high-entropy stabilized solid-solution in multi-component alloys[J]. Materials Chemistry and Physics, 2012, 132(2): 233-238.

[14] Ye B L, Ning S S, Liu D, et al. One-step synthesis of coral-like high-entropy metal carbide powders[J]. Journal of the

American Ceramic Society, 2019, 102(10): 6372-6378.

[15] Ning S S, Wen T Q, Ye B L, et al. Low-temperature molten salt synthesis of high-entropy carbide nanopowders[J]. Journal of the American Ceramic Society, 2020, 103(3): 2244-2251.

[16] Liu D, Liu H H, Ning S S, et al. Synthesis of high-purity high-entropy metal diboride powders by boro/carbothermal reduction[J]. Journal of the American Ceramic Society, 2019, 102(12): 7071-7076.

[17] Wang Y C. Processing and properties of high entropy carbides[J]. Advances in Applied Ceramics, 2022, 121(2): 57-78.

[18] Chen L, Zhang W, Tan Y Q, et al. Influence of vanadium content on the microstructural evolution and mechanical properties of (TiZrHfVNbTa)C high-entropy carbides processed by pressureless sintering[J]. Journal of the European Ceramic Society, 2021, 41(16): 60-67.

[19] Mao H R, Dong E T, Jin S B, et al. Ultrafast high-temperature synthesis and densification of high-entropy carbides[J]. Journal of the European Ceramic Society, 2022, 42(10): 4053-4065.

[20] He L, Zhang J, Li Z T, et al. Toughening (NbTaZrW)C high-entropy carbide ceramic through Mo doping[J]. Journal of the American Ceramic Society, 2022, 105(8): 5395-5407.

[21] Kaufmann K, Maryanovsky D, Mellor W M, et al. Discovery of high-entropy ceramics via machine learning[J]. NPJ Computational Materials, 2020, 6(1): 42-57.

[22] Lee H R, Kim D J, Hwang N M, et al. Role of vanadium carbide additive during sintering of WC-Co: Mechanism of grain growth inhibition[J]. Journal of the American Ceramic Society, 2003, 86(1): 152-154.

[23] Pierson H O. Handbook of Refractory Carbides and Nitrides: Properties, Characteristics, Processing and Applications [M]. Westwood: Noyes Publication, 1996.

[24] McCusker L B, von Dreele R B, Cox D E, et al. Rietveld refinement guidelines[J]. Journal of Applied Crystallography, 1999, 32(1): 36-50.

[25] Jacob K T, Raj S, Rannesh L. Vegard's law: A fundamental relation or an approximation[J]. International Journal of Materials Research, 2007, 98(9): 776-779.

[26] Kovalev D Y, Kochetov N A, Chuev I I. Fabrication of high-entropy carbide (TiZrHfTaNb)C by high-energy ball milling[J]. Ceramics International, 2021, 47(23): 32626-32633.

[27] Cautaerts N, Delville R, Stergar E, et al. Characterization of (Ti,Mo,Cr)C nanoprecipitates in an austenitic stainless steel on the atomic scale[J]. Acta Materialia, 2019, 164: 90-98.

[28] Feng L, Fahrenholtz W G, Hilmas G E. Low-temperature sintering of single-phase, high-entropy carbide ceramics[J]. Journal of the American Ceramic Society, 2019, 102(12): 7217-7224.

[29] Li Q T, Lei Y P, Fu H G. Laser cladding *in-situ* NbC particle reinforced Fe-based composite coatings with rare earth oxide addition[J]. Surface and Coatings Technology, 2014, 239: 102-107.

[30] Shurin A K, Dmitrieva G P. Phase diagrams of iron alloys with zirconium and hafnium carbides[J]. Metal Science and Heat Treatment, 1974, 16: 665-667.

[31] Ren Y L, Qi L, Fu L M, et al. Microstructural characteristics of TiC and (TiW)C iron matrix composites[J]. Journal of Materials Science, 2002, 37: 5129-5133.

[32] Demaske B J, Chernatynskiy A, Phillpot S R. First-principles investigation of intrinsic defects and self-diffusion in ordered phases of V_2C[J]. Journal of Physics: Condensed Matter, 2017, 29(24): 245403-245421.

[33] Castle E, Csanádi T, Grasso S, et al. Processing and properties of high-entropy ultra-high temperature carbides[J]. Scientific Reports, 2018, 8(1): 8609-8620.

[34] Wang K, Chen L, Xu C G, et al. Microstructure and mechanical properties of (TiZrNbTaMo)C high-entropy

ceramic[J]. Journal of Materials Science & Technology, 2020, 39: 99-105.

[35] Zhang Y, Jiang Z B, Sun S K, et al. Microstructure and mechanical properties of high-entropy borides derived from boro/carbothermal reduction[J]. Journal of the European Ceramic Society, 2019, 39 (13) : 3920-3924.

[36] Feng L, Fahrenholtz W G, Hilmas G E. Processing of dense high-entropy boride ceramics[J]. Journal of the European Ceramic Society, 2020, 40 (12) : 3815-3823.

[37] Yang Y, Bi J Q, Sun K N, et al. Novel $(Hf_{0.2}Zr_{0.2}Ta_{0.2}V_{0.2}Nb_{0.2})B_2$ high entropy diborides with superb hardness sintered by SPS under a mild condition[J]. Ceramics International, 2022, 48 (20) : 30859-30867.

[38] Chen Z B, Zhao X T, Li M L, et al. Synthesis of rod-like ZrB_2 crystals by boro/carbothermal reduction[J]. Ceramics International, 2019, 45 (11) : 13726-13731.

[39] Otani S, Ishizawa Y. Preparation of ZrB_2 single crystals by the floating zone method[J]. Journal of Crystal Growth, 1996, 165 (3) : 319-322.

[40] Tsai K Y, Tsai M H, Yeh J W. Sluggish diffusion in Co-Cr-Fe-Mn-Ni high-entropy alloys[J]. Acta Materialia, 2013, 61 (13) : 4887-4897.

[41] Wang C Y, Qin M D, Lei T J, et al. Synergic grain boundary segregation and precipitation in W-and W-Mo-containing high-entropy borides[J]. Journal of the European Ceramic Society, 2021, 41 (10) : 5380-5387.

[42] Weinberger C R, Thompson G B. Review of phase stability in the group ⅣB and ⅤB transition-metal carbides[J]. Journal of the American Ceramic Society, 2018, 101 (10) : 4401-4424.

[43] Gild J, Zhang Y Y, Harrington T, et al. High-entropy metal diborides: A new class of high-entropy materials and a new type of ultrahigh temperature ceramics[J]. Scientific Reports, 2016, 6 (1) : 1-10.

[44] Kucheryavaya A, Lenčéš Z, Šajgalík P, et al. Zirconium oxycarbides and oxycarbonitrides: A review[J]. International Journal of Applied Ceramic Technology, 2023, 20 (2) : 541-560.